U0142817

國際企業管理

實務個案分析 第5版

100%
95%
85%
75%
65%
55%
45%

戴國良 博士 著

五南圖書出版公司 印行

作者序

本書目的

　　國際企業管理是幾百萬臺商及幹部們必須面對企業國際化及全球化的重要學問基礎。而《國際企業管理實務個案分析》，則是進一步希望透過實務個案內容學會如何應用國際企管理論，以達到理論、實務及應用三合一的最佳目標與境界。

　　因此，本書希望同學及讀者們能夠強化對國際企管內涵進一步的深度思考、討論及辯證，以提升自己國際企管全方位決策之能力。本書計有85個臺灣企業及其他國家的企業，從這些短型個案中，我們可以看到很多面向的國際化經營與管理的問題及做法，相信可以有很大的收穫。

本書二大特色

　　本書具有下列二大特色：

一、本書蒐集、整理及編撰85個國際知名企業的國際企管短型研究個案，具有相當的國際觀及國際視野。

二、本書希望透過這些知名企業的豐富面向，85個國際企業個案實戰內容，引發各位同學及讀者們的深度思考與討論，然後更啟發您們的國際企管功力。研習個案必須思考、深思考、再思考，並且從不同觀點、不同層次、不同視野、不同角度及不同公司狀況做各種分析、討論、辯證及判斷，然後就會進步。

　　雖然這些個案都比較短，但在短型個案中，我們也可以學到一、二點重要的觀念與實務經驗，以及全球化知識與常識，我認為這樣已經足夠。太長的個案也有它的缺失，短型個案比較容易聚焦，比較適合一般大眾及學生的學習效果，因為積沙可以成塔。真的，如果你能讀通及討論通了這些國際企業個案的話，那麼你對國際企業經營管理的功力，必然會大大升級，並成為一位卓越優秀的國際企業專業經理人。

感謝與祝福

本書的順利完成，衷心感謝我的家人、我的長官們、同事們、同學們，以及五南圖書出版公司的相關人員，由於您們的協助、鼓勵及加油，才使本書能以全新面貌及獨特風格呈現出來。

最後，再次祝福各位都能擁有一個成長、成功、健康的人生旅程。

戴國良

敬上

taikuo@mail.shu.edu.tw

重要前言 關於「實務個案教學」的進行步驟、要點說明及學習目的總論述

壹、個案研討教學七步驟

有關本書個案研討教學（Case Study）的進行方式有以下幾點說明：

第一：原則上「個案教學法」應該在碩士班或在職碩士專班進行比較理想。因為碩士班的學生人數較少，而且培養他們的思考力、分析力、組織力及判斷力，遠重於純理論與背記的方式。但是，現在很多個案教學法亦向下延伸到大學部，因為大學部學生也不希望四年時間都是在學習及背記一些純理論名詞或解釋其意義。這一些已不能滿足他們，亦無法提升他們的就業能力。

第二：對於Case Study進行的步驟及方式有幾點說明：

1.上課前一週，請同學們每一個人務必要事先研讀完下一週要上課的個案內容。過去，採取分組認養某些個案的方式，使大部分的人只專心自己的個案，對其他組的個案卻不看，在討論時也就無法參與了，這樣達不到好的學習效果。

2.上課時，開始依照每一個個案後面的「問題研討」題目，逐一請同學們提出答覆及看法，如果沒看書的同學自然講不出來。同時，老師亦在此時，展開互動的詢與答。

3.在所有題目問完之後，接著請同學說明研讀本個案的綜合心得或看法。

4.接著，由授課老師做綜合講評。包括：此個案的綜合結論是什麼、同學們表達的意見是如何，以及是否有其他不同的看法、理論與實務互相印證與應用說明等。

5.下課後，請每一位同學要做1～2頁的「個人學習心得記錄」，表達個人從這一個個案，以及從教室內老師與學生的個案討論互動中的學習心得是什麼。然後在學期結束時，請每位同學繳交一本每次上課的個人學習心得記錄。如此的訓練，目的在促使每位同學在Case Study之後，能夠回顧每週課程及整個課程，並且用心記錄下所看到及聽到的事情，進而組織成為一份研習報告。這就是一種訓練、一種培養、一種過程及一種學習。一定要嚴格，嚴師出高徒，是永遠的真理。

6.最後幾週，要請分組的組別同學或每個同學，以PPT（PowerPoint）的

簡報方式，做出本學期這麼多個案研討之後的歸納式、綜合式及主題式的期末總報告。這是一次重要的報告，報告方式、格式、內容並不拘，各組或各人可以從不同角度切入去看待及做出歸納與結論。透過PPT的簡報方式，可以讓我們更強烈吸收到更精簡、更有系統、更關鍵及歸納得更好的表達方式與結果。這可以讓大家印象更深刻，並且達到良好的學習成效。

茲彙整如下圖：

1.要求全班每一位同學，一定要事前研讀好下週要討論的個案內容。

2.上課時，授課老師可依照本書每一個個案後面的「問題研討」，逐一向同學們提問。

3.同學們答覆後，其他同學可提供不同看法或意見；此時授課老師與同學展開互動討論，交換相同或不同的觀點及見解。

4.所有問題問完後，授課老師可請其他幾位同學上臺表達對此個案的綜合學習心得為何。

5.最後，由授課老師做綜合講評，並結合理論面與實務面的觀點加以融合。

6.另外，別忘了，每一週個案研討結束時，一定要請每一位同學繳交1～2頁本週個案上課學習心得記錄報告，而不是課堂彼此講講話而已，還要有記錄思維的撰寫養成才行。

7.學期末最後兩週，則必須請同學們分組或每個人做好PowerPoint簡報，並且派人上臺表達。本學期研討這麼多個案，各組必須有能力及有系統地歸納出學習的重點何在，並做各組比賽。

個案研討教學七步驟

貳、個案研討教學的思考與學習重點

在Case Study過程中，授課老師應該要多多引導學生以下幾個思考與學習重點：

第一：要不斷地問學生Why？Why？為什麼？從Why中去追出背後的原因、因素、動機、目的或問題與答案等。這樣能夠培養學生們不只是看到表面、浮面而已，而能更深一層地挖掘出更有價值的東西。這也是一種訓練思考力、分析力與追根究柢的能力。當然，個案分析中，有些未必有單一的標準答案。

第二：由於是短型個案研究，所以一定要請學生們勿侷限於個案內容，應在事前多上各公司的官方網站，以了解該公司的進一步狀況；能主動蒐集更多的資料情報，這當然是更好的。

第三：要多問How to do。即怎麼做？如何做？做法為何？為何是這種做法？這是培養學生提出解決對策能力的一種方式。

第四：要追問「效益如何」？有些做法、有些創意點子、有些想法、思考是天馬行空，最後一定要回到效益與數據上，包括事前的效益評估及事後的效益檢討。

第五：最後，一定要將課本上的專業知識、理論、架構及系統，與實務個案的內容互做連結與應用，以讓同學們在面對各式各樣與五花八門的個案時，能夠很有系統的、很有組織化的、很有架構化的、很有學問的做出總結，歸納及提出自己的觀點與評論能力。

參、對國內個案研討教學應有的認知與感受

雖然個案教學法已有漸漸普及之趨勢，但作者個人仍有以下幾點見解提出來，提供作為大家參考：

第一：個案的問題中或討論中，有時候某些問題並沒有具體的「標準答案」（standard answer）。以我個人過去曾在企業界工作16年的經驗與感受，我覺得不必強將美國教科書上的某些大師理論硬加在個案的標準答案上，因為這並不符合廣大企業界的現實狀況。例如，在討論到某些領導風格、某些企業文化、某些戰略抉擇、某些企業情境、某些組織爭權狀況等等，涉及到老闆、涉及到人、涉及到不同的企業文化等各種狀況，其實這並沒有標準的答案，而

是見仁見智的。例如我們可以說郭台銘、王永慶、張榮發、張忠謀、高清愿、施振榮、徐重仁、王雪紅、徐旭東、蔡明忠……等國內大企業老闆們，有不同的領導風格、不同的用人觀、不同的戰略與抉擇、不同的企業文化等，可是他們的企業都非常成功，但他們都是不一樣的，也都沒有標準的答案。所以，有些問題有標準答案，有些則不必要有，因為條條大路通羅馬，追求單一路線通羅馬是不必要的、也是錯誤的，因為這會扼殺了多元化、精彩化、五湖四海般的可能實務上適應性答案。

第二：美國商學院MBA課程通常要求學生有二至五年的工作經驗，換言之，學生並非白紙一張，都擁有不同產業的實務經驗。因此，討論個案時，學生提出的觀點，通常都很符合實務且深具思考意義。

反觀臺灣MBA學生，大部分是大學部畢業生，因此即使個案設計再良善，學生的思考總是有種隔靴搔癢的感覺，縱然也有不少發人省思的看法，但其互動效果就沒有美國課堂來得好。

而EMBA學生則較適用個案教學法，因為他們都在企業界待過，不管是基層或中高階主管，多少也真正體會企業如何運作、企業人事與組織問題、企業領導人問題或企業策略問題等。因此，有時候把MBA與EMBA融合在一起上課，也是很常見的改變做法。

第三：策略管理或企業管理的個案內容，有時候會延伸擴展到多面向的功能管理知識。因此，不管是老師或學生們，恐怕要有充分且多面向的企管知識或商管常識，或是具有企業實務經驗等為佳。例如，一個個案中，可能會涉及到財務會計知識、行銷知識、人資知識、組織與企業文化知識、IT知識、全球化知識、經濟與產業知識等非常多元的知識。此時，老師或同學們最好具備這些方面的基本入門知識或常識為宜；否則，就不易有深入且正確的個案討論及學習效果了。

第四：臺灣缺乏本土化的實用企業個案內容，國內幾家頂尖國立大學，大部分用的是英文版教科書的美國個案或哈佛商學院的美國個案，這些個案可以說離臺灣甚遠，有些更是二、三十年前的老個案，有些則是翻譯為中文版的生澀個案，唸起來或討論起來，都覺得疏遠而格格不入，學習效果並不是太高。這一部分也是值得未來加以改革的，而本書即是踏出了這一步。

第五：最後個案研討與個案教學的目的究竟何在？

究竟要訓練或培育學生們或公司上班族們什麼樣的能力或目的呢？這倒是值得深思的問題。我覺得個案教學法、個案互動研討或個案式讀書會的目的，主要在培養學生們或上班族們的下列幾項能力：

1. 提升他們更大的視野、格局及前瞻力。透過研習五個、十個、五十個、一百個等各式各樣、各種產業、各種大小企業、各種不同企業文化的組織、不同成功與失敗的個案、不同領導風格、不同決策、不同市場狀況等，幾十個個案之後。您會發現，自己對看待企業的經營管理、企業的決策、企業的策略、產業結構的變化、競爭大環境、組織與人事運作等，都會跳脫原來的狹窄觀、短視觀、單一行業觀、單一部門觀、低階主管觀、小範圍觀及今日觀，而轉向與提升為更大格局、更遠視野及更長期的前瞻性。

   若能做到這樣，我認為這就是一種很大的進步與很可貴的成果豐收。

2. 磨練他們的分析力、思考力、數據分析力、合理性力、歸納力、邏輯性力、系統化力、架構化力、判斷力、問題解決力與直觀決斷力，這是個案教學法或個案讀書會的第二個重大目的，以及欲培養出來的技能。因為，傳統理論教科書中，比較缺少企業個案的「各種狀況」及「各種問題點」，因此，無從分析、無從思考及無從判斷。有了各式各樣、各種公司的狀況、有成功也有失敗的個案，因此，就能磨練學習者下列12項重要綜合性管理能力，包括：

   (1)分析力（analysis）。

   (2)思考力（thinking）。

   (3)合理性力（make-sense）。

   (4)歸納力（summary）。

   (5)邏輯性力（logical）。

   (6)系統化力（systematic）。

   (7)架構化力（structure 或 framework）。

   (8)判斷力（judgement）。

   (9)問題解決力（solution）。

   (10)直觀決斷力（decision-making）。

   (11)口頭表達力、解說力（presentation）。

   (12)數據分析力。

3. 迫使他們延伸學習更多面向的企業功能與不同運作部門的必要基本知識、常識與Know How。例如，透過個案研討，可使一個行銷人員必須去了解有關研發技術、生產製造、品管、售後服務、物流、財會、IT等不同跨領域的營運及操作知識，這是非常必要且重要的。因為，每一個主管只懂自己部門的事、只懂自己專長的事，那麼就不會有大格局、大

視野、大前瞻、大遠見、大溝通、大判斷、大思考、大架構、大直觀、大邏輯、大解決及大人才了。我覺得這是一個很好的磨練好人才、優秀人才的過程、步驟、工具、方式及管道。

能達成以上三項目的或功能，個案教學法或個案讀書會才算成功，也才算有價值。否則，每討論完一個個案，就忘記了一個個案，那就沒意義了。

肆、努力建立多元化、多樣化與本土化的「個案教學法」，不必完全以美國為唯一對的方式

作者早期曾在企業界工作過，也看過很多其他企業，這些大、中、小型企業，以及更多樣的企業界老闆們、高階主管們、行業別們，我發現他們都能夠獲利賺錢，他們也都能成功，他們的所得報酬豈止是我們這些副教授及教授們年薪的三倍、五倍及十倍。這時候，我才猛然發現，哦！原來企業界的實務及實戰經驗，其實是一直領先商管學院的傳統知識理論與象牙塔封閉學院裡面的。因此，我覺得真的不必完全以美國哈佛、美國華頓、美國史丹佛、美國西北等知名大學商學院的企管個案為唯一教材來源或視為唯一聖經，也不必一定是他們的唯一教學方式。我覺得個案教學在國內必須「因材施教」、必須「更多元化」、必須「更多樣化」、必須「更打破傳統化」、必須「更結合本土企業實務化」，如此，才會有學習效果，個案教學也才會受到企業界及同學們的一致性肯定。否則「個案教學」將會很空虛、很天馬行空、很個人化、很個案化、很遙遠化。總結來說，就是每個個案討論完後，又回復到個人原有的作風、個人的原有思維，老闆還是原來的老闆、高階主管依然故我、同學們依然學過就忘記了。

因此，國內的「個案教學」及「個案教科書」、「個案教材」，必須依EMBA（碩士在職專班）、MBA（碩士一般生班）、國立大學、私立大學、科技大學、技術學院等不同的層次、等級、對象、師資、學生系所別，而加以適當區隔，而有不同的教材及教法，如此，「個案教學」才會在國內成功扎根，也才會在企業界興起。

總之，我希望能成功建立起「臺灣模式」的「個案教學」。

伍、學生成績評分

對於學生的成績給分方式，主要依據下列幾點：

第一：課堂上，每位同學或學員們每次「互動討論」的立即表現狀況好不好及踴不踴躍。

第二：學期末繳交的「個人學習心得總報告」寫得好不好、用不用心、認不認真。

第三：學期末「分組上臺或個人上臺報告」的PPT內容做得好不好，報告人報告得好不好，以及各分組的競賽排名成績等。

以上是本書採取「個案教學法」（Case Study）所應注意的事項，再次提出來，供每位老師及同學們參考。謝謝各位，並祝福各位同學學習個案成功，各位老師授課成功，並且享受高度互動討論後的成就感與興奮感。

目　錄　*CONTENTS*

個案1

唐吉訶德：日本最大連鎖折扣店，市值破1兆日圓

　　以自創極度低價便宜作為招牌的日本折扣商店唐吉訶德，是許多臺灣旅客赴日本的熱門景點之一。走進店裡，隨處可見的手寫POP廣告促銷看板，深夜不打烊的24小時營業，以及商品從地板堆到天花板，看似雜亂無章的陳列，都是打破日本零售業規範的成長祕方。

一、市值破1兆日圓

　　去年初開始，唐吉訶德的股價，就從4,400日圓漲到6,000日圓，漲幅超過36%，遠超過連鎖超市集團AEON的9%及日本7-11母公司伊藤洋華堂的8%，今年1月，唐吉訶德的市值首度突破1兆日圓（約2,700億台幣）。

　　現在的唐吉訶德，不再只是街角的藥妝、雜貨店，而是不按理出牌，大舉跨足生鮮超市、家電產業的新生活百貨連鎖店。

　　去年七月到十二月，唐吉訶德的半年營收達4,600億日圓，較前年同期成長11%，營業利益為292億日圓，再創歷史新高！

二、走跟別人不一樣的路

　　為了在日本零售業龍頭中殺出重圍，創辦人安田隆夫也將商店名稱改為西班牙小說家塞萬提斯塑造的悲劇英雄「唐吉訶德」（Don-Quijote），提醒自己不管多辛苦，都絕對不能跟連鎖商店龍頭們走一樣的路。

　　創辦人認為，唐吉訶德的概念在於便利（Convenience）、折扣（Discount）、娛樂（Amusement），合起來就成了特有的CVDA哲學。

　　為此，他開始培訓員工，從陳列做起。為了把零食、衛生紙、甚至LV、COACH名牌包、家電用品等4萬種品項納入，濃縮為「不好看、不好拿、不好買」的三不主義，讓顧客在極度壓縮的空間裡，達成尋寶的樂趣，也拉長顧客購物的時間。24小時營業的便利、折扣商品的低價，加上應有盡有的樂趣，讓唐吉訶德成為日本及海外旅客挖寶的必經之地。

　　去年七月，唐吉訶德推出50吋4K電視，售價僅5.4萬日圓，上市不到一週，首批3,000臺就搶購一空。

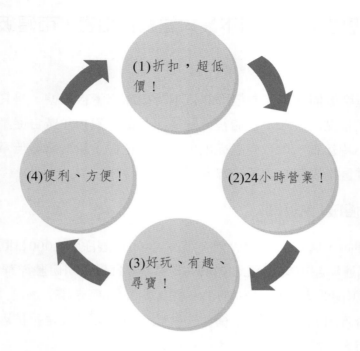

日本唐吉訶德：快速崛起的4大因素

(1)折扣，超低價！

(2)24小時營業！

(3)好玩、有趣、尋寶！

(4)便利、方便！

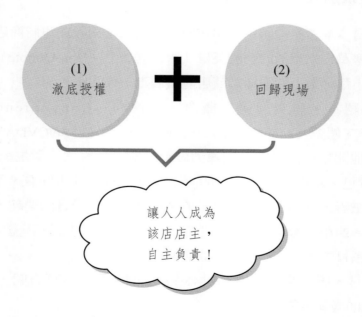

日本唐吉訶德：澈底授權、回歸現場

(1)
澈底授權

＋

(2)
回歸現場

讓人人成為
該店店主，
自主負責！

三、權力下放，回歸現場

「Mega唐吉訶德」是去年買下綜合超市「長崎屋」之後，改變策略的全新品牌。在這些Mega店面，不僅空間寬敞舒適，更增加生鮮、熟食、當地名產等特點，拓展全新市場定位。現在唐吉訶德集團不僅在日本設有超過400間分店，也將據點開進新加坡、泰國等東南亞地區。

唐吉訶德快速展店的祕訣之一，就是權力下放，回歸現場。無論是店內陳列、手工POP招牌、商品售價或組合，都由各個分店的專門負責人決定。

創辦人認為，澈底授權，讓負責的員工個個成為店主，這樣的管理體系就是唐吉訶德成功的一大要素！

（資料來源：天下雜誌，2018年3月2日）

本個案重要關鍵字

1. 澈底授權，回歸第一線現場
2. 企業總市值
3. 走跟別人不一樣的路
4. 便利、折扣、娛樂的定位
5. 拓展全新市場定位
6. 快速展店

問題研討

1. 請討論日本唐吉訶德連鎖店的營運績效為何？
2. 請討論唐吉訶德的店名由來為何？
3. 請討論何謂CVDA？
4. 請討論唐吉訶德對各門市店的管理哲學為何？
5. 總結來說，從此個案中，您學到了什麼？

個案 2

70歲高絲營運回春，登上日本化妝品獲利王

一、日本獲利最高化妝品牌

今年春天，日本化妝品業界大變化，以一款雪肌精熱賣30年的高絲，第一季公布的財報稅前淨利高達395億日圓（約108億臺幣），首度超越日本化妝品一姐資生堂的372億（約101億臺幣）。

不論營收、營業利益、淨利，都創下高絲史上最高金額記錄，登上日本獲利最高的化妝品牌。

其中，營業利益率最受矚目：高絲的營業利益率為14.6%，遙遙領先競爭對手，直逼世界最大化妝品牌巴黎萊雅（17.5%）。

高絲成立已70年了，一直都是日本市占率第3名，今年竟能一舉超越資生堂，究其原因，是小林一俊社長主導了一場美國跨海購併案，成功開拓出北美市場，這是高絲與資生堂分出高下的關鍵。

二、收購美國化妝品公司Tarte，二年創下翻倍營收

小林一俊社長為了擴大海外市場，以1.3億美元（約36億臺幣）購併美國化妝品公司Tarte。

Tarte主打的是草本天然彩妝產品，包含梅西百貨，在美國計有超過2,300個銷售據點，營業利益率超過20%。

能夠把Tarte變成旗下金雞母，他把功勞歸給Tarte執行長瑪琳・凱莉的成本管控。

Tarte沒有研究室和工廠，光靠經營模式取勝；小林一俊社長形容凱莉有如「女版賈伯斯」，精準化經營，省去一切不必要花費。

凱莉嚮往純天然化妝品，取得植物萃取的專利技術後，直接委託工廠代工，降低生產成本。此外，Tarte幾乎不花錢打廣告，靠的是社群網站的口碑式經營，宣傳主力Instagram的追蹤者粉絲數破600萬人。

購併前Tarte年營收只有79億日圓，收購後擴大經營，營收成長2.6倍，達到282億日圓，營業利益率達20%。

日本高絲：收購Tarte化妝品公司，提高營業利益率

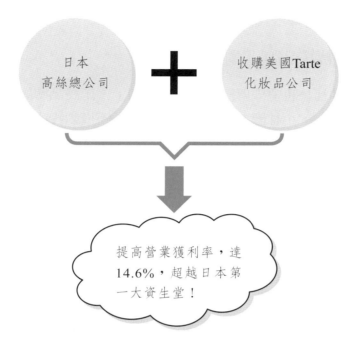

日本
高絲總公司

+

收購美國Tarte
化妝品公司

提高營業獲利率，達
14.6%，超越日本第
一大資生堂！

日本高絲：力行成本降低及堅守傳統好品牌

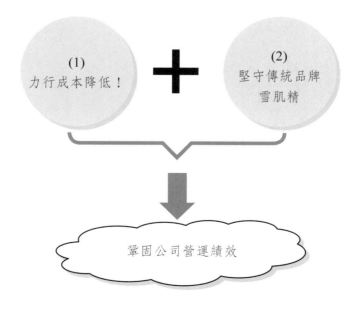

(1)
力行成本降低！

+

(2)
堅守傳統品牌
雪肌精

鞏固公司營運績效

三、日本也力行成本降低

在日本的高絲總公司也力行構造改革，降低銷售成本；其中，人事成本率從26%，大幅降到今年的16.9%，成效顯著。

四、堅守傳統品牌「雪肌精」

此外，小林社長也堅守傳統品牌「雪肌精」，延長品牌的生命週期也是高絲的成功策略之一。小林認為貿然推出新品牌，不僅須投入大量廣宣費，還會帶來莫大銷售成本。

近年來，小林除了重塑品牌形象，成功拓展年輕族群，更受到陸客爆買影響，四年內銷量再度翻倍，突破300億日圓。

小林社長表示：「不論花王或資生堂，專業範圍都比較廣，說高絲對化妝品一心一意也不為過，正因為如此，想搶走我們的市場也不容易。」

高絲走向國際市場的大業才正要開始！

(資料來源：今周刊，第1071期)

本個案重要關鍵字

1. 營收及獲利創下史上最高金額
2. 併購策略（M&A）
3. 不花錢打廣告，靠的是社群網站的口碑
4. IG（Instagram）粉絲數
5. 力行成本降低
6. 延長品牌生命週期
7. 一心一意，專注核心事業

問題研討

1. 請討論日本高絲化妝品公司近年的營運績效如何？
2. 請討論高絲近期的營業淨利率為何升高及超越資生堂？Why？
3. 請討論高絲如何力行成本降低？
4. 請討論高絲為何要堅守傳統品牌？Why？
5. 總結來說，從此個案中，您學到了什麼？

個案3

無印良品連年成長

無印良品業績穩定成長，一向是日本零售業模範生的代表。去年度營收超過3,300億日圓（約合900億臺幣），交出連續14年成長的佳績，營業利益也連續6年創下新高。

一、頭號目標：改善供應鏈管理

因為供應鏈涵蓋了供應商、物流據點、門市，應該要能夠因應銷售狀況，即時供應商品。主要是因為商品種類繁多，像是筆、湯匙這類小東西，為了壓低成本，就必須一次生產一萬個。若要增加庫存，連賣不好的商品也會跟著增加，真的很不容易，今年度的庫存就超過700億元，這都是不能再有缺貨的政策錯誤。

二、中國破200店，將推本土化

為什麼無印良品的業績都能持續穩定成長？首先要歸功於突出的海外事業。

現在無印良品的海外知名度很高，幾乎不論到哪國展店，都有「MUJI」的潛在顧客。在考慮到經營能力，展店速度會持續維持60～70家（每年）；其中一半在中國，另一半以東亞、西南亞為主；另外也計劃向北美加速進攻。

無印良品已開始著手在中國推動「本土化」。目前無印良品在中國門市店已超過200店，營收也超過500億日圓，規模足以生產專用商品了。過去重視效率，在全球銷售相同的商品，今後希望推動本土化，更深入消費者的生活。原則上所有不符合中國當地生活文化的產品，都將加以適當地修正；例如電子鍋及水壺都要做大一些，以符合中國消費者需求。

三、創造獨一無二的特色產品

無印良品的策略就是只銷售生活必需品，而且是以相同的價位，提供適度的選擇性，方便顧客做出決定，這是獨一無二的特色。

無印良品只提供真的、必要、恰好尺寸的商品，不過最終做出購買決定的

無印良品：創造獨一無二的特色產品

(1) 日本東京總公司企劃、設計、生產

＋

(2) 獨一無二的特色產品

無印良品的生活風格！店面特色！

無印良品：海外事業帶動業績連年成長

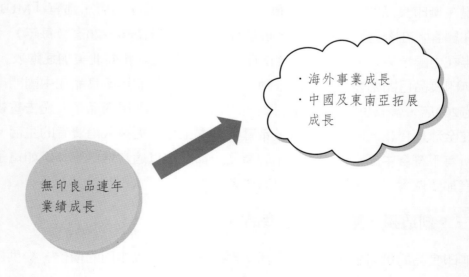

無印良品連年業績成長

・海外事業成長
・中國及東南亞拓展成長

還是顧客。無印良品販售的不只是商品，而是生活方式。

　　由這個角度來看，認同其理念的人，會很喜歡無印良品的商品。無印良品所有商品都是自行企劃，且不是很多、很複雜的，市場上找不到相同的商品，這一點很關鍵。

　　包括在海外當地本土化商品在內，所有商品都是在東京總公司開發、企劃、設計及製造的。

（資料來源：商業周刊，第1452期）

本個案重要關鍵字

1. 改善供應鏈管理
2. 力推本土化、當地化
3. 創造獨一無二的特色產品
4. 市場上找不到相同的產品
5. 所有商品都是自行企劃的

問題研討

1. 請討論日本無印良品近年來的營運績效如何？
2. 請討論無印良品如何改善供應鏈管理？為何要改善供應鏈？
3. 請討論無印良品為何業績都能持續穩定成長？Why？
4. 請討論無印良品在中國如何本土化？為何要本土化？Why？
5. 總結來說，從此個案中，您學到了什麼？

個案4

雅詩蘭黛回春引擎：併購年輕小品牌

已經72年的老美妝集團雅詩蘭黛，今年股價漲幅達66%，是同業對手的12倍。最新一季財報，更創下營收成長14%，單季淨利提升45%的佳績。

旗下雅詩蘭黛與倩碧為兩大門神品牌，二者佔比一度達到集團總營收五成，過度集中，又隨著品牌形象老化，成長動能開始出現放緩，而且這二個品牌已無力吸引年輕女性。

一、全力走向年輕化

為何雅詩蘭黛集團可以這麼快又打出漂亮成績單？答案是：全力走向年輕化！近三年，雅詩蘭黛集團至少已拋出20億美元，收購七個小眾年輕品牌，多以彩妝為主。行銷重點也順勢改為IG（Instagram）及FB（臉書）等社交平臺。

雅詩蘭黛未來將更專注於千禧E世代的消費者，因為她們平均比媽媽多擁有6支口紅。

雅詩蘭黛覺得從零開始自營一個新品牌，顯然不一定會成功而且風險太高，速度又太慢，因此，雅詩蘭黛的策略很簡單：砸錢收購。

例如2016年底，雅詩蘭黛集團就以超過16億美元，收購年輕彩妝品牌Too Faced與Becca。

Too Faced品牌，是一個沒開任何實體門市專櫃，卻擁有980萬個IG粉絲的「網紅品牌」。

二、新品牌成為營收新動能

根據最新季度財報提出，雅詩蘭黛集團單季淨營收較去年同期成長14%，其中就有4%來自新成員Too Faced及Becca的貢獻。

這兩大新品牌的功能，也促使美妝品在今年6月後正式超越護膚保養品。

這二個品牌的表現遠超乎預期，有助於雅詩蘭黛集團日後嘗試更多元的品牌組合。

嘗到了年輕化甜頭，讓雅詩蘭黛今年大放異彩；但相同時間點內，市值超

雅詩蘭黛
營收回春、成長主要原因：併購年輕品牌！

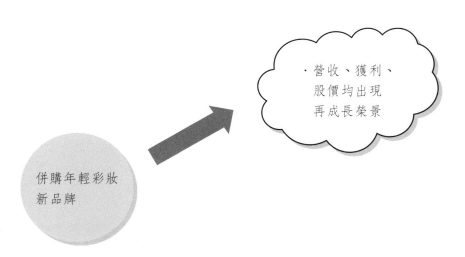

併購年輕彩妝
新品牌

‧營收、獲利、
股價均出現
再成長榮景

雅詩蘭黛新策略：加速年輕化策略

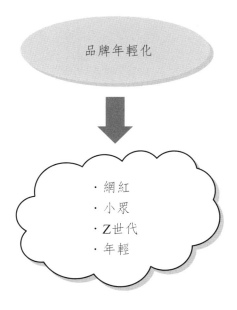

品牌年輕化

‧網紅
‧小眾
‧Z世代
‧年輕

過1倍的競爭對手萊雅集團，也以12億美元買下年輕彩妝品牌工廠Cosmetic。
這場老字號品牌與年輕化妝品牌打群架的未來戰爭，將日趨激烈！

（資料來源：商業周刊，第1577期）

本個案重要關鍵字

1. 品牌形象老化，成長動能減緩
2. 品牌經營全力走向年輕化
3. FB粉絲及IG粉絲
4. 新品牌成為營收成長新動能
5. 更多元化的品牌組合

問題研討

1. 請討論雅詩蘭黛近期營運績效如何？為何能有好的營運績效？
2. 請討論雅詩蘭黛為何要採取併購策略？併購的對象為何？
3. 總結來說，從此個案中，您學到了什麼？

個案5

迪士尼電影娛樂公司的不敗魔法

一、蠶食鯨吞的娛樂王國

十一年來，陸續收購皮克斯、漫威與盧卡斯影業，永保青春、家族勢力日益壯大的迪士尼，成為美國電影文化的主導者，在百家爭鳴的娛樂業，建立起一條長長的夢想供應鏈。

過去十年，迪士尼的營收成長57%，到今年的550億美元，獲利更成長近二倍。

近五年，迪士尼股價漲幅98%，是全球6大娛樂傳媒集團中，最會幫股東賺錢的公司。

二、內容才是王道，因復古而成功的事業版圖

和消費者建立情感連結，說一個偉大的故事，經營鐵桿粉絲，把創意和愉悅感細緻實現，再沒有人比迪士尼更擅長這些事，不斷成功接觸觀眾，讓他們有參與感。

這個大娛樂家的成功之道，是創作優質內容，經營真人電影與動畫角色，透過無遠弗屆的影音接觸全球觀眾，再將熱愛轉化，落實到授權商品和主題樂園，讓迪士尼能從所有人的童年記憶和翻新的超級英雄、星戰武士情結裡賺錢。

事實上，迪士尼創辦人在60年前，就親自繪製了一張策略地圖：電影是公司的最核心，周圍環繞著主題樂園、授權商品、音樂、出版、電視。每一個事業，都透過「創造內容」賺錢，然後以「內容」作為其他事業的子彈，擴大營收來源。

三、有人才，才有好內容，被併購公司仍保有創意獨立性

留住最能掌握角色核心的創作者，是迪士尼併購其他三家公司後，能放大角色娛樂效果的關鍵之一。對於併購過來的新公司，迪士尼都讓這些公司保留相當的獨立性。

迪士尼永續成長的祕密

7大事業策略地圖　60年前就畫好了！

1957年，華特迪士尼和經營團隊繪製了一張策略地圖，這張圖的核心是電影內容，周圍圍繞著不同事業。每個事業都透過「創造內容」賺錢，各事業的內容又可再成為其他事業的子彈，形成一種合縱連橫的力量，倍數放大這個神奇王國說故事的影響力，更讓迪士尼的長期經營績效，笑傲群雄。

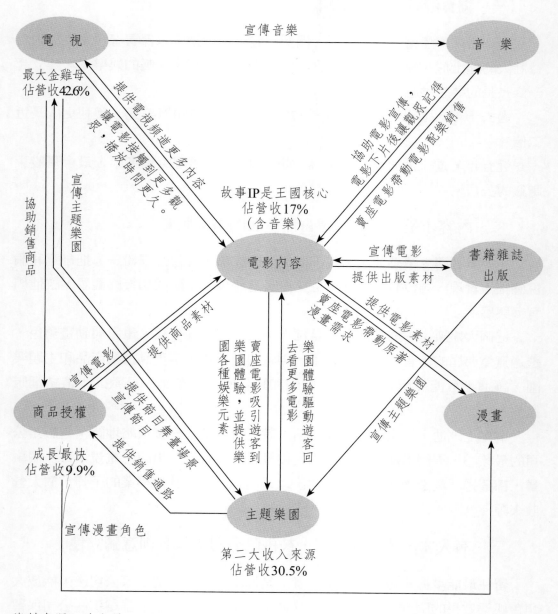

資料來源：迪士尼

事實上，迪士尼也從這三家併購的公司汲取新養分，重振自己的動畫製作水準。

迪士尼最看重的就是人才，是以電影製作人、說故事的人為中心的企業文化。

最好的內容會吸引所有人的目光和錢包，或許迪士尼只是要再一次拉升粉絲的期待，證明「我能讓你超乎預期，而且只有我能做得到。」

(資料來源：商業周刊，第1495期)

本個案關鍵內容

1. 內容才是王道
2. 有人才，才有好內容
3. 最好的內容會吸引所有人的目光和錢包
4. 要證明：我能讓你超乎預期，而且只有我能做得到
5. 透過併購而壯大

問題研討

1. 請討論美國迪士尼娛樂公司近些年來的卓越營運績效如何？為何會有好的營運績效？
2. 請討論美國迪士尼公司7大事業的策略地圖為何？內涵為何？各項事業佔多少營收比例？
3. 請討論迪士尼為何認為內容才是王道？Why？為何說內容比通路重要？
4. 請討論「有人才，才有好內容」之意涵為何？
5. 總結來說，從此個案中，您學到了什麼？

個案6

中國格力：全球第一大空調品牌

一、領導力與創新力：成就不凡

從2005年至今，中國格力品牌的家庭空調產銷量，連續12年領先全球。到2017年營收額達到1,500億人民幣，淨利潤200億人民幣。

能繳出亮眼成績單，該公司董事長董明珠歸納二大原因，一是領導力，二是堅持核心技術自主創新。

難以置信的是，格力公司全球總員工數約8萬餘人，研發人員就佔了一萬餘人，全中國沒有一個家電企業有如此高比例的研發人力配置；而且近幾年平均每年的研發費用都超過40億人民幣。格力累計到今年底的專利項目達3.5萬件，在中國排名第七位。

二、堅守三個創新

董明珠董事長歸結格力的成功，就是堅守三個創新。

1. 行銷創新

迄今，格力的全中國經銷網點超過6萬家，專業售後服務人員超過3萬人，全年銷售額90%以上來自自家的專賣店，成為中國唯一不依賴外面家電大賣場而銷售穩步增長的家電業者。

2. 管理創新與科技創新

消費者內心深處最需要的是，產品不需要維修。

為此，董明珠董事長強烈要求，產品規劃和設計必須以消費需求為導向，能夠喊出「六年包修、二年包換」，格力憑恃的是高超的製造品質。

另外，外包進廠的每個零配件，不論大小，都要經過各種檢測，合格後才能上組裝生產線。這可以提高空調機的可靠度與穩定性，使維修率大減。

堅若磐石的格力高品質，也令「好空調，格力造」這句廣告語，被中國人琅琅上口、牢記於心。

另外，科技創新還展現在生產線，一線工人已全自動化了。

中國格力：堅守4個創新

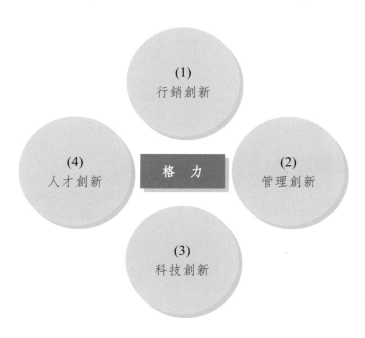

中國格力：走上高附加價值

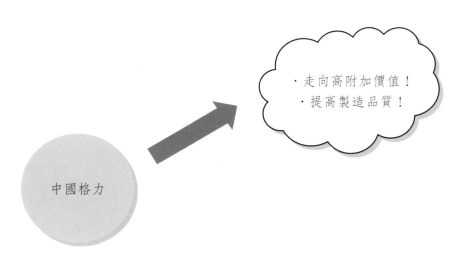

3. 人才創新

為了讓員工有尊嚴，格力放置很多董事長信箱，傾聽員工想法，使他們無後顧之憂。格力並不是把人才定義在高端人才，而是認為每一個人在自己的崗位上做到極致，就是人才表現。

總結，格力將持續提升創新力與製造品質，讓中國製造的冷氣空調機走上高附加價值之路！

（資料來源：遠見雜誌，2018年3月號）

本個案重要關鍵字

1. 領導力與創新力：成就不凡
2. 企業要有4個創新：
   (1) 技術創新
   (2) 行銷創新
   (3) 管理創新
   (4) 人才創新
3. 堅持核心技術自主創新
4. 產品規劃和設計必須以消費者需求為導向
5. 要堅持高超的製造品質
6. 不是把人才定義在高端人才，而是認為每一個人在自己的崗位上做到極致，就是人才表現
7. 持續提升創新力與製造品質
8. 走上高附加價值之路

問題研討

1. 請討論中國格力公司的四個創新為何？
2. 請上官網查詢中國格力的公司基本資料及現況為何？最近一年的營收及獲利多少？
3. 總結來說，從此個案中，您學到了什麼？

個案 7

成本先生翻轉夏普

一、改革初見成效

日本夏普社長戴正吳是鴻海集團董事長郭台銘交付重振夏普大任的老臣。

但，沒想到不過一年，他竟拿出3張成績單，證明初步改革成效。

第一，夏普所公布第一季財報顯示，自鴻海正式投資起，夏普已第4季轉虧為盈，今年更可望實現全年獲利，比郭台銘原先預計的二到四年獲利還快。

第二，過去拖垮夏普財務的主因，顯示器業務，第一季營收比去年同期成長近五成，營業利益也由負轉正。

第三，營運好轉下，連帶提升夏普市場行銷，獲鴻海投資至今，其股價漲幅達2.6倍，原本被股東認為「沒救了」的百年老店，彷彿起死回生。

日本人很難想像鴻海到底是怎麼辦到的，可以那麼快讓夏普轉虧為盈。

這一年來，鴻海究竟如何改造夏普？關鍵在於郭台銘的意志，幫夏普調整體質，使其更加鴻海化。

將鴻海精打細算的DNA注入夏普是第一步。戴正吳社長要求非常嚴格的cost down（降低成本）目標，絕對不能放棄。

二、先省錢！就算一元也盯，IT投資一年節省逾一成

戴正吳是有名的「成本先生」，他最重要的工作，就是洗掉夏普富家公子習氣，檢視過去不當投資。

例如，他要求員工做任何決策時，必須具備「成本意識」，把產品做到最好固然重要，但如何打造兼具性價比及消費者能接受的產品，才是重點。

鴻海入主後，夏普工程師得重新檢討產品成本結構，將之一一拆解，分析零組件成本是否有降低空間，或由鴻海出面採購減少支出。

此外，像終止前任社長與供應商簽署的不平等採購合約，光是IT方面投資，他上任一年就審理了280件，節省11%的採購成本。

夏普新社長：成本先生稱號

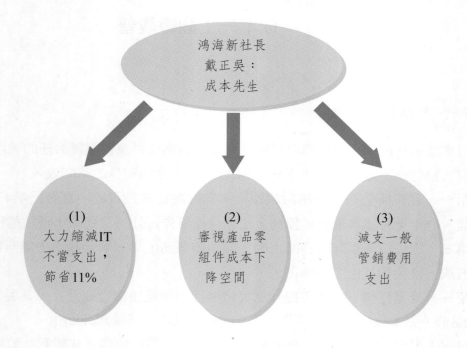

鴻海新社長
戴正吳：
成本先生

(1)
大力縮減IT
不當支出，
節省11%

(2)
審視產品零
組件成本下
降空間

(3)
減支一般
管銷費用
支出

夏普新社長：改革三招

(1) 第一招：
全面落實
降低成本
目標

(3) 第三招：
加速改造最大業
務項目液晶電視
機全球銷售提升

(2) 第二招：
改造組織設計結
構，強調快速及
團隊重要性

三、再拼快！改組加強連結，強調「狼性」的團隊意識！

導入成本意識後，下一步則是「快」。戴正吳社長把原本五家子公司，依業務內容改組為4大事業體，加強彼此連結，強調的狼性，就是團隊意識及快速。

為了把員工從綿羊變成狼，落實賞罰分明的考評制度，他先從高階主管盯起。

四、下一步：改革顯示器事業，產能全開，庫存虧損鴻海擔！

經歷一年調整期，接下來，戴正吳社長親自接掌夏普全球業務主管大任，協助夏普品牌重返市場。依夏普營收逾4成的顯示器業務，成為首要改革重點。今年第三季夏普電視機銷售量已有翻倍成長，已來到全球第4名，為了達成今年銷量一千萬臺目標，鴻海正用盡全集團力量，替夏普擴大出海口。

未來，鴻海能否靠一貫的執行力，讓夏普再次成為享譽全球的品牌，就看戴正吳社長如何喚起夏普最初的創業心態，把兼具鴻海製造能量的新產品送到消費者手裡，甚至站上全球第一大電視機品牌的關鍵。

（資料來源：商業周刊，2017年6月16日）

本個案重要關鍵字

1. 要求非常嚴格的cost down（成本降低）目標，絕對不能放棄
2. 任何決策時，必須具備成本意識。
3. 消費者能接受的產品，才是重點。
4. 將產品成本結構一一拆解、分析、降成本。
5. 強調狼性，要拼快。
6. 提高團隊意識。
7. 要靠執行力超越競爭對手。

問題研討

1. 請討論夏普戴正吳社長在接任一年後的改革成績如何？
2. 請討論戴正吳社長被稱為「成本先生」是因為哪些作為？
3. 請討論戴正吳社長強調狼性的團隊意識內容為何？
4. 總結來說，從此個案中，您學到了什麼？

個案 8

日本明治不拚營收，只拚暢銷品，將獲利擺第一

2009年合併明治製菓、明治乳業，統整出一家控股公司「明治」以來，一路亮眼的股價走勢。當時市值將近2,300億日圓，之後股價一路向上，2017年市值甚至超越1.6兆日圓，寫下歷史高峰。其主因是「刪減低獲利產品等非核心事業，有效提升獲利」，因此，獲得市場青睞。

一、終止「散彈打鳥」全力投入重點產品

原本二家公司大量的虧損商品，在整併後全數停產，才能傾全力投注在重點商品上。明治公司數度嘗試開發高級巧克力，終於在2016年開花結果。去年推出的「明治THE Chocolate」一炮而紅，上市半年，就交出44億日圓的成績，已突破全年業績目標。

二、獲利第一主義

整併成功的最大關鍵，就是讓食品公司明治的營收，拉抬到一兆日圓規模。既然營收已突破1兆日圓，與其再衝高幾千億日圓，不如補強過去的弱點，就是提高獲利。

關鍵在於是否能夠承擔營收下滑副作用，堅持獲利第一主義。

明治公司不停在會議中強調三件事：(1) 獲利比營收優先，(2) 費用管理先於市占率，(3) 既有事業比新事業重要。此外，也避免提到營收還能再成長之類的話。

三、減少品項，經典產品也砍

拋棄了虧損的商品，自然能提升獲利。不只如此，同時也集中銷售暢銷品，不論是行銷或人事費用，各方面的經營效率都跟著改善。

減少商品，重新盤點出公司的產品組合，工廠的生產效率也跟著提升。

隨著人口減少，日本國內市場萎縮已是無可避免；與其追求表面上的綜效，明治公司反而利用經營整合機會，一舉推動意識改革，讓組織文化脫胎換骨，不再執著於營收的成長！　　　　（資料來源：商業周刊，第1510期）

明治：二家公司合併為一家

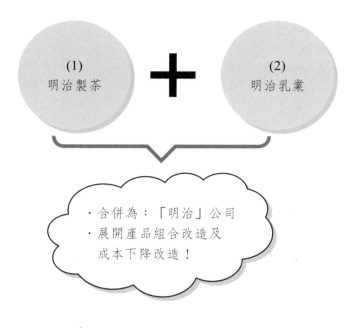

(1) 明治製茶 ＋ (2) 明治乳業

・合併為：「明治」公司
・展開產品組合改造及成本下降改造！

明治：3大經營策略，提升獲利水準

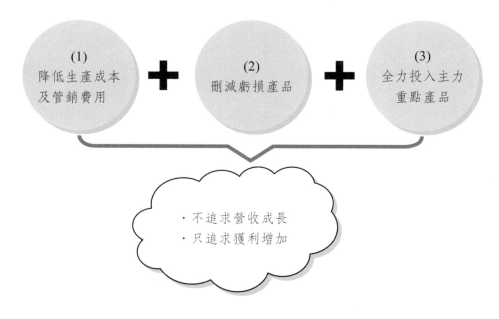

(1) 降低生產成本及管銷費用 ＋ (2) 刪減虧損產品 ＋ (3) 全力投入主力重點產品

・不追求營收成長
・只追求獲利增加

本個案重要關鍵字

1. 終止散彈打鳥，全力投入重點產品
2. 刪減低獲利產品的非核心事業
3. 強調堅持獲利第一主義
4. 獲利比營收優先
5. 推動意識改革，讓組織文化脫胎換骨

問題研討

1. 請討論明治控股公司的營運績效如何？

2. 請討論明治為何要終止散彈打鳥的策略？Why？

3. 請討論明治公司的獲利第一主義之意涵？

4. 總結來說，從此個案中，您學到了什麼？您有何啟發？

個案9

Sony的感動哲學：高品質最動人

一、Sony的感動行銷哲學

Sony行銷最高指導原則，即是帶給消費者感動。無論在品牌使命或是企業願景上，Sony即是以不斷進步的技術和服務熱情，刺激人們的好奇心，並帶給消費者感動。因此，「感動」就是Sony要掌握的關鍵字，在臺灣策略行銷計劃時，必須時時刻刻審視，是否有「感動」的元素可以帶給消費者，這就是Sony的感動哲學。

臺灣消費者對Sony產品期待，就是MIJ（Made in Japan，日本製造）及高品質。目前，引進臺灣的液晶電視機、數位相機及個人音響均是引進日本製造。

透過不斷的創新及科技研發，Sony致力於傳遞消費者最感動、最享受的體驗，而這些高品質產品，也為Sony帶來完美的產品前景，也是Sony一直以來得以在市占率擁有一席之地的關鍵。

二、舉辦600場體驗會活動

從感動出發，Sony認為帶給消費者感動的體驗，是很重要的行銷策略方向。因此，光是今年，Sony就舉辦了近600場的「Touch & try」體驗會，希望能透過體驗會的方式，讓消費者直接體會產品的真實高品質。

Sony另外一個強項，就是經營直營店，自2001年第一家直營店開幕後，目前已有6家店；直營店的好處，是可以帶給消費者高品質的服務體驗。

三、積極開拓新客群

現在，Sony的新挑戰，就是積極尋找新的粉絲。為了觸及更多新的目標族群，必須展開有別於以往的行銷方式，從更多元、更有趣的手法切入。

Sony企業也涵蓋很多產業，包括電影及音樂等產業，因此，Sony與相關企集團合作，以「only Sony」精神，推出結合影視明星的行銷活動，希望能透過影視的擴散力與明星的發酵力，開發以往接觸不到的客群。

　　另外，為了開拓文青市場，以攝影、音樂、咖啡為三大元素，在華山文創園區設置全球首間主題式快閃店。

　　Sony持續不斷的感動行銷策略，在今年一年中，達到100萬個消費者的接觸率。帶給消費者感動，產生深深的、長期的黏著度，這就是Sony的終極目標。

　　總結來說，Sony的二個感動祕訣，一是MIJ，二是高品質！

（資料來源：動腦雜誌，2017年4月）

問題研討

1. 請討論Sony行銷最高指導原則為何？為什麼？
2. 請討論Sony的兩個感動祕訣為何？
3. 請討論Sony直營店的目的為何？
4. 請討論Sony的新粉絲在哪裡？
5. 總結來說，從此個案中，您學到了什麼？

個案10

GU：低價、時尚成為日本優衣庫下一個成功品牌

一、推出副品牌，價格比優衣庫更便宜

走進GU新開幕的臺中大遠百店，50元的耳環，390元的上衣、490元的條紋長裙，價格約是優衣庫的5～7折，在百貨公司以地攤貨的價格銷售，布料及設計又相對講究，開幕一週，排隊等結帳的人潮不斷。

這些來自全球各地搶購人潮讓GU去年營收達1,000億日圓，成長速度是優衣庫的2倍，從展店數，進軍國際的時間，GU都打破優衣庫的記錄。

GU未來營收將超過1兆日圓，相當於現在優衣庫規模，2020年，預計整個迅銷集團營收將達5兆日圓，成為全球第一大快時尚品牌，在優衣庫成長趨緩之下，能達成此夢想的正是GU副品牌。

在日本六本中城32樓的GU樣品室，60坪大小空間裡堆滿了衣服、布料及配件，討論板上列出每週將推出的新商品，這裡是GU的大腦，60位設計師，每年產出3千款設計。

二、低價、時尚、安心品質

GU認為「只有低價是不夠的，每一款衣服都得符合低價、時尚及安心品質。」

GU每年出3千款的設計，在快時尚品牌中相對少，僅是H＆M的1/5及ZARA的1/10而已。

但GU會從大潮流中，找出多數人可接受的公約數，雖然款式比競爭對手少，卻更容易穿搭，客人看到適合他們，隨手可拿的產品比別人多。

GU採「最大公約數策略」，找出最多數人敢穿、能穿的時尚設計。GU的挑戰，不只是低價讓消費者買得起，而是探測消費者需求，命中紅心。

優衣庫找國家級運動選手代言，主打電視廣告，但是GU行銷花招百出吸引年輕世代的注意，以區隔優衣庫正經八百的品牌性格。

GU員工與門市店人員都可以提案行銷活動，行銷部每週都會從20多個提案點子裡面選出最適合者，挑選標準要讓GU員工也覺得有趣，更要讓客人了

解GU商品。「可愛，讓人喜歡」及「有趣好玩」的行銷正中年輕世代的心。

面對其他低價時尚品牌正在全球攻城略地，在風險與成長速度之間的選擇與平衡，將是GU未來最大的挑戰！

問題研討

1. 請討論GU品牌的定位如何？Why？
2. 請討論優衣庫爲何要推出GU第二個品牌？Why？
3. 請討論GU每年設計出3,000款的服飾，與H&M及ZARA比較如何？Why？
4. 請討論GU的行銷術爲何？與Uniqlo比較如何？Why？
5. 總結來說，從此個案中，您學到了什麼？

個案 11

貢茶：三個接地氣戰略，讓韓國人愛死臺灣味

一、來自臺灣的品牌，異軍突起

在咖啡年消費金額高居亞洲第一、全球第六的韓國，竟然有個來自臺灣的手搖茶品牌，售價不輸星巴克，卻異軍突起，五年前進入韓國首都首爾，迄今展店已逾400家，逼近當地星巴克的一半；業績最好的店，月營收550萬臺幣，是臺灣手搖茶飲店平均月營收額的10倍，且平均每家店2年就回本。

交出如此亮麗成績單的是來自高雄的貢茶。貢茶是2006年創立，全臺僅45家，在韓國的成功，讓韓方今年一月取得貢茶臺灣總公司70%股權。

貢茶董事長李明鎬表示：「韓國人喜歡喝咖啡的，去星巴克；喜歡喝茶的，去貢茶，這就是成功。」

二、成功的3大策略

五年前，貢茶刻意選擇30歲的年輕夫妻成為進入韓國市場的區域代理，從店面裝潢到行銷，都把貢茶重新定義成鎖定年輕族群的時尚品牌，這是在地化策略之一。

為吸引年輕消費者，韓國貢茶第一家店便刻意選在當地知名的弘益大學商圈，那是韓國很多年輕人玩的地方，地點選擇真的好，第一家就成功。

李明鎬董事長認為，貢茶高品質的原料及口味，以及臺灣手搖茶的糖度、冰量等客製化服務，都改變了韓國人對茶的認識，而精準的店舖選址，更放大了時尚茶飲口碑。

目前，韓國貢茶消費平均落在18～40歲之間，而且女性佔70%，便是此一策略發揮了功效！

韓國貢茶在地化的第二個策略，則是把臺灣手搖茶外帶的商業模式咖啡館化。

所以，韓國貢茶的旗艦店，以及位於首爾江南區等地段較貴的店，一定是採取有座位的咖啡館模式，讓消費者有時間充分體驗。但仁川機場及辦公大樓附近的店仍以外帶為主，目前咖啡館及純外帶店型各一半。

韓國貢茶的展店數，從第一年約30家，到第二年70家、第三年100多家、第4年300多家，確實逐年倍數成長。

在地化的第三個策略是高訂價。

韓國貢茶的售價平均一杯約120元臺幣，和一杯星巴克差不多，約比當地其他臺灣手搖茶品牌售價多三成，營造出「在韓國喝貢茶，我水平比較高」的感覺。

現階段，貢茶在全世界近20個國家擁有1,500家店，貢茶正在進行品牌再造，打造全球一致的品牌形象，下一步則將結合臺灣團隊擅長的原料採購及品質管理，韓國團隊所擅長的在地與全球化連鎖餐飲管理與行銷等優勢，在快速成長的茶飲市場中，朝全球領導品牌邁進！

貢茶在韓國的展店成本比臺灣高出一倍，加盟費用大約要500萬臺幣，一家加盟店順利的話，每月可賺到20萬臺幣，平均2年就能回本，因此，想加盟的還是不少。

（資料來源：今周刊，第1086期）

問題研討

1. 請討論貢茶在韓國3個成功的接地氣策略為何？
2. 請討論貢茶在韓國的加盟費用多少？多久可以回本？
3. 請討論貢茶下一階段的努力及發展方向何在？
4. 總結來說，從此個案中，您學到了什麼？

個案 12

Levi's：鎖定女性，設計好穿的牛仔褲，Levi's業績谷底爬升

出門前，不少人苦惱於穿什麼好。曾經，耐看又耐髒的牛仔褲，成了人們最方便的選擇，幾乎人人的衣櫃裡都至少有一條。也因此，Levi's這家發明了牛仔褲、有著160年歷史的老牌企業，好長一段時間都聲勢不墜，1996年的營收更飆破71億美元，坐穩業界龍頭寶座。

然而，隨著時尚潮流的改變，牛仔褲不再受追捧。從1990年代中期開始，Levi's的業績已逐漸下滑；2003年還迎來了42億美元的營收低谷；2012年更跌出《財星》（Fortune）全球500強之列。

再加上近年來「快時尚」崛起，以及人們對衣著的需求轉向穿來舒適的運動機能衣（如瑜伽褲），2014年牛仔褲的產量一度被瑜伽褲超越，無疑讓Levi's的處境雪上加霜。

2011年，曾經擔任寶僑（P&G）集團總裁（Group President）的奇普・柏格（Chip Bergh），在接任Levi's執行長後，他採取了以下做法，成功帶領Levi's在2016年總營收往上回升到46億美元。

1. **控制成本**：砍去不賺錢的產品線。

2. **人力精簡**：總共裁掉全球大約20%的員工。

3. **改良產品、聚焦女性顧客**：透過市場研究發現，年輕人在添購服飾時，最在乎風格和舒適感。他們認為牛仔褲穿起來硬梆梆、不夠舒服。

在此同時，柏格也歸納出Levi's內部的幾個積弊，像設計團隊多是守著「經典」款式做調整，鮮少推出新款式；設計團隊在舊金山，研發新材質、衣著工藝的創新中心卻遠在土耳其，當設計師對布料材質、剪裁有想法，還需要快遞樣品或親自飛到遠在千里之外的土耳其才能討論，大大延誤創意和新品研發的進程。

另一個嚴重的問題是，Levi's過去專攻男性牛仔褲。曾擁有全世界男性牛仔褲25%的市占率，女性牛仔褲只占5%。為此，柏格在總部附近新成立一座創新中心，瞄準女性市場，研發具彈性、延伸性、柔軟而且透氣的布料，設計出穿起來不僅舒服也能展現曲線的牛仔褲，同步增加上衣的款式。

　　這些新商品如今成為Levi's的成長動能，在過去兩年，女性產品的銷售業績均以兩位數成長。

（資料來源：經理人月刊，第158期）

問題研討

1. 請討論Levi's的3大弊病為何？

2. 請討論Levi's的新執行長採取哪3項作法，使Levi's營收明顯提升？

3. 總結來說，從此個案中，您學到了什麼？

個案13

平價、時尚茶飲料Arizona，如何20年不漲價、持續獲利？

在過去20年裡，亞歷桑納（Arizona）是極少數從無到有，成功創立價值數十億美元的飲料公司。」飲料行業諮詢公司（Beverage Marketing Corp.）董事長邁克爾·貝拉斯（Michael Bellas）表示。

1991年2月，亞歷桑納的共同創辦人唐·伍爾塔喬（Don Vultaggio）只是一位大學退學生，在釀酒廠從事配送工作。原本已經對工作興致缺缺的他，卻在某次看到一台滿載當時美國知名瓶裝飲料品牌思樂寶（Snapple）的卡車卸貨時，萌生了創辦獨特茶飲品牌的想法。這一個臨時起意，竟成就了一支年銷售額超過12億美元的茶飲品牌。

當時，伍爾塔喬花了一年多時間勤跑工廠，研究各種鋁罐和不同茶葉的口感，才與合作夥伴約翰·法羅利特（John Ferolito）推出「亞歷桑納冰茶」（Arizona iced tea）。憑藉具時尚感的鋁罐包裝，加上單瓶僅99美分（約臺幣30元）的價格，這支茶飲一夕爆紅，銷量在短短3年內暴增至1800萬箱。

2016年，亞歷桑納茶飲年銷超過30億箱，成為僅次於立頓（Lipton）的美國第二大即飲茶品牌。在物價飛漲的市場中，亞歷桑納如何從創辦至今始終維持單瓶99美分的低價，卻持續獲利？

1. **廣設工廠、夜間配送，降低運輸成本**：有別於許多飲料品牌選擇在原產地統一製造，必須負擔昂貴的配送運輸費用，亞歷桑納選擇在全球各地廣設工廠，有效降低成本。此外，為避免貨車卡在車陣裡，亞歷桑納刻意避開交通尖峰時段，僅在晚上進行配送；同時也將部分貨物交付給沃爾瑪（Walmart）及好市多（Costco）等業者，由這些連鎖大賣場的倉庫進行分銷作業。

2. **縮短新品上市時間，保持品牌新鮮感**：多年來，亞利桑納鮮少打廣告，因為伍爾塔喬深知自己敵不過、也負擔不起大品牌每次推出新品時所砸下的廣告預算，也沒有大規模生產的成本優勢，因此選擇將資源集中投注在開發新品上，讓上市新品的速度成為主要競爭優勢。

當競爭對手如思樂寶、立頓可能需要花費一年或更長時間才能推出新品時，伍爾塔喬透過員工蒐集的觀察報告，迅速研發符合潮流的新品項，讓新品

上市的速度能維持在90天內，並保持汰舊換新的彈性，讓亞歷桑納不打廣告，也能靠新包裝、新口味持續吸引消費者注意。目前亞歷桑納仍在販售的飲品種類多達85種。

（資料來源：經理人月刊，2017年12月）

問題研討

1. 請討論美國Arizona公司20年持續不漲價且持續獲利的2大要訣為何？

2. 請討論Arizona為何不打廣告？那該公司靠什麼吸引消費者？

3. 總結來說，從此個案中，您學到了什麼？

個案 14

臺灣花王行銷成功祕訣

一、成功心法之1：了解消費者的需求

1. 臺灣花王能夠真正了解消費者想要什麼。

2. 花王一直以來都致力於從各個現場，深入理解消費者；從消費者與產品接觸的那一刻起，花王就會開始觀察，包括：

(1)消費者如何認知、解讀產品？

(2)消費者如何選購產品？

(3)如何使用產品？

3. 唯有深入了解每個環節，才能真正捕捉到消費者的需求，並提供正確的服務。

二、成功心法之2：創造消費者喜愛的品牌

1. 除了研發、製造出好的產品之外，也要有好的廣告溝通，以及好的店頭陳列輔助。

2. 在實體店面之外，花王不只在購物網站設立旗艦店，同時也有屬於自己的電商官網，提供消費者兼具線上與線下的完整服務。

3. 最長銷品牌是：花王洗髮精。至今仍是臺灣銷售量前3大的洗髮精品牌，歷史達50多年。

4. 最高銷售額品牌是：Biore。根據花王調查，臺灣每10位年輕女性，就有4位使用過Biore。其目標族群為20歲年輕人世代的Biore，在卸妝及防曬品，都是臺灣市占率冠軍，沐浴乳銷售也在快速上升中。

5. 最創新品牌是：美舒律。包括：蒸氣眼罩、晚安貼、肩頸貼、生理貼，照顧不同的疲勞部位，滿足消費者日常需求。

6. 最高貴品牌是：SOFINA。目前有9個百貨專櫃據點，及開架銷售1,000個據點，是專作女性美妝保養品的品牌。

三、成功心法之3：重視消費者體驗

1. 從消費者視點出發，這是花王一直以來的服務精神。
2. 為了呼應臺灣消費者愛用的社群平臺，花王共創設了9個FB粉絲專頁，以及LINE官方帳號和貼圖，並以此作為品牌深度溝通平臺。
3. 除了配合趨勢，強化網路溝通之外，花王也舉辦戶外活動及實際體驗活動。

四、花王連續6年成為臺灣前3大廣告主，每年投資廣告量約6億元，推出計17個品牌，營收額位居國內第一大消費用品廠商。

問題研討

1. 請討論臺灣花王行銷成功的3大心法為何？
2. 請討論臺灣花王如何透過社群平臺與消費者溝通？
3. 請上網查詢臺灣花王有哪些品牌行銷市場？
4. 請上網查詢臺灣花王一年的廣告量投資大約多少？
5. 總結來說，從此個案中，您學到了什麼？

個案 15

魔法王國：東京迪士尼樂園好業績的祕密

一、年年創下好業績

2013年3月，是日本迪士尼樂園開業30週年的紀念日。即使在面臨全球金融海嘯的不景氣之下，日本迪士尼樂園仍創下每年2,700萬人次的參觀遊玩的人數，2017年度的年營收額達到4,000億日圓，平均每人的消費金額為9,370日圓，而營收額則包括了門票、商品及飲食等多種收入。面對日本少子與高齡化的人口社會環境趨勢下，日本迪士尼1983年4月開幕年度約1,000萬人次入園消費起，這30年來，幾乎年年都保持著成長的業績，這對主題樂園來說幾乎是難以達成的，因為對一般人而言，大部份的主題樂園，去過一次或二次之後，是幾乎不易再去遊玩的。

二、重要經營指標：顧客滿意度

日本迪士尼能夠有此難能可貴的營運佳績，主要緣自於該公司堅持著「顧客導向」與重視「顧客滿意度」的經營理念。

日本迪士尼樂園公司認為提升「顧客滿意度」（CS, Customer Satisfaction）是所有業績生意的根源點。所以該公司非常重視遊園來客的顧客滿意度，包括玩得快不快樂、吃得滿不滿意、買得中不中意、住得好不好、看得盡不盡興等，這些顧客內心的真正滿意度，是日本迪士尼樂園最關心的真正重點及最後結果。日本迪士尼樂園曾做過一項調查，在來園的遊客中，每十個人，幾乎有九個人是再次入園遊玩的，他們再次（repeat）來玩，主要原因就是對上一次遊玩的印象很深刻，也很滿意，因此，不斷地再次入園。

日本迪士尼樂園公司認為員工滿意度與顧客滿意度彼此間會形成良性的循環，而且員工的滿意度更是顧客滿意度的泉源。如下圖所示。

三、高顧客滿意度的原因

日本迪士尼樂園究竟如何做到高顧客滿意度的原因有幾點：

第一：不斷投資硬體建設。日本迪士尼樂園十年前即投資興建迪士尼海洋

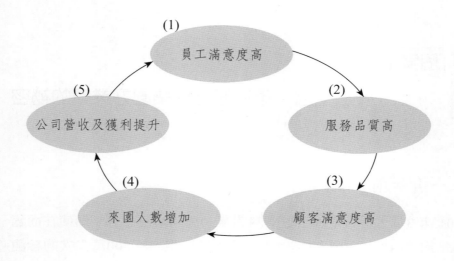

在其隔壁，串成兩個遊樂園。五年前，又投資興建迪士尼旅館，供給晚上住宿顧客之用。此外，在園區內，每年均會有一些新的遊樂設施出現，而既有設施也保養得非常安全及新穎。此外，在餐飲設施、商品購買設施、洗手間、休息區、等待區、停車區、遊園巴士……等硬體設施，日本迪士尼樂園從不吝惜投資，所以使園區內仍保持最高品質水準與最佳外觀水準的主題樂園，以吸引來園顧客。

第二：大型表演秀。日本迪士尼樂園每月均會安排一次大型表演秀，每次秀場表演均會翻新，使入園觀看的顧客都會感到新奇及好看。這種大型表演秀已成為日本迪士尼樂園的好口碑來源之一。

第三：不斷強化軟體面（soft）的品質。日本迪士尼樂園不只重視硬體創新的投資，而且也同等重視軟體面的品質提升及改善。包括：人員的禮貌、微笑、親切、周到的態度與精神；區內指標導引、餐飲的好吃、賣店商品的豐富及訂價合理、遊園巴士的頻率、安全的告知與維護、客戶抱怨的立即處理、對殘障人士與孩童的特殊對待、……等，也都受到很高的重視。這些軟體面的品質是「看不見的價值」，但日本迪士尼樂園依然不斷投入改善及提升品質水準的努力。

對於軟體的服務品質，日本迪士尼樂園除了篩選對的人之外，也不斷對這些員工展開教育訓練的工作，此外，對員工滿意度方面，每年也有一次全體員工大調整，包括對薪資、寢舍、工作場所、工作領導、管理、福利、工作氣氛、工作性質等都納入員工滿意度的內容。該公司每年都得到很高的員工滿意度結果，此證明員工對公司的向心力很高，而間接的影響到企業優良文化的形成。

對於現場改善活動，日本迪士尼樂園也高度鼓勵員工的創意行動。該公司每年都會發動一次「I have idea」（我有創意）的員工活動。由於第一線員工最接近顧客，因此會有比較多的創意發想。過去幾年來，這些創意改善活動，對該園區的軟硬體品質提升的結果，帶來不少的貢獻。目前，日本迪士尼樂園有1.8萬名的員工，其中一半是約聘的準職員，這1.8萬名員工，即成為該公司最好的改善創意團隊。這個團隊的努力，也成為日本迪士尼樂園今日廣受日本及亞洲地區觀光客歡迎與經常光臨的重要原因。

四、這是：「心的產業」

日本迪士尼樂園現任總經理加賀見俊夫即表示：「我們不是製造業。我們是一種心的產業，必須發自內心的一種快樂的心、幸福的心、歡笑的心及滿足的心，然後將這種氣氛，傳播給每一位來園的顧客，並且讓他們都能帶著期盼的心情入園，然後帶著快樂與滿意的心情離園。因此，我們經營的正是這種讓每一位顧客都能歡笑與快樂的心的產業。能夠做到這樣100%的顧客滿意度，東京迪士尼樂園才會長久地存活下去，即使100年後，它依然能夠持續發展而永不止息。」

已然度過一個輝煌成就的25週年的東京迪士尼樂園，面對日本主題樂園的衰退，正彰顯出它的卓越經營之道與行銷靈活彈性之策的成功。

問題研討

1. 請討論東京迪士尼樂園的業績狀況如何？

2. 請討論東京迪士尼樂園為何重視顧客滿意度？又如何做法？

3. 請討論這是「心的產業」的意涵為何？

4. 總結來說，從此個案中，您學到了什麼？您又有何心得、評論及觀點？

個案16
日本BIG Camera家電資訊大賣場贏的成長戰略

一、BIG Camera 4個競爭優勢

日本BIG Camera家電資訊大賣場是日本前3大家電資訊連鎖大賣場之一，也算是優良的家電資訊連鎖服務業。

該公司主要有4個比較強的競爭優勢，包括：

第一：強的「銷售力」

該公司強的銷售力主要植基於各門市店內員工的商品知識充足，而這又根源於他們有一套完整的教育訓練制度。包括：

(1)該公司擁有700名「專業的產品專家」顧問。

(2)該公司每個門市店均經日本家電製品協會的認定，並有362名員工取得該協會的資格考試認定合格。

(3)該公司還有其他多種資格認證的取得。

(4)該公司對新進員工，施以「門市店實務研修課程」、「商品研修課程」、「前輩經驗傳承課程」等。

(5)該公司對既有員工，施以「專門職務讀書會」、「主管擔當者會議」、「製造廠主辦研習會」、「工廠見學之旅」、「新商品研習會」等。

第二：強的「店面環境打造」

該公司對店內的通道、陳列、廣告招牌POP、燈光、裝潢、體驗感受等，均經過特別的設計，考量到對顧客的便利性，以及好的知覺感受等，因此，希望在門市店shopping購物都有滿足感及快樂感。

第三：強的「效率性及收益性」

BIG Camara直營店平均每店的營業額均超過其他競爭同業。換言之，該公司的每坪坪效及固定資產週轉率均超過同業甚多。目前，該公司在日本計有28個大店，平均每一個大店均在3,000坪以上。總之，該公司每一大店的經營均

具有效率性及收益性。

第四：「強的企業形象」

BIG Camera在一般民調中，被評價為具有活力的及銷售力強的公司，其企業形象也在一般水準排名之上。此種優良企業形象為該公司帶來無形的資產及助益。

二、BIG Camera 5個成長戰略

BIG Camera近幾年來在大型店的家電資訊大賣場能夠快速崛起，主要得力於下列五大成長戰略：

第一：出店（拓店）戰略

BIG Camera到2008年底時，已有28個3,000坪以上的大店，大店型態是它的主要經營模式。該公司「迅速」拓店是它的特色之一，而另一個特色即是它的店均是：「都市型」×「車站前面」×「大型店」的開店模式。因為只有在一級或二級都市，加上鐵路或捷運站前，才能有最大的人潮流量，也才能支撐大型旗艦店的營運規模與銷售需求。

第二：紅利點數卡戰略

目前BIG Camera已有1,800萬個辦點數卡（point-card）的會員。紅利點數卡具有折扣性、便利性、兌換性、折抵現金性等優點，故受到會員的歡迎，也養成他們的忠誠度。

第三：網路購物戰略

由於全球網路購物（Net Shopping）的興起，BIG Camera在網路購物成長也很迅速，特別是紅利點數卡已可以使用在網路購物上，使得消費者樂於在網路上訂購。

第四：與Sofmap公司策略聯盟合作

BIG Camera自去年起亦與另一家手機銷售公司策略聯盟合作，包括新商品的共同採購降低成本、門市店拓展的協助、人才交流、自有品牌商品的共同開發、物流中心共同使用等，雙方合作均帶來一些顯著的綜效。目前Sofmap在日本計有7家門市店及購物網路。

第五：成長戰略

BIG Camera在全日本計設有3個物流中心，非常完整周全。這些先進的物流中心對庫存量的降低、即時性送貨需求、物流營運費用的降低，以及未來全日本店數量擴張下的支撐等，均帶來正面的助益。

三、貫徹「顧客導向」DNA的第一現場授權原則

BIG Camera宮鳥宏本總經理表示：「面對家電資訊大賣場的激烈競爭下，我們唯有更堅定顧客第一主義的經營理念，以最精緻與最專業的服務，為顧客提供物超所值的價值。我們的經營願景，即在提供21世紀更豐富的生活提案，以及持續進化這種專門店集合體的經營模式，為顧客帶來更大的滿意、滿足與快樂。」

另外，BIG Camera亦非常重視在門市店第一現場為授權主導的管理模式，如此才能每天立即性的貫徹顧客導向，以及因應零售現場的變化而採取彈性且立即性的對策與做法。如此，才會有好業績，也才能磨練出非常強的第一線店長及副店長人才。這就是BIG Camera公司顧客導向的DNA。

問題研討

1. 請討論日本BIG Camera的4個競爭優勢為何？這些優勢為該公司帶來什麼好處？Why？

2. 請討論日本BIG Camera的5個成長戰略為何？

3. 請討論BIG Camera公司的經營願景為何？他們的顧客導向DNA又為何？

4. 請討論BIG Camera開店的模式及公式為何？為何要如此？Why？

5. 總結來說，從此個案中，您學到了什麼？您有何心得、評論及觀點？

個案 17

COSMOS藥妝店：從點到面，稱霸日本九州地區性市場

一、COSMOS大型藥妝店，營收五年成長五倍

日本南部九州地區遠離日本東京關東地區及大阪關西地區的熱鬧城市，自成一個地方性與鄉鎮型的市場空間。但是，這個地區卻有一家稱霸藥妝店連鎖市場的零售公司，即是COSMOS公司。該公司年營收額從2003年的400億日圓，一路高成長到2017年的2,000億日圓。而在獲利方面，則從2003年的12億日圓也成長到100億日圓，獲利額雖不高，但也沒有虧損。

該公司成立於1983年，目前店鋪數為230店，集中在九州地區，也有少部分在中國與四國等南方地區，員工人數為1,500人。

該店雖然號稱藥妝店（drugstore），但其實也賣很多的食品、飲料、與家庭日用品。目前該公司年營業額比例分別為：

(1)一般食品：佔46.9%，居第一。

(2)醫藥品：佔19%，居第二。

(3)化妝保養品：佔16.2%。

(4)雜貨品：佔16.1%

COSMOS零售公司快速成長的主要原因，係它以南部九州地區的農村、漁村、及山村等鄉鎮地方特性為小規模商圈，但都集中力量，主攻此特殊利基在地市場，意外獲得成功。

COSMOS的營收額，目前位居全日本第七位，但在九州地區則是第一位。

二、成長祕訣之1：
   以小商圈市場為目標，開出大型店，並且提供一站購足的食品、飲料、乾貨用品、美妝品及藥品。

COSMOS在九州的店坪數，大約都在600坪左右，雖不能跟都會區的量販店相比，但在鄉鎮地區，此規模算是大的。COSMOS店面的裝潢適中，有寬敞的走道空間，明亮的燈光、挑高的天頂、開放的自在選擇，大量的停車空間以及一站購足的需求。

COSMOS商圈人口規模的設定以1萬人到2萬人數為基準，雖不算很多，但也足夠COSMOS店的營業額需求。COSMOS開店位址原則是在郊區，此處房租或地點價格比較便宜，空間也大，適合有600坪的開店要求。

該公司總經理宇野正晃表示：「其實，零售業是非常競爭的，但在小商圈型的店，集中攻擊且優先設點，其商機是不比10萬人口以上大商圈高度競爭來得差的。」

因此，COSMOS堅持在小商圈開出獨占型或唯一型的大型藥妝店，成為該公司的特色。

三、成長祕訣之2：
在短短10分鐘之內即可買到自己要的東西，並且完成結帳的明快賣場設計

COSMOS 600坪的空間夠大，因此，基本的藥品、化妝品、保養品、食品、飲料及日用品乾貨等主要品牌或自有品牌，均有大型陳列架，消費者要選購、搜尋、目視及拿取均非常方便，而結帳出口也夠多，一點也不會有擁塞之感。顧客可以在很短時間內輕快的購買完成，一點也不顯得人潮擁擠，商品難找及空氣不良等缺失。

四、成長祕訣之3：
低價、再低價策略。

COSMOS營收及店數迅速成長的另一個重要理由就是採取低價、再低價策略。COSMOS的獲利率及獲利額並不高，主要是該公司把毛利率壓得很低、管銷費用也控制得很低，而價格自然比全國型的藥妝店要便宜至少5～20%之間。而這種低價策略，在2008年油價高漲，通貨膨脹率高、收入無增加、失業率高的狀況下，自然受到消費者的青睞及選擇。

五、成長祕訣之4：
不管顧客買多、買少；都很細心的、熱誠的接待客人。

COSMOS培訓店內所有現場人員，包括結帳人員、補貨人員、接待人員或店長等，都必須以細心、用心、熱誠、親切、真心及有禮貌的態度、眼神、語言及行動去對待每一個男、女、老、少、買多、買少的顧客，讓他們感受到這是一個美好的購物場所。

六、成長祕訣之5：
培訓出每個店員都是「多能店員」。

COSMOS公司快速成長的祕訣之五，就是培養出每一個現場的店員，都是一個多能、多工的店員。換言之，結帳、接待、解說、整貨、補貨、清潔…等店內的一切事情，大家都有機會輪到，都必須馬上上手去做。每個人都可以補上別人的工作。

七、成長祕訣之6：
最後一個COSMOS的成長祕訣就是要求對店內的所有作業效率，都必須以「秒」爲單位。

絕不可以延滯、散漫或慢慢來的心態在做事。COSMOS公司在入門處設有顧客滿意調查表，每半年也會針對各地區的家庭住戶做電話民調，以做為外部的考核參考資料。並了解顧客對公司店內人員服務水準、待客態度、詢問回答、處理方法、人員工作時的心情與效率……等十多項指標進行市調，以做為另一種對店內人員的無形壓力與監督來源。

八、最後目標：朝向400店願景

目前COSMOS總店數已接近200店，但宇野總經理卻訂下未來要再倍增到400店的總目標。問題在於九州地區似乎已經接近飽和了，該如何因應呢？宇野總經理指出未來將朝周邊的四國地區及中國地區等兩個地區擴張店數。「COSMOS並不會朝向東京大都會區發展，因為那不是我們優勢的地區所在。而我們善戰的地區即在日本南部的專屬地區。」因此COSMOS是「區域戰場」的巨人戰將。

問題研討

1. 請討論COSMOS藥妝店營運績效狀況如何？爲何能快速成長？Why？

2. 請討論COSMOS營收的各類產品占比爲何？

3. 請討論COSMOS與臺灣的屈臣氏或康是美在販賣產品方面有何不同嗎？或相近？您覺得那個比較好？Why？

4. 請討論COSMOS的成長祕訣之1爲何？爲何要如此？Why？

5. 請討論COSMOS的其他的成長祕訣爲何？請詳細深入評估討論之，以及思考爲何如此做？Why？

6. 請討論COSMOS最終要朝多少店發展？要如何做到？做得到嗎？Why？

7. 總結來說，從此個案中，您學到了什麼？您有何心得、評論及觀點？

個案 18

捷安特自行車名揚全球

一、捷安特自行車品牌，兩岸均為第一品牌

巨大自創捷安特（GIANT）品牌，不僅繞著地球跑，更跑進奧運場上，是唯一在奧運中可以看到的臺灣品牌。GIANT目前除了是臺灣和大陸市場第一品牌，在日本、澳洲、加拿大及荷蘭也都是第一進口品牌，亦是美國和歐洲地區三大品牌之一。在全球50多國，有超過10,000個經銷商服務客戶。

巨大全球共有四座工廠，2004年產銷500萬輛自行車，集團營收達200億元。其中，臺灣廠產銷70萬輛，雖然產銷量比2003年減少，但平均單價大幅提升，已成功轉型為全球高附加價值產品的供應中心。

二、捷安特品牌價值已超過30億元

每年以捷安特品牌銷售的自行車將逾400萬輛。品牌價值大致有三方面：一是能與經銷商緊密結合；二為消費者會指名購買；三則是有利持續推出新產品。

有品牌後，經銷商將成為生命共同體，不論是推銷活動或產品陳列位置，都會優先考量，想辦法把你的產品多賣一些。相對的，進貨、庫存水準都會從高設定。

其次，消費者普遍注重品牌，品牌成功塑造後，會有很多「死忠」顧客，如能讓消費者指名購買產品，品牌價值就會很高了。例如，很多人買車會優先考慮雙B（賓士、寶馬）一樣。另外，則是可以持續的推出新產品。以SONY為例，由於經常推出新產品，雖沒進行宣傳，但市場早已在期待。

三、巨大2004年產銷500萬輛自行車，居世界第一名

自創捷安特品牌、行銷全球的巨大機械，2004年集團產銷自行車已達500萬輛，穩居世界營收最高自行車業寶座。

巨大在各地轉投資事業近20家，進入大陸已經10年，是典型的中國收成股，大陸投資收益並成為集團主要獲利。集團2004年營收200億元、增幅逾

16%，全年獲利可能改寫歷年新高，衝過1999年的稅前盈餘8.14億元紀錄。

四、來自大陸獲利，已占集團獲利的70%

巨大百分之百持股的捷安特（中國）及泉新，都成了下金雞蛋的「金雞母」。2002年，前三季稅後純益6.67億元，投資收益就占了5.12億元，其中來自大陸的比率逾七成。

捷安特（中國）是大陸獲利主體，2001年生產226萬輛，營收突破50億元，稅後純益近3.62億元。2002年生產260萬輛，營收及獲利同步成長。2004年生產已達350萬輛，策略上仍是內、外銷並重。

大陸係巨大機械集團的新興市場，發展空間很大。以大陸內銷市場規模而言，2006年，巨大機械百分之百轉投資捷安特中國公司，生產量由2002年的100萬輛提高至300萬輛，預計拿下10～15%大陸自行車市場占有率。

捷安特（中國）未來的另一個發展方向，係要成為巨大機械集團外銷後勤支援的生產基地，臺灣廠則朝向少量多樣、高附加價值及新產品的方向發展。而且巨大機械集團全球企業總部仍將設在臺灣，並負責研發中心、全球資源整合及人才培育等功能。捷安特（中國）基本上還是定位成巨大機械集團四大生產基地之一，但生產量將占集團總生產量的二分之一以上。

自創品牌捷安特在自行車界闖出一片天，尤其是將大陸視為巨大機械集團國際化的關鍵，且在瞄準大陸內銷市場的策略中獲得空前的成功後，進軍大陸不到10年，便已於2003年取代鳳凰自行車廠而成為全中國大陸最大的自行車製造廠，並布建1,500個銷售據點。巨大機械集團計畫於2004年，將內銷量擴增至300萬輛，較2003年成長2倍，並拿下大陸一成以上的自行車市場占有率。

・中國大陸密布行銷通路

捷安特在中國大陸除了西藏和青海外，每個省、市、自治區都有銷售據點，共有14個銷售部、24家一級經銷商、560家專賣店及820家店中店，合計設了1,380個銷售據點。通路管理上嚴格要求經銷商不能越區發貨，每輛車都有號碼，一旦查出有越區發貨，越區的經銷商必須以原價向在地經銷商買回發出的貨。大陸本地生產的自行車最低單價是人民幣98元，在家樂福大賣場有售。捷安特一輛自行車最低單價是人民幣400元，平均零售價是人民幣532元。大陸是自行車生產大國，但還不是強國，2002年大陸生產6,000多萬輛自行車，占全球產量五成以上，出口3,500萬輛，平均單價只有臺灣出口價格的四分之一。

五、巨大自行車廠在美國自創品牌，反敗爲勝

亞洲《華爾街日報》報導，以自行車代工起家的臺灣巨大機械公司，幾十年前在危機降臨時毅然決定自創品牌，如今已是全球自行車首屈一指的名牌，和昔日客戶平起平坐。巨大的經驗對無數臺灣代工業者，甚至所有亞洲企業而言，都是寶貴的一課。

(一)面臨最大客戶停止下單危機

幾十年前，巨大機械的最大客戶美國史溫自行車公司（Schwinn）突然決定更換供應商，當時銷售的產品有80%交由巨大代工，巨大也付出80%的產能給史溫。由於代工製造是巨大當時唯一的業務，此一打擊幾乎讓他們陷入絕境。

巨大機械總經理羅祥安說，巨大自己與對手的終極武器就是品牌。他表示，失去史溫的經驗讓巨大了解到，沒有自己的品牌就無法掌握自己的命運。

(二)塞翁失馬，焉知非福，巨大自創品牌成功

然而巨大並沒有因此被擊垮，反而在自行車界創造另一個響亮的品牌。如今巨大是全球最大的自行車製造商，旗下1萬多家捷安特專賣店遍布全球50多國。2002年生產的500萬輛自行車，有70%屬於自有品牌。

麥肯國際集團駐臺北策略師懷特蘭表示，巨大的成功為其他希望建立自我品牌的亞洲公司指明方向。他相當讚賞羅祥安經營團隊的做法，即為確立主打高級自行車市場的定位，然後集中資源投入市場開發。懷特蘭說，一家公司要建立自我品牌，首先要了解自己主攻的市場，並準備充足的資金，然後放膽去做。

懷特蘭表示，巨大成功的另一個關鍵，是充分利用代工時期建立的高品質聲譽，推銷自己的品牌。零售商知道該公司的產品值得信賴，自然願意幫忙宣傳。巨大聰明的地方，就是透過別人的品牌建立自己的聲譽。

六、未來維繫捷安特品牌價值的方法

基本上，一般廣告宣傳不會增加太多，而將循3種途徑使捷安特品牌及品質深入人心。

(一)創新研發

巨大以臺灣研發總部為主，結合歐美的商品研發中心同仁，持續做國際性聯合開發，成效良好。近幾年有MCR獲美國《商業周刊》評選為最佳新產

品、ATX-ONE獲《遠東經濟評論》評選為亞洲創新、XTE DS-1獲選為荷蘭最佳年度車種、XTC NRS-1獲選為美國年度風雲車種等。

巨大將以客戶需求為導向，秉持GLOBAL捷安特、LOCAL TOUCH原則，也就是全球同步上市，並針對各地市場開發30%的地區車種。

(二)持續參加競賽，贊助、培養車隊，以提升品牌知名度及產品開發實力，讓捷安特自行車成為全球高級品牌

日本本田汽車長期參加F1車賽，其專業、執著甚至狂熱備受肯定。美國自行車業贊助的選手阿姆斯壯連得三次冠軍，對其產品形象有很大的提升。哪天輪到我們拿第一，也將發揮高度效益。

(三)擴增行銷通路、建立風格

像星巴克咖啡，同樣是一杯咖啡，但有自己的CIS（企業識別體系），星巴克咖啡價位就是不一樣，因有不同的氣氛、背景、獨特的咖啡文化，一經定位，客層大不相同。捷安特現在全球50餘國，約有10,000個經銷點。未來，大陸的行銷據點計畫擴增至3,000個左右，其餘市場暫不增加，可能會稍予調整，朝臺灣捷安特經銷商專賣店模式發展。

七、維持自有品牌銷售量70%

現今以捷安特品牌銷售量接近七成，未來將維持自有品牌與ODM（委託設計代工）並重的策略，繼續在全球重要市場發展自有品牌行銷，同時為全球形象良好的品牌設計代工。也因此，接單時能夠篩選客戶，再明確告訴買主彼此競合（自有品牌行銷與代工設計）關係後，客戶還是願意下單。

八、海外紛設行銷據點

巨大是在1972年創立的，全球自有品牌行銷網則自1986年在荷蘭設立捷安特歐洲公司開始。1987年再設美國公司，1988年分設德、英、法公司，1989年成立日本公司，1991年設立澳洲公司，此時自有品牌的產銷比率已突破60%。

九、臺灣廠——走創新研發及生產高單價車種路線

臺灣廠1999年產銷自行車83萬輛，平均單價近5,700元。2000年產銷96萬餘輛，單價增至6,600元。2002年產銷62萬餘輛，單價大幅提高至9,000元。由於從大陸出口的自行車持續增加，巨大臺灣廠成為研發中心及營運總部，研

發、創新等費用比重升高。

問題研討

1. 請討論巨大自行車公司獲利70%來自哪裡？爲什麼？

2. 請分析捷安特品牌價值的三大功用？

3. 請討論捷安特在中國大陸如何密布行銷通路？

4. 請討論捷安特在美國自創品牌，如何從困境中反敗爲勝？

5. 請分析捷安特未來如何持續性的維繫其品牌價值？其方法有哪些？

6. 請討論捷安特在臺灣的工廠將如何定位？

7. 總結來看，請評論本個案的意涵有哪些？重要結論又有哪些？以及你學習到了什麼？

個案 19

大潤發大陸事業成功的故事

一、穩定中國大陸第一大營業額流通業霸主地位

潤泰集團總裁尹衍樑已擁有集團內第三家股票上市公司,大潤發在進軍中國大陸短短不到9年間,雖然起步比任何一家外資零售流通業都要晚,可是卻「後來居上」,不但已穩坐營業額第一大的零售流通業霸主地位,而且2011年年底已在香港掛牌上市成功了,而幕後最大的功臣,就是大潤發中國執行長黃明端。

黃明端主掌大潤發在中國的霸業有聲有色,目前大潤發在連鎖流通業中總營收躋身第一大,單店績效、獲利能力也是第一,規模僅次於家樂福。目前大陸總計有130家店及6萬名員工。

二、四個經營特點

黃明端有許多套另類的經營戰略,都是致命的祕密武器。首先,「除了顧客的錢不能賺,其他的錢都要賺。」大潤發是掌握開源節流,而且不論上架費、贊助金、回饋金、貨款浮差什麼都賺。

他堅信:「讓顧客滿意,顧客就會回頭、再回頭。」首先,大潤發和法國歐尚(Auchan)加起來的採購量在大陸是最大,遠高於第二名的家樂福。第二,大潤發單店營收最高,一個店10萬平方公尺,可創造高坪效,Walmart只有我們的三分之二。第三,保退、買不對也退,使得大潤發客戶滿意度高、顧客忠誠度高。第四,非常的「當地化、本土化」,60家店之中,有四分之三以上的店長是聘用大陸籍幹部,光是女性店長就有20多位,這些優秀的「本土化」店長們,都能充分掌握大陸顧客需要什麼,更可精簡外籍幹部的人事成本。

三、採取「源頭採購及包養策略」,降低成本,提升價格競爭力

黃明端在中國量販店市場也充分展現霸氣,創造許多驚人的「源頭採購」先例,最大的效益不是為了壓低進貨成本,而是壓低售價到最低,回饋顧

客。黃明端表示,來大陸一定要有「三本」——本錢、本事、本業。尤其「本事」,在中國必須特別靈活。因此為了因應龐大的日常生活用品和食物所需,黃明端大膽地採取「包養」政策,舉凡大米、豬肉、水果等,能包的盡量從供應端廠商包下來,「我們是中國的『季節性水果大王』!」

例如,全中國的大潤發光是為了供應水蜜桃,就包下無錫的整座水果山,並與果園每年簽訂保證收購、保證收購價格等合約書,以取得最好的價格、最大的貨源;蘋果則是把山東煙臺的果園整座山包下來;至於中國有名的碭山梨,則是包下安徽整座山。至於豬肉,則供給量、需求量更大,光是華東地區每天消費量至少就需400公噸,大約要5,000頭豬。黃明端表示,「因為從養豬到長大、殺豬,時間至少要6個月,所以我們乾脆把揚州一整座屠宰場都買下來。」還有,中國消費量龐大的大米,黃明端也是決定由公司直接投資一座碾米廠,才能供應龐大的消費需求。

黃明端誇下海口指出:「我看要把整座陽澄湖給包下來才對,這樣每年秋天大閘蟹就可以供應無虞了!」

黃明端表示,這種類似「契作」的「源頭採購」策略,最大的目的是縮短供應商到消費者之間的價差,要「低進低出」,絕非「低進高出」,價錢壓得愈低,經營才愈有效益,所以「走遍千家萬家,還是選大潤發」。

四、打出「最低價策略」

「最低價策略」更是黃明端的致命武器,把國內外量販店競爭對手遠遠拋在後面,他成立了反應最快速的「查價小組」,隨時掌握競爭對手的最低商品價格,並自有一套獨門的「KISS」戰略,即「Keep Its Simple and Stupid」。黃明端狠勁十足地說:「只要誰出到最低價,我一定跟!」因此,穩穩地掌握住中國大陸顧客的心。

大潤發目前在中國市場,平均每家店都進貨達2萬至3萬多的品項,其中自有商品約1萬多種,單店營業額最高的是臺商高科技產業聚集、顧客消費金額也最高的昆山店,高達5～6億人民幣。至於最便宜的商品叫做「大拇指」,其次是掛上RT Mart的「自有商品」,一定提供品質保證、不滿意包退,讓顧客經常流連忘返,賣場總是人山人海。

五、2011年營業額突破1,500億元

2011年在中國一百大連鎖流通業調查中,大潤發已躍居營業額第一大、單店最高的量販店,但是賺錢的只有家樂福、大潤發兩家。黃明端當時指出,

「2012年大潤發兩岸營業額加起來,將會突破2,000億元。」

黃明端表示,「其實大潤發在短短13年,兩岸營業額2011年年底就已經突破新臺幣1,500億元,確實是不得了!」「你看在中國做零售業,隨隨便便做就可以做到這樣,實在超乎我們所想像!」

六、老闆授權及信任

黃明端自認大潤發在中國會嶄露頭角,最大的關鍵因素是尹衍樑充分信任和充分授權。「我把商場當戰場,不曾錯失任何攻擊的機會。尤其,當你打出第一拳的時候,最為關鍵。」

七、員工持股高

目前潤泰全球持股22%,為最大股東;潤泰創新國際則持股10.85%,加上其他潤泰集團員工入股,總計集團綜合持股約67.5%,集團不論臺灣、中國,都直接享受黃明端帶來的經營績效。因為大潤發是潤泰集團、法商歐尚的合作結晶,在臺灣大潤發,潤泰集團總共持股三分之二、歐尚三分之一。

問題研討

1. 請討論大潤發在中國大陸零售流通業的市場地位為何?

2. 請討論大潤發經營的四個特點為何?

3. 請討論大潤發的商品採購策略有何特色?做法為何?為何採此做法?Why?帶來效益為何?

4. 請討論大潤發的最低價策略意涵為何?

5. 請討論大潤發的營收額達到多少?

6. 請討論大潤發的老闆授權及員工持股狀況?其意涵為何?

7. 總結來說,從此個案中,你學到了什麼?心得為何?你有何評論及觀點?

個案 20

喬山拚全球最大健身品牌

一、喬山已成為全球第四大健身器材品牌公司

喬山董事長羅崑泉從教師、海關官員、沿路叫賣的電器商人，變身為打造全球四大健身器材品牌HORIZON、VISION、JOHNSON、MATRIX的幕後推手，靠著不斷提升自己的實力，從技術研發到國際人才運用，不斷升級與隨機應變，充分展現臺灣企業慣有的靈活。

喬山的品牌成功，從營收數字表現最能看出端倪。2011年全年營收達到130億元，年成長率為30%。稅後EPS超過13元，而經濟規模持續擴大，將拉開與競爭對手的差異。

二、用第一個200萬元獲利開始發展

喬山的草創期從1975年開始，一直到1979年左右，羅崑泉從一筆200美元、總數400件的舉重槓鈴訂單做起，燃起了繼續走下去的信念。由於自己在輔仁大學時讀的是經濟系，知道經營生意要降低成本，因此對於槓鈴的訂單生意，也追根究柢了解整個生產流程，目的就在於降低成本。

這段時間羅崑泉最大的收穫就是制定了一套標準作業流程（SOP），他聘請了一名廠長，擬定一套標準作業流程，讓作業員了解流程後，半天就可以上線工作。

羅崑泉的付出並沒有白費，標準作業流程的擬定，讓喬山生產的槓鈴品質好、生產效率又快，一個月可以生產1,000多噸的槓鈴，完全滿足客戶的需求。在一個介紹一個的情況下，才1年的時間，羅崑泉就賺進了第一個200萬元，用3年的時間取得全球七成市場的規模。

三、加強研發，因應中國低成本競爭壓力

中國市場開放，讓喬山面臨了新的挑戰——成本壓力。1980年前後，中國開放之初以廉價的勞工出名，吸引臺灣很多製造業者轉戰大陸，以當時槓鈴的生產成本相較，中國的報價是7元，比喬山的8元還低，羅崑泉警覺到自己的優

勢可能很快會被超越，因此思考自己OEM的生產及管理角色必須升級，聘請了15名的研發工程師，成立研發中心。

後來第一個產品就是把腳踏車的煞車帶及鏈條，改良成為風阻式的風扇車，由於非常安靜，很快便獲得客戶下單，跨入健身車的製造領域。一直到1995年，喬山逐步擴大自己研發的實力，朝更多的產品開發前進，進一步站穩自己不敗的地位。

四、思索未來方向，兩者擇一

1996年，喬山已經是一家有200多名員工的企業。大陸的競爭絲毫沒有減弱，反而有愈來愈多人模仿喬山的產品，羅崑泉也在思索喬山的下一步該怎麼走。當時有兩個想法，一個就是跟大陸拚價格，另一個則是到全球最大的市場美國去拚品牌。

五、併購美國公司，發展品牌事業

考慮到亞洲最欠缺的就是品牌及通路，最後羅崑泉決定去全球最大的市場——美國，開始自有品牌（Own Branding & Manufacturing, OBM）的新事業。

喬山的美國OEM客戶之一，當時也是世界第一腳踏車品牌的Trek Fitness，有一天其總經理打電話給羅崑泉表示要結束營業，羅崑泉知道這個消息後，特別邀請Trek Fitness的主管來臺進行併購合作。Trek Fitness開價500萬美元，但是羅崑泉說服對方，以10萬美元成交。

羅崑泉當時分析自己的經營策略，認為併購美國的公司，有利於自己品牌及通路人才的補強，加上自己有生產、製造、研發及管理的能力，好比是有了水、土地、陽光，就欠缺「種子」，因此毅然決然地著手跨入品牌事業。

六、美國公司營收10年，成長50倍

買下了Trek Fitness後，羅崑泉變更公司名稱為EPIX，並創立了現在行銷全球的新品牌VISION。

組織方面，羅崑泉評估Trek Fitness經營不善的主因是人員太多，因此將15個人的編制裁減到三個半，總經理兼行政事業，一個人負責業務，一個是客服，另外半個是打掃的兼職人員，員工的薪水也減半，讓公司的支出控制在一個月1萬美元。

羅崑泉當時拿了10萬美元，希望用3個月的時間讓美國公司試營運，如果成功，他提出營收達到500萬美元，獲利50萬美元，除了15%的利潤外，再給

美國總經理20%的認股。羅崑泉就是用這種大手筆獎勵的方式來留住人才，吸引人才。

美國的經營愈來愈上軌道，第一年營收475萬美元，獲利85萬元，以四捨五入方式計算，EPIX的總經理及格過關。第二年EPIX營收便衝高到1,200萬美元，第三年達到2,000多萬美元，一直到第十年已經是2億5,000萬美元營收的傲人成績，10年來足足有50倍的成長。

「要做品牌一定要去最大的市場，品牌與通路需要撒種耕耘」，羅崑泉強調，產品的定位也不能馬虎。從買下Trek Fitness，羅崑泉就知道產品與品牌定位的重要，而銷售管道、專業人才等也缺一不可，所以特別擬定管理加設計、業務、服務三個核心的企業經營法則。

羅崑泉尊重專業，他聽了美國總經理的分析，美國市場是漏斗型，高階及低階競爭最激烈，因此VISION的推出便鎖定中階市場，雖然市場規模較小，但卻是試水溫最好的地方。因此到了1998年，VISION已經在美國市場打響了品牌，在專賣店有不錯的成績，開始布局下一步，再推出新品牌HORIZON，走入大眾市場。為了不讓HORIZON與VISION產生經營衝突，特別成立新公司，選擇不同的銷售管道銷售，羅崑泉認為這是集團內部的良性競爭。

七、善用美國當地人才，貫徹目標管理，刺激內部競爭

在人才的管理上，羅崑泉善用國際人才，每成立一家公司，就任用一個新的總經理，以美國4個品牌來說，就有四個總經理。羅崑泉以目標管理策略，每月公布每家行銷公司業績，讓這些老外總經理在業務上互相競爭，刺激業務成長。企業文化上，羅崑泉也有高度認同感的要求，每個行銷公司經理級以上主管，都必須到臺灣接受羅崑泉三個星期的企業理念與文化課程，每上完一堂課就即席考試，若沒得到95分就要重考，一直到通過為止。

對於羅崑泉的管理，不少員工私下表示，董事長羅崑泉是嚴肅有條理的人，對於獎勵與處罰都有明確的規範，甚至有「連坐法」，用團隊的力量來約束什麼該做，什麼不該做，同時這也是凝聚員工向心力最好的方法。這樣的管理，包括都是外國人的國外據點也一樣，管理方法並沒有因不同文化、種族而有差別，管理的原則是放諸四海皆準的。

問題研討

1. 請討論喬山公司營收及獲利績效狀況如何？有多少個健身器材品牌？

2. 請討論喬山羅董事長做第一筆生意時的狀況如何？

3. 請討論喬山公司如何因應中國大陸低成本競爭壓力？

4. 請討論喬山公司爲何選擇走品牌之路，而非價格之路？

5. 請討論喬山如何併購美國公司？其績效成長結果爲何？爲何會有此種好成果？

6. 請討論羅董事長如何管理美國當地公司？

7. 總結來說，從此個案中，你學到了什麼？心得爲何？你有何評論及觀點？

個案21

美利達自行車與美國通路品牌廠商合夥策略，使獲利10倍增

一、股東大會滿意公司經營團隊的高績效表現

「宣布散會，謝謝！」位在彰化大村的美利達工業總廠，2011年6月27日由總經理曾崧柱主持的股東常會，從宣布開會到散會，前後不過25分鐘，股東們顯然很滿意經營團隊過去一年的表現，因為這家公司正攀上建廠36年來，前所未至的營運巔峰。

美利達2011年營收總額達120億元，較前一年大幅成長44%；獲利額為13.5億元，每股稅後盈餘（EPS）6.18元，緊追競爭對手巨大工業的6.47元，年增率更高達八成。代表產品高價化程度的成車出口平均單價（ASP）創下443美元（約合新臺幣1萬3,000元）新高，是臺灣自行車產業出口平均單價的2倍，也遠勝巨大的333美元（約合新臺幣1萬元）。

二、被美國OEM大客戶倒帳，深刻感受純代工廠的悲哀與危機

2010年，美利達的代工大客戶美商Schwinn／GT發生財務危機宣告倒閉，被倒帳1,300萬美元，不只造成新臺幣5億元的巨額虧損，更從此流失三成代工訂單，面臨建廠以來最大危機。

「做了二、三十年代工，每年都要面對慘烈的殺價搶單，但下場竟是無緣無故被老客戶倒帳，」曾崧柱形容，「那種感覺，就像叫你把身上的現金全部交出來，然後走回家去一樣。」突如其來的危機，讓曾鼎煌父子深深體會到，半甲子代工生意，到頭來竟是夢一場的悲哀。求學期間寒暑假就往工廠跑的曾崧柱覺悟到，唯有從代工紅海上岸，掌握通路和品牌，美利達的未來才能看得到希望。

三、籌資10億元，入股美國SBC知名品牌通路商，雙方合夥合資經營，意圖力挽狂瀾

當時美利達品牌（Merida）的自行車產品還不成氣候，打品牌戰也非經營

團隊的核心能耐，但為填補產能空缺，購併國外自行車品牌成為唯一選擇。於是，曾崧柱和核心幕僚行銷副總鄭文祥，一方面檢視倒閉遭拍賣的Schwinn／GT投資價值，也同時評估和最大代工客戶、美國高級自行車品牌Specialized進行深度結盟，試圖透過讓客戶變合夥人的策略，牢牢綁住訂單來源。

就在被倒帳後出現虧損赤字、股價跌落到面額以下，差點被打入全額交割股的關鍵時刻，曾崧柱鐵了心要擺脫代工枷鎖，於是不惜冒著流失其他客戶的風險，大膽決定以新臺幣10億元代價，籌資購入Specialized Bicycle Components, Inc.（簡稱SBC）公司49%持股，成為在自行車業形象如BMW般的SBC創辦人之外，最大單一股東。而代工廠與品牌商相互持股的合夥模式，在全球自行車產業也是首例，「再不成功，美利達就真要下來了。」鄭文祥形容當時這個決定對美利達的關鍵影響。

四、在歐洲，亦與品牌通路商合組銷售公司，展開策略聯盟多元化合作

在此同時，美利達也在歐洲發動購併策略，與歐洲代工品牌Centurion合組銷售公司MCG，美利達持股51%。原本專注中高階登山車利基市場的Centurion產品設計團隊，則成為美利達歐洲獨資公司MEU的新生力軍，負責規畫美利達品牌歐洲市場的產品開發。位在德國西南部，賓士汽車總廠工業重鎮斯圖加特（Stuttgart）的MCG、MEU這兩家公司，近80人的設計、行銷團隊，包括一支每年花費上億元預算、與德國福斯商旅車部門共同贊助的Multivan-Merida國際車隊，其中沒有人是臺灣美利達派駐過去，卻都是美利達品牌在歐洲市場練兵的祕密部隊。

五、投資入股美國SBC公司，使獲利大幅增加，創造綜效與雙贏

謹守入股不介入的經營原則，美利達透過上下游垂直整合，不但藉以綁住SBC生產訂單，讓其從2005年占美利達三成出貨金額，拉高到2011年的六成五，更重要的是，SBC也因為擁有美利達這個穩定的供貨來源，大幅提早產品上市時程。

分析美利達獲利來源，去年SBC的投資收益就高達6億4,000萬元，占整體獲利的三分之一；獲利由2006年的1億1,800萬元，到2010年的13億300萬元，成長10倍，每股稅後盈餘也從0.46元，飆升至2011年的6.18元，足足成長12倍。生產製造、投資品牌兩頭賺，就連對手巨大總經理羅祥安都不得不承認美利達下了一步好棋。

　　鄭文祥表示，與SBC結盟的創新策略，既非代工生產OEM，也非自創品牌的OBM，且無法歸類為代工設計ODM，可說是獨特的「美利達模式」，讓雙方透過緊密合作發揮成本綜效，創造雙贏；SBC省去找客戶、送樣、比價時間，美利達再也不必為代工微利爭得頭破血流，當別人正殺紅眼砍價，美利達早已著手開發新產品。

　　也因此，以往美國市場6月新車才能上市，SBC於2011年4月，年度新車就鋪貨到全美通路，商品搶先上市，毛利率跟著就提升。「論營收規模，和巨大比，美利達是老二，但我拚的是速度。」曾崧柱信心滿滿的表示。

六、入股美國品牌廠商策略正確與代工核心能力，成功則是必然

　　美利達協力廠商佳承精工總經理黃昭維表示，美利達的經營風格表面上會甘於做老二，默不出聲的向老大哥學習，但不輕言服輸。特別是和擅長設計、行銷的SBC結盟，找到能力互補的合作夥伴，對的策略加上30年代工累積的深厚功力，讓美利達能成為這波自行車景氣起飛的大贏家，成功可說絕非偶然。

　　機會總是留給準備好的人，好景氣也只留給提早發動策略布局的公司，目前美利達98%產能，都用來供給SBC、Merida和Centurion三大品牌。拒絕再扮演代工角色後，去年美利達單月營收甚至一度超越巨大，讓老大哥首次嘗到被老二超越的滋味。

　　回首美利達終結代工宿命的轉型來時路，「是有那麼一點從老演員變導演的意味在。」曾崧柱替自己下了這樣的注腳。

問題研討

1. 請討論美利達公司的經營績效如何？為何會有此優良績效？
2. 請討論美利達過去曾被美國OEM大客戶倒帳的危機及悲哀情況為何？為何OEM廠有這種宿命？
3. 請討論美利達在美國市場採取的策略為何？為何要如此做？
4. 請討論美利達公司在歐洲採取哪個策略？
5. 請討論美利達與美國SBC入股投資後，有哪些正面效益產生？
6. 總結來說，從此個案中，你學到了什麼？你有何心得、觀點與評論？

個案22

統一企業「小茗同學」，讓統一賺贏霸主康師傅

一、統一中國公司逆勢繳出好成績

頂新康師傅上半年淨利與去年同期相比，出現驚人變化，大幅衰退超過66%，只剩不到30億元，不只早在2016年8月12日就被香港恆生指數踢出成分股名單，還被媒體以「幾乎滅頂？」來形容。

而最大競爭對手統一中控（以下簡稱統一）則逆勢繳出淨利成長12%，達45億元的好成績，康師傅與統一纏鬥多年，雙方獲利罕見的在上半年就「攻守互換」。

為何演出豬羊變色般的戰局？答案藏在統一家族中，未滿2歲的「小茗同學」身上。

比較康師傅與統一的財報，康師傅上半年淨利衰退最大、下滑達64%的產品線不是大家熟悉的泡麵，而是營收占比達六成的飲料，與去年同期相比，淨利少賺了約38億元。而統一飲料總計約45億元的淨利，約等同企業總淨利，其中帶領茶飲料銷量逆勢成長13.6%的奇兵就是「小茗同學」。

二、統一精品定位，鎖定九〇後

在尼爾森（Nielsen）針對中國不含奶茶的包裝茶飲，如紅茶、綠茶等全國銷售額市占率統計中，康師傅近一年市占率衰退約5.4個百分點，正好約是統一同時間的成長幅度，顯然正是雙方消長的關鍵戰場，冷泡茶飲的「小茗同學」，也正是這個領域的發燒產品。

「小茗同學」是統一鎖定中國九〇後年輕族群、同時定價人民幣5元開發出的高售價飲品（中國一般茶飲料定價多在人民幣3元），2015年統一就以「7月就可完成這個品牌整個年度的（銷售）目標」來形容「這位同學」的高人氣，2016年4月中旬，中國傳媒《壹讀》進一步引用百度指數分析「小茗同學」熱潮。

該報導發現，這位「新同學」的搜尋熱度從2015年6月開始增溫，2016年4月表現已超過同門師兄統一冰紅茶，正在接近中國涼茶霸主王老吉與加多寶，

形成一股全國熱潮。

在「小茗同學」的客層分析中，約50%搜尋用戶年紀低於19歲，同時女性比重高達38%，比統一冰紅茶、王老吉、加多寶都高逾10個百分點，難怪被中國媒體稱是「最年輕而且最娘娘」的飲品。這也代表統一有效抓住中國年輕人注意，且完成統一企業董事長羅智先提的「把食品當精品賣」之策略。

看準近年中國年輕人的哈韓風潮，冠名贊助愛奇藝、東方衛視與韓國JTBC團隊聯手打造的真人秀節目《我去上學啦》，還請鍾漢良、黃曉明等學生族群喜愛的明星參加節目並置入行銷，讓產品成為年輕人間的話題商品，抓住中國人生活水平提升後，更重視休閒娛樂的轉變，快速竄紅。

三、康師傅行銷費高，吃掉獲利

根據臺灣券商研究員的分析，康師傅獲利大減的原因是加強廣告力度。財報中琳瑯滿目的節目置入或冠名活動，讓行銷成本占營業額總成本超過兩成，雖然做法與統一幾乎如出一轍，但缺乏類似「小茗同學」，以特殊包裝往高單價市場發展，並聚焦年輕人的行銷操作，導致2016年上半年康師傅獲利霸主地位大翻盤。

對此，康師傅副總經理賈先德表示，2016年上半年泡麵和飲料的營收下滑，都是大環境景氣差，及消費者對新產品觀望所致。即使如此，品牌經營與食安要求都不應受景氣影響，尤其不景氣時更要做。廣告行銷費用增加，雖然使獲利減少，但他相信這是做對的事得承受的必要之痛。

目前七、八月已有明顯改善，康師傅認為中國市場處於「寒冬退去，生機勃發」的轉折點，不會改變照顧所有族群、發展長青型產品的經營方式。

在統一2016年上半年大獲全勝的同時，內部卻有不一樣聲音。「我們所有飲料在第三季會暫時打烊（停止供貨）。」在近日中國媒體的報導中，羅智先在統一召開的分析師會議中，提出這樣調整節奏的策略，讓2016年下半年的戰況將更加詭譎。

四、看淡下半年，統一調節出貨

羅智先會這樣布局，主要是看衰2016年中國下半年景氣。他認為接下來的日子，飲料廠商將會哀鴻遍野，因為中國市場雖沒有倒帳問題，但在東西賣不掉時有庫存問題。因此為了讓冬飲新品順利銜接，他要調整飲品節奏、控制出貨量，羅智先還說：「我可以容忍這個月的營業額是零。」這也就是說，必要時，統一即使犧牲營業額，也要讓市場供需回復平穩。

　　中國年輕人的口味變化快速，「小茗同學」雖然立了大功，但熱潮隨時都可能退燒，市場也還會有「新同學」加入戰場，這也是統一當前的一大隱憂。如果羅智先的預測神準，到了2016年底，統一、康師傅的戰局變化，的確還是未知數。

問題研討

1. 請分析統一中國公司的營運績效如何？是否勝過康師傅？主因爲何？
2. 請討論統一中國定位的改變爲何？爲何要有此改變？
3. 請討論康師傅獲利大減的原因何在？
4. 請分析中國市場未來的市場景氣如何？
5. 總結來說，從此個案件中，你學到了什麼？

個案 23

TT面膜，鐵粉口碑行銷力量驚人

一、嚴格管理的工廠

下了高鐵，還得坐一段計程車，終於來到了目的地。沒想到，進了公司，要看工廠，又是另外一番折騰；不僅從頭到腳無塵衣包得緊緊的，戴上口罩、套上鞋套，一切都得一絲不苟。不禁開始有點懷疑，不就是做面膜的公司嗎？怎麼搞得與高科技公司一樣？

波特嫚生技公司執行長李昆霖解釋，面膜是「悶」在臉上的，只要有水、有養分，就會生菌，尤其是生物纖維面膜，就是菌種生出來的。但既然有菌，就得加抑菌劑，否則就有可能引起過敏或是傷害皮膚，因此工廠是否為無塵室、整體環境整潔，攸關面膜裡必須加多少抑菌劑。此外，面膜做好不是急著賣，而是在實驗室裡加速菌種生長觀察7天，通過微生物檢測，畢竟一片面膜保存期限都是好幾年，在不同氣溫時間條件下，能否維持抑菌的狀態，都是必須考慮的，難怪工廠會如此嚴格管理人員進出。

二、購物臺起家，登上法國殿堂

參觀完工廠與實驗室，終於恍然大悟，波特嫚生技所生產的TT面膜讓女人都瘋狂，不是沒有原因。2015年生技展，許多人都注意到一個奇特景象。因為適逢生技類股表現平淡，生技展顯得有些冷清；卻有一個攤位排隊人龍蜿蜒，人人拖著行李箱，產品一開賣就像暴動一樣，引起不少觀展民眾側目。媒體報導，廠商面膜特賣，有人前一晚就來排隊，一出手就買了10萬元，這都是TT面膜不可思議的魅力。

實際上，TT面膜也歷經虧損9年、看不到前景的窘境。TT面膜由李昆霖岳父在2004年創立，有好幾年是在電視購物臺販售的低價面膜。李昆霖加入後想打海外市場，雖然四處參展，也只能接到零星訂單，而且還是替別人做代工，陷入持續虧損窘境。

直到2011年才出現契機。那一年李昆霖去俄羅斯參展，像以往一樣，4天都沒有業績。李昆霖拿著名片到處去發，想說至少認識一下同業。直到遇到一

位法國人，對他們的產品有點興趣，才打開了李昆霖的機遇之門。當時，那位法國人問他，「你們願不願意去法國？」李昆霖很疑惑，法國人根本不用面膜啊，歐洲是泥膜的天下，市場是一片空白，他們真的做得到嗎？但是公司已經虧了這麼多年，在看到一線機會下，李昆霖決定咬牙也要設法在法國上架，於是就在這位法國代理商的協助下，一步步打進了法國市場。

首先，不同於在臺灣根本不能強調療效，要在法國上架除了安全性外，還必須證明產品的療效。「在臺灣花個五、六千元就能拿到安全性的SGS認證，但是要在法國提出有效性實驗數據報告證明療效，光一個產品可能就要花上100萬元。」

其次，法國代理商指出：「你們做的是美的事業，參展門面就要漂漂亮亮。」以前TT去國外參展，都是桌巾自己鋪一鋪、海報貼一貼，三天的參展花掉70萬元，已經很心疼了；現在一參展三天就燒掉250萬元，三天後拆掉歸零。「但是當你願意投資你自己，就能收到不同效果，接到的訂單也因此多了好多。」李昆霖拿出幾年前和現在的參展攤位照片一比，高下立判。

法國代理商教TT怎麼做品牌、設立實驗室、無塵室工廠、讓參展門面上得了檯面，也讓TT面膜從簡陋的家庭代工，搖身一變成為從研發到品管樣樣符合國際規範的品牌，一路走來的個中艱辛，只有李昆霖自己最能體會。

首先，與老一代的觀念就有很大的衝撞；「花這麼多錢弄無塵室、實驗室幹嘛？」於是李昆霖和老婆接下TT面膜，怎麼樣也要為自己的夢想拚搏。

三、通過法嚴格考驗，紅回臺灣

「當時我下定決心，就是要讓TT在法國上架。我與公司負責國外業務的同仁，其實也就是一個人而已，兩個人坐在辦公室裡，不論法國那邊丟出多麼困難的問題，我們都要想盡辦法解決。例如，即使是包裝內膜鋁箔第幾層的成分都要說明清楚，或是成分中的每一個小細節都要經過嚴格的查核。」為了能在美容界最高殿堂賣面膜，李昆霖豁出去了。當時也有另一家世界知名大廠想去法國，發現如此困難，就直接放棄了。

他自信的說：「現在不管東西方所有國際一線美容品牌都在法國設櫃，但是沒有一家賣片狀面膜。我們就是法國片狀面膜第一！」TT面膜的產品，2016年還分別獲得了相當於英國美容界奧斯卡獎的最佳抗老保養品銀獎。

TT在法國走紅後，一路紅回臺灣，相較於早年李昆霖差點放棄臺灣市場，「但現在才知道臺灣市場一點也不小！」TT官網從當年一天一張訂單也沒有，到2013年1,500萬元的營業額、再到2014年1億元。其中臺灣市場高速成

長，如今法國只占TT營業額約一成。

四、社群網站行銷　闖出一片天

談到TT的優勢，李昆霖表示，TT的主管及員工，一年出國十五、六次，對於世界新知及潮流從不落後；而面膜的配方也下了很多工夫，是消費者決定是否回購的關鍵因素。那麼，在不找代言人、不做任何廣告的情況下，TT面膜如何能迅速竄紅？李昆霖笑著說：「與其說我們是賣面膜的公司，不如說我們是社群網站行銷公司。」

自從在中國博鰲論壇聽到一個小夥子在網路上賣燒餅、油條賣到上億元，李昆霖就興起了「我也可以！」的想法。如今在谷歌打關鍵字「面膜」搜尋，廣告除外，前三名都是TT面膜，鐵粉口碑行銷力量驚人。李昆霖曾經為了測試面膜的服貼度，親自敷著面膜去跳傘，結果當然是沒成功。

由於吸引粉絲紛紛上傳影片，於是乎敷面膜在市場殺豬、敷面膜殺魚、孕婦敷面膜在各個國家景點前跳舞等等的影片如雪片般飛來，成功掀起話題。配合時事行銷更是熱鬧，例如世界末日就推「沒有明天」的面膜大特賣，半澤直樹當紅就推「加倍奉還」的五折特賣，都讓產品瞬間秒殺。

李昆霖不論好壞、大小事都在臉書上向粉絲報告。例如原本TT要在義大利上架，卻受到黑心油事件影響，義大利通路商在上架前幾週，寫信告知他們不要臺灣製造的產品，李昆霖在臉書上呼籲政府重視，粉絲立刻增加1倍。「對TT來說，重要的是客戶黏著度。行銷只是一次性。我們是有溫度的品牌，是很多砸大筆廣告費的專櫃大品牌做不到的。」而TT面膜大都在官網上銷售，省去了通路上架、行銷廣告費用，淨利高達五成以上。

從虧損九年、看不到光，到咬牙打入法國市場紅回臺灣，TT面膜就像經歷一場奇遇記，當中的滋味只有李昆霖深切體會。而TT面膜能否持續紅下去，在國際市場上為臺灣爭光，締造下一個奇蹟，大家都等著看！

問題研討

1. 請問TT面膜的工廠如何嚴格管理？
2. 請問TT面膜登上法國市場的艱辛歷程為何？結果如何？
3. 請問TT面膜如何做好社群網站行銷？它的成功因素為何？效益如何？
4. 總結來說，從此個案中，你學到了什麼？你有何心得？

個案24

日本大金冷氣：靠2項武器，黏住龍頭寶座

一、營運績效佳

「你的壓力很大哦！」一位上班族在日本大阪市的大金FUHA體驗型商品展示館內，做了壓力檢測，發現他的壓力破表。消費者只要坐在內有感應器的特製沙發椅上，回答幾個簡單的問題，就能診斷出壓力大小。這時候他可以再到空氣吧專區，吸入放鬆心情的香氣，就有緩解的效果。

在空調設備市場，大金長期穩居龍頭地位，而根據愛爾蘭市調公司Research and Market在去年底的報告，預估未來5年，大金領先地位仍然不致動搖。

再看實際業績表現，2015年會計年度（2015年4月到2016年3月）營業額較前一年增加6.7%，攀抵2.04兆日圓，稅後純益成長14.45%，達到1,370億日圓。這兩個數字，已經連續6年成長，連續3年創歷史新高。

二、凝聚創新力，員工「暢所欲言」

穩若泰山的龍頭地位，迭創新高的營運實績，或許和大金FUHA展示館的新家電沒直接關係。不過，從這座展示館出發，你仍能感受到這家空調大廠的不敗祕密。

2016年4月初，大金社長兼執行長十河政則對新進員工期許：挑戰創新、當一個不怕失敗的創新者。

藉由新開發的特製沙發，展示館內的體驗民眾輕易得到「壓力破表」的診斷結果，但對大金來說，這套商品的背後，即是一種創新力拓展的嘗試──除了從「溫度」和「溼度」著眼，還進一步開始研究「空氣」對人腦的影響，並且試著商品化。

為了研發高科技，大金已投資380億日圓（約合新臺幣114億元），在大阪府攝津市成立科技創新中心（TIC）。「目前有700位員工進駐在TIC，這裡將是大金的核心據點。」TIC副中心長河原克己指出。

這座研發中心的任務很明確：「開發出世界第一的技術和差異化商品，創

造新的價值」。尤其面對地球暖化等環保問題，大金未來將積極推出創新的節能商品。

這棟建築物的設計方式，也協助員工呈現最佳成果。例如辦公區之外，四樓和五樓設有「暢所欲言平臺」，跨部門會議在這裡舉行，每位員工都能自由發表意見。

要和外部人士溝通時，則可以利用三樓的「智慧森林」，這裡的桌子像拼圖一樣可以拼裝，參與者可以自行決定桌子的大小和模樣。

這些設計是希望打破組織或企業之間的框架，讓每個人的意見都能被聽見。這家歷史超過90年的企業，向來把「以人為本」當成營運理念，公司高層經常掛在嘴邊的一句話，即是「每個員工成長的總和，會成為企業發展的基礎」。

三、重用外人，大力推展全球業務

大金業務已拓展到全球145個國家，八成員工是外國人，因此大金一定要努力創造一個好的工作環境，無論男女、年齡、國籍等，每位員工都能從工作中得到成就感，並且發揮最大的力量。

「外國人才」的確已是大金成長的一大助力。大洋洲地區取締役安藤省吾指出，大金海外營收占比2005年時是45%，2015年已上升到74%，大金也特別愛用外國人才。2015年3月底為止，海外法人請當地人擔任社長的比率是53%，董事比率則是46%。

全球戰略總部大洋洲營業部長曾慶發就以過來人的身分說：「我先前在大金新加坡公司工作，後來當了新加坡的總經理，現在還被派到日本總部上班，顯示大金對拔擢外國人不遺餘力。」

至於2016年，十河政則不諱言，「營運環境的確存在逆風，尤其是匯率因素。」日圓近期快速升值衝擊下，日本整體出口表現並不理想，但大金仍預估2016年會計年度獲利，將可成長至1,400億日圓左右。而其主要策略，即是持續強攻海外市場。

其中自然也包括臺灣市場，2012年3月大金宣布投資代理大金的和泰興業，初期將出資15億日圓，取得和泰10%股權。

和泰副總經理李良懿說，和泰2015年營收為新臺幣103億元（約合344億日圓），希望兩、三年內增至120億元，成為臺灣第一。日方的長遠目標則是在2020年衝到600億日圓，比2015年成長將近1倍。未來雙方如何加強合作，值得拭目以待。　　　　　　　　　　　　（資料來源：今周刊，第1014期）

問題研討

1. 請分析大金冷氣的營運績效如何？

2. 請討論大金社長對新進員工的期許爲何？

3. 請討論日本大金冷氣公司的TIC爲何？其任務又爲何？

4. 請討論大金公司認爲企業發展的基礎是什麼？

5. 請討論大金公司爲何要重用外國人？目前占比多少？

6. 總結來說，從此個案中，你學到了什麼？

個案 25

日本馬自達汽車：抱定「不變則死」，自谷底翻身學

一、公司面臨危機

轉型，是近20年臺灣產業普遍面臨的問題。但轉型時，我們曾經抱著「Change or Die」（改變或陣亡）的決心嗎？這是一間車廠在逆境中突圍的故事。

從2015年到2016年6月為止，馬自達（MAZDA）是臺灣車市銷售萬輛以上車廠中，成長率最高的品牌，今年上半年臺灣市場成長率25.7%。不僅在臺灣，馬自達更是日本八大車廠2016年財會年度中，全球銷售成長率最高的一家，也是唯一在日本市場銷售成長的車廠。

該公司成立近百年歷史中，曾經三次瀕臨倒閉，金融海嘯後，更面臨持股超過三成的最大股東福特（Ford）為了自保而撤資，2年內持股降到僅剩3.5%，使公司面臨成立以來第四次倒閉危機。

金融海嘯後不到7年時間，能在眾多車廠中突圍，是因為馬自達在谷底時，選擇了一條與主流不同的道路。

二、認清「我們是小公司」，不拚主流，改攻小眾鐵粉

當市場主打油電混合車，豐田（TOYOTA）甚至喊出將於2050年前，停止販售純汽油引擎車款時，馬自達是唯一一間主打柴油引擎的日本車廠，旗下超過七成車款有柴油車型；當日產（NISSAN）新一代車款將搭載自動駕駛技術銷售時，他們卻僅將自動駕駛定位為「輔助」角色。

主打扭力高的柴油引擎、將自動駕駛技術視為「輔助」，都是因為馬自達要的是「享受開車過程」的顧客，而非將車子做為代步工具、最大眾的市場。

馬自達走一條非主流道路的背後，是因認清自己的「小」。「我們是小公司」，彷彿馬自達管理階層的口頭禪，從日本總公司董事到臺灣分公司總經理等人，受訪時無不把這句話掛在嘴邊。

該公司去年全球營收逾新臺幣1兆元，員工約4萬5,000人，以規模而言，

已經是相當於台積電的大型企業,但放在全球車廠範疇中相比,每年逾150萬輛的銷售量,僅約豐田的六分之一,的確不大。

但九〇年代時,馬自達並沒有身為「小公司」的體認,反而學大車廠操作多品牌策略。過多的品牌與車型,導致消費者無法辨別,銷售下滑,讓該公司在九〇年代末期財務惡化,瀕臨破產。

這一次,脫離福特這棵大樹的庇蔭後,確立自己是間「小公司」,不可能與豐田、本田(HONDA)等巨人級對手正面對決,馬自達選擇「熱愛駕駛」的小眾市場。產品戰略部長小島岳二說:「我們只求每100個人中,能有10個人是熱愛我們的粉絲。」

小公司動得比巨人靈活、成長性更高,似乎理所當然;但論規模,三菱、大發的銷售量其實更少。

「小」,是馬自達營運翻轉故事的起點,該公司衝出重圍的關鍵,是在谷底時抱著置之死地而後生的決心,開始一次「從零開始」的改款計畫。

三、打破常規當「破壞者」,花6年研發,內外全改款

2008年金融海嘯,該年全球汽車銷量衰退約6%,又適逢福特撤資,屋漏偏逢連夜雨的馬自達卻未採取守勢,反而踩緊油門,展開從引擎、底盤、車身架構到外觀等,整車重新研發的新世代改款計畫。

「那時候公司內所抱持的精神是Change or Die,」馬自達臺灣分公司總經理浜本俊輔回憶,當時管理階層們很清楚,如果什麼都不做,或只是一味降低成本,很可能面臨倒閉,於是高階主管們便拿著這份研發計畫,奔走於各銀行團間請求挹注資金,讓公司「續命」。

「這改變了消費者對馬自達的印象,」車輛研究測試中心副理高銘汶認為,這一波研發改款,從引擎節能、車身減量到扭力與性能均提升,讓油耗降低約三成,是該公司成功再起的一大關鍵。

整臺車從引擎到外觀均重新研發設計,等同從零開始。為了貫徹改變,該公司負責研發的董事藤原清志,當時第一步是打破工程師心中被常識所困圍的障蔽。

「我是來抹除你們既有想法的,我是個破壞者,」當時藤原對所有的工程師說。

他舉提高引擎的壓縮比為例,該數值愈高,代表引擎效率愈好、愈省油,但同時也會使引擎內的壓力與溫度升高,容易爆炸。

「有開發經驗的人都知道,壓縮比提高到12,引擎就幾乎要爆炸,每一個

工程師都想把壓縮比升到更高，但沒人會這樣做，因為測試器材很貴，弄壞器材要寫悔過書，沒人願意，」藤原表示。

但他不願妥協，一直反問自己：「為什麼把壓縮比提高就會爆炸？事情一定是這樣嗎？」

藤原與工程師們反覆測試後終於找到方法，快速排除引擎燃燒汽油後殘餘的瓦斯，使壓縮比提高後，引擎也不會爆炸，這讓馬自達擁有全球最高的引擎壓縮比，「類似的事情不斷重複，打破大家心中常識的障蔽，一個個突破，這是為什麼我們研發需要花上五、六年時間，」藤原說。

除了心態上破壞固有常識，營運管理層面，馬自達也採取顛覆性做法，以破除企業內不同部門的隔閡，使改款計畫能順利執行。

四、顛覆部門運作慣例，3年消弭研發、製造隔閡

通常，車廠內的研發部門與製造部門兩方充滿矛盾。因為研發部門的使命是不計成本，開發出完美的車子；製造部門的任務，卻是降低生產成本、提高良率。

馬自達社長小飼雅道曾於受訪時表示，組織內常有看不見的牆聳立，愈大的組織，牆往往愈高、愈厚。「常常只是為了某個部分要縮小5公分，兩個部門便會有爭執，」該公司統籌所有外觀設計的常務執行董事前田育男舉例。

一般而言，多數車廠都會讓研發部門的工程師到製造部門見習。但為了這次改款，馬自達做了一件幾乎沒有其他車廠嘗試過的事，反過來讓每位製造部門的新進工程師，到研發部門進行長達3年的研習。

「製作東西的人，如果從來不知道消費者要什麼，蒙著頭做，沒辦法滿足顧客。因此，將製造部門的工程師派去研發部門研習，他回到製造部門後，才會知道自己打造的零件有哪些價值，」藤原對《商業周刊》記者表示。

2012年後，馬自達旗下所有車款逐步導入新世代的引擎與設計。近4年，該公司銷量成長24%。所有設計統一，降低生產成本的效果也反映在營業利益率上，2015年營業利益率6.7%，在規模為王的汽車業中，勝過銷售量比自己大上2到3倍的日產與本田。同時，豐田也看上該公司優異的引擎技術，雙方於去年結盟，交互授權技術。

面對困境時，權衡現實、掌握自身優勢，以不改變則死的決心，不拚量，而是立志成為「唯一」。這種精神，讓這間位於日本廣島的車廠從逆境中再起。或許這也是此時此刻面臨產業典範轉移的臺灣，該有的體認。

（資料來源：商業周刊，2016年8月17日）

馬自達小檔案
成立：1920年
社長：小飼雅道
成績單：2015年營收逾新臺幣1兆元
地位：2016年日本車廠財會年度中，全球銷售成長率最高

問題研討

1. 請討論馬自達為何要認清自己是「小公司」呢？為什麼？

2. 請討論馬自達打破常規，當「破壞者」的原因為何？有何新做法？

3. 請討論馬自達如何顛覆部門間運作慣例？有何成效出現？

4. 總結來說，從此個案中，你學到了什麼？

個案26
美國UA運動品牌在大中華區的布局

「2015年業績成長3倍，2016年則是2倍！」談起業績展望，Under Armour（以下簡稱UA）大中華區董事總經理哈斯卡爾（Erick Haskell）的第一句話，就是百分之百的生猛有力，完全符合這個品牌傳達給外界的肌肉形象。

2016年5月下旬，哈斯卡爾應邀來臺，參與職棒球隊Lamigo桃猿隊的主場活動，他的每一句話，除了被體育記者當成報導素材，更被不少投資機構密切關注，為什麼？「UA能不能打敗耐吉（Nike），就要看他（哈斯卡爾）！」長期觀察運動產業供應鏈的凱基投顧研究員溫建勳如此評論。

原因不難理解，UA創辦人普朗克（Kevin Plank）在發表2016年第一季業績的法說會中，透露了兩個關鍵句：首先「過去90天，我們在中國的營收數字，相當於2014年的一整年。」另外，「我們連續24季的成長率都超過20%，而如今仍保有超強成長動能的，就是海外銷售，以及運動鞋。」

中國、海外銷售、運動鞋，這些被普朗克視為集團未來重要成長動能的領域，關鍵人物都是哈斯卡爾。身為大中華區最高主管，他自然扛著拚搏中國市場的重任，而中國也是目前UA試圖衝高海外營收的一級戰區；至於運動鞋，目前該品項銷售額占集團整體營收比重僅14%，但在大中華區，營收比重卻達三成，這裡，是對UA運動鞋接受度最高、最具成長潛力的市場。

哈斯卡爾的身形壯碩，與記者握手時勁道十足，稍稍挺起胸膛，體態幾乎不輸電影裡的「美國隊長」，這或許和他在高中時擔任棒球校隊隊長有關，又或許是因為哈斯卡爾熱衷馬拉松運動，但無論如何，當他談論未來扛起UA成長重任的策略與企圖心時，那種沒有絲毫折扣的口吻，也為他的自信形象加分不少。

「毫無疑問，大中華區是全球市場中成長最快速，也是最重要的市場。」哈斯卡爾強調，2014年，這個當紅的運動品牌開始走出美國，來到亞洲時，美

國以外的市場營收占比還不到10%，預估今年可達12%。然而，「UA的長期野心，是美國以外的營收要占五成。」其中，自然必須仰賴哈斯卡爾所掌管的領域，他的那句開場白：「2016年成長2倍。」指的就是大中華市場。

而要讓這個市場展現出施打類固醇一般的爆發力，哈斯卡爾其實也已擬妥策略，這是一套產品、行銷、通路，乃至於供應鏈的完整布局。

在產品部分，哈斯卡爾證實，運動鞋將貢獻未來最大成長動能。目前，大中華區的銷售額約有三成來自運動鞋，「我相信在4年之內，鞋類的貢獻可達五成，與服飾類品項相當。」

翻開2015年財報，該品牌營收近40億美元、年成長近三成，其中鞋類成長達57%，是運動服飾產品成長數字的2.6倍；而依據凱基投顧一份引述UA內部預估的研究報告指出，其明年球鞋營業額將突破18億美元，相較今年，將大幅成長237%。這個數字的背後，顯然就涵蓋著哈斯卡爾對大中華區運動鞋銷量的野心。

三、關鍵助攻：柯瑞——5萬雙籃球鞋，秒殺！

「柯瑞旋風」，是他最主要的信心來源。2015年，剛接下UA大中華區最高主管的他，特別安排NBA巨星柯瑞（Stephen Curry）在球季結束後到中國替品牌造勢，結果接下來每兩週推出新顏色的同名鞋款幾乎全部搶購一空，「短時間內5萬雙鞋很快賣完，UA歷史中從沒賣過這麼好的籃球鞋，這是巨大的成功。」

有了連莊NBA最有價值球員的柯瑞助攻，讓UA在大中華區不像其他運動品牌有高庫存風險，「相對其他品牌，我們問題剛好相反，我們也有庫存問題，但不是過高，是不夠！」說這話時，哈斯卡爾的背脊挺得更直。他透露，現正積極爭取2016年9月讓這位品牌最佳代言球星二度造訪大中華區，甚至可能首度來臺，「如果成行，以他的高峰地位，絕對又能掀起一波熱潮。」

除了「柯瑞助攻」以外，新產品線的策略也已經擬定。目前，該品牌鞋款集中在跑鞋、訓練鞋與籃球鞋，這部分既有鞋款的策略是不斷從競爭對手搶市占率；至於新增產品線，則是將延伸到棒球、高爾夫和網球等鞋款，在柯瑞效應之外，企圖搶進更多元的市場與客群。

不只如此，在大中華區通路擴展上，他同樣展現企圖心。他設定大中華區今年底要有250家門市，並要求兩百坪以上的街邊大店面方便消費者體驗，以目前最新160家計算，幾乎是以不到3天就要開一家店的速度，快速擴張，「市場需求非常高，我們要趕快開店，讓消費者可以接觸到品牌產品。」

事實上，UA倚重的球鞋和大中華區市場，正是臺灣業者擠進供應鏈的機會。普朗克曾透露，UA草創時期第一個產品，「就是來臺灣找衣服原料。」在2000年營收約只有新臺幣1億元時，每年就來臺三、四次找供應鏈。

如今，隨著大中華區的市場需求成長超乎預期，臺廠的任務只會更吃重。哈斯卡爾就表示，亞洲供應鏈的彈性，有助於該品牌能更即時因應市場變化、快速供應，「其中，臺灣供應鏈無疑扮演非常重要角色。」

四、成立亞洲研發中心 —— 臺廠想切入供應鏈，要快

舉例來說，該品牌2016年與寶成合資成立的亞洲首座研發中心已開始運作，可縮短鞋款設計時間，平均兩週就能有一款新鞋問世。又如臺廠百和，過去已是柯瑞同名鞋款鞋帶等配件的供應商，目前更計畫進階到和該品牌合作開發一片式的新鞋款材料，預估切入球鞋面料供應商後，今年能挹注逾一成營收。這些都是搭上UA大中華區高成長而得利的臺灣業者。

擁有工商管理、國際貿易與金融雙碩士學位的哈斯卡爾，早年曾經是金融業的一員，之後則陸續服務於愛迪達（Adidas）等運動產業，「但我一直夢想成為一個運動員……。」雖然夢想只是夢想，但不斷超越對手的運動員本色，在他身上仍然具體展現。在哈斯卡爾加入UA的2015年，公司營收已超越了他的老東家愛迪達，成為全美第二大體育品牌，如今，龍頭耐吉顯然就是他的下一個新目標。

儘管全球市場研究機構NPD集團調查數據顯示，耐吉系列鞋款目前在美國市場占有率仍達九成；但正如普朗克曾對媒體發下的豪語；「我們從來沒想過自己是老三，直到第一，我們才會滿足。」面對這場馬拉松，這位大中華區戰將還會繼續奮力朝目標邁進。

問題研討

1. 請討論UA未來潛力最大的市場在哪裡？為什麼？如何展店？
2. 請討論「柯瑞旋風」是什麼？
3. 請討論UA與哪一家臺商公司合資成立亞洲首座研發中心？為什麼？如何做？
4. 請討論UA發下的豪語為何？
5. 總結來說，從此個案中，你學到了什麼？

個案27

丹麥樂高公司如何從虧損87億轉型到大賺340億！

一、樂高公司的危機與威脅

今日的樂高，雖然已是全球第一大玩具商，但在13年前，虧損的陰影，也曾籠罩這家83歲老店，陷入前所未見的經營危機。

2004年，樂高陷入18億丹麥克朗（約合新臺幣87億元）虧損，等於宣布1998年以來，以「脫離積木」為目標的多角化經營終告失敗。

其實，樂高的真正危機，早在1990年代後半便開始來襲。第一個威脅是競爭對手登場。隨著積木專利在各國陸續失效，競爭同業也開始生產通用的組合式積木，而且售價壓到只有樂高的七成到八成。

第二個威脅，則是數位化浪潮。比起積木玩具，刺激性的電玩遊戲，對孩子更有吸引力，孩子玩樂高的平均年齡已逐年下降。

二、拚多角化，竟深陷谷底——電影系列積木熱賣，卻失去開發力

為擺脫這兩大威脅，樂高採取的策略是，澈底的「多角化」經營。除了開發家用電玩、強化教育事業外，甚至製作起電視節目。加上拓展實體直營店，也擴大「樂高樂園」的經營。

「事業多角化本身並沒有錯，」現任樂高執行長克努斯托普（Jørgen Vig Knudstorp）說：「錯的是，一次想做的事情太多。」

對樂高來說，多角化也曾一時奏效，其中與電影《星際大戰》（Star Wars）的聯名商品，就締造了樂高史上第一的暢銷佳績。在商品推出的2002年，營收不但創下歷史新高，接下來電影《哈利波特》（Harry Potter）、《法櫃奇兵》（Indiana Jones）系列，樂高開始固定與熱門電影合作，打開「主題積木」的操作模式。

但另一方面，不少預定取代積木的新事業，卻落得大半以失敗告終，原因在於所有嘗試都想自己來。試問，一向只懂開發積木的員工，如何管理主題樂園等延伸事業？

此外，爆紅的《星際大戰》系列，也出現原本看不見的死角。雖然商品銷售隨著電影上映一路長紅，但一下片，業績也跟著大幅下滑。更糟糕的是，員

工的意識逐漸流於安逸，光靠外來內容就能熱賣，讓一向自豪的開發能力停滯不前。

就在營收創下新高的2年後，2004年，樂高大虧約新臺幣87億元，為了周轉資金，樂高總部甚至出現銀行人員日夜奔走的一幕。

三、拚重生，靠拉回正軌 —— 裁員、撤店，專注做高品質積木

「最能冷眼看待公司狀況的人，才是最適合的領導人，」樂高第三代接班人、當時的執行長克里斯強森（Kjeld Kirk Kristiansen）決定，將家族企業一手交給進公司不過3年、當時年僅35歲的前顧問克努斯托普。

臨危受命的克努斯托普判斷：「公司的策略其實是正確的，錯就錯在執行這些策略的組織身上。」

為了讓公司真正脫胎換骨，他上任後的猛藥，就是「限制」這個緊箍咒。

其實，當時的樂高表面看似創新，實際上卻缺乏任何獲利管理，或成本控管的意識，任憑新事業自然發展，讓品牌深受其害。

「只有打破現在的風氣，再造組織不可，」為了把樂高拉回正軌，克努斯托普將改革鎖定在三階段，按部就班執行。

第一步，是集中事業。除了大幅裁員1,200人，相當於全體員工三分之一，產品線也削減三成。原本擴大展店的直營店相繼收攤，退出電玩與電視節目的製作，最後將樂高樂園的股份，向投資基金出售。

第二步，重新定義樂高的新願景。「目標不在最大，而在最好，」公司上下主管與員工，連日閉關在樂高總部旁的飯店，只為了重新界定「樂高的存在意義」。最後得出的結論，表示樂高將以高階玩具市場為目標，以高市占率一決勝負。追求品質而非規模，成了樂高創新時遵循的唯一方向。

改革的最後一步，則是鎖定核心事業，以數字制定新規則。在改革之前，樂高也有著一般常識的迷思：「只有自由的環境，才能孕育創新。」靠著自由，樂高的確誕生出《星際大戰》系列的人氣商品；但同時也是自由，讓樂高的經營目標迷失方向，導致商品開發逐漸複雜化，最終誤入歧途。

四、拚成長，用數學管理 —— 從設計到生產，獲利率逾13.5%才開發

改革之後，除了重拾「積木設計、製造」的核心能力，也開始以明確的數字，澈底進行成本控管。例如，設計師必須先估算成本，從原料採購、積木製造、裝箱、設備折舊等，詳細條列出總成本，只有獲利率超過13.5%的產品，

才能開發。

另外，過去對孩子「無所不知」的自信，也由實際的「團體訪談」取代。

「最喜歡哪一個角色？」「最喜歡哪一種顏色？」將故事插畫交給孩子評估，不只聽意見，更觀察他們的細微反應，有時不惜花數年，才完成一項新商品開發。

不論是成本控管或傾聽顧客的意見，正是這些「限制」，讓樂高朝創新邁進，為組織再造注入全新的觀點。

為了重生，企業必須找到能奮力一搏的武器。但武器若取自外力，就很難拉大與對手之間的差異。因為創新的源頭與未來，原本就只存在企業自身。

「從行動中誕生新習慣，從習慣中產生出對未來目標的信念，」克努斯托普說，一時迷路，首先要回到理念的原點，下一步的革新，才能從原點出發。

問題研討

1. 請問樂高公司的危機為何？
2. 請問樂高拚多角化，為何失敗？為什麼？
3. 請問樂高公司的改革三階段為何？內涵為何？
4. 請問樂高公司拚成長，如何用數據管理？
5. 總結來說，從此個案中，你學到了什麼？你有何心得？

個案 28

丹麥樂高公司創新解密

一、83歲老公司，學創新！

這是一片不起眼的塑膠方塊，打敗義大利百萬名車的故事。

2015年2月分，來自丹麥的積木玩具商樂高（Lego），取代2013年第一名的法拉利（Ferrari），在品牌策略顧問公司「品牌金融」（Brand Finance）的年度調查中，榮登2014年全球最具影響力品牌。

總部位於倫敦的品牌金融，根據熟悉度、顧客忠誠度、推廣度、員工滿意度、公司聲譽等五大指標，每年從數以千計的國際品牌中，遴選出全球五百大品牌，今年由樂高拔得頭籌。

2015年創業滿83年的樂高，其實獲利曾在2004年跌入谷底。歷經改革陣痛後，不但安然度過金融海嘯，甚至近5年營收成長率平均高達21.5%，直逼美國科技巨擘Google。6個月前，樂高2014年前兩季營收也一舉超越芭比娃娃製造商美泰兒（Mattel），成為全球第一的玩具製造商。

老店翻身，究竟有多難？就連一向被視為轉型典範的百年大廠IBM，也因改革停滯，連續十一季營收衰退。與此同時，樂高面臨網路跟電玩的競爭，業績不降反升，養出全球一年超過7,500萬人的「樂高迷」。

透過《日經Business》丹麥現場直擊，這套樂高的報導，第一篇可看到它讓創新成功的制度，第二篇更建議大家深讀，因為它今日能創新，是從慘敗後的反省而來。我們即將，或是正踏入的創新陷阱，樂高都經歷過。以下是《日經Business》的報導內容：

一提到「創新企業」，腦海總會浮現美國蘋果（Apple）、Google等科技大廠。它們共通的特色，都是擁有充滿個人魅力的創業者，藉以誕生出劃時代的商品與服務。

另一方面，有的企業就像是挑戰既有常識，不靠魅力領導，而是靠「組織力量」，樂高，就是其中的代表。過去10年，樂高靠著一套內部機制，讓創新得以源源不絕。

為探尋這個不為人知的企業機密，我們來到樂高的祖國——丹麥首都哥本

哈根。走進樂高專賣店，店員為我們比較了過去與現在的招牌商品。

　　一邊是向來熱賣的「基本積木」，做為共通的零件，能夠自由組合堆疊。另一邊，則是現在的主力商品「主題積木」，《星際大戰》（*Star Wars*）、《樂高玩電影》（*The Lego Movie*）系列，都是根據特定故事設計而來。雖然也有一般的積木零件，但玩法卻是根據特定主題而有所不同。

二、它用一張圖，畫出創新 —— 從企劃到獲利，揭示各階段要做什麼

　　目前主題積木，涵蓋超過30種主題，一年推出近400種新商品，創造的營收占全體六成；10年前，這個比率只占兩成。換句話說，正是主題積木的持續熱銷，帶動了樂高大躍進。

　　只不過，以販售「故事」做為商品主軸這點並不稀奇，其實，樂高真正獨創的創新，在於2006年起採用的「創新矩陣」制度。

　　創新矩陣是由四乘三，一共12個元素組成。橫軸是商品開發階段，共有企劃、設計製造、行銷、獲利四個步驟；縱軸則是創新手法，分為改善現狀、重組、全新創造三種。

　　每次開發新商品，負責人必須畫出創新矩陣，詳細計劃各個開發階段，分別能應用哪些創新手法，讓所有創新的可能一覽無遺。

　　例如，以2015年最熱門的電影《樂高玩電影》為例，其中關鍵，就是在開發流程中的「企劃」階段，便「全新創造」出過去沒有的原創電影。另外，在「設計製造」階段，則運用「重組」手法，開發出電影後續的主題積木。針對全部12個元素，都有相對應的戰略，全方位提高新商品的打擊率。

　　對樂高來說，創新矩陣有三層意義。第一，創新不再限於積木的開發製造，在任何層面都可能發生；第二，創新不一定要劇烈的改變，就算是小小的改善，也能令人耳目一新；第三，創新的Know How不再是經驗傳承，而是變成視覺化的資訊。

　　創新矩陣的資料持續累積，「只要對照過去商品成功或失敗的模式，新商品該如何著手便一目瞭然，更容易訂立戰術，」樂高財務長古德溫（John Goodwin）說。

　　但看似完美的創新矩陣，並非毫無缺點。長期研究樂高的美國華頓商學院教授羅伯森（David Robertson）就分析：「以矩陣開發產品，總會以能夠大幅貢獻營收的熱門商品為優先，反而錯失了誕生實驗性商品的機會。」

三、它靠粉絲，維持創新力道──邀資深的一起開發，資淺的上網投票

為維持未來的創新力道，樂高還有另一個祕密武器，就是狂熱的樂高積木迷。

樂高的全球會員人數達460萬人，隨時運用他們的智慧，為產品注入新意。而有樂高認證的資深粉絲「積木大師」（LCP），全球僅13人，樂高邀請他們共同開發新商品，例如2008年推出的「經典建築」（Architecture）系列，將白宮、雪梨歌劇院等知名地標化為積木，就是其中一位大師操刀的人氣商品。

一般的積木迷，也能透過網路活動「樂高點子」（Lego Ideas）提案，只要有1萬人投票支持，不但點子有機會商品化，甚至能獲得商品營收的1%回饋金，樂高藉此誕生了《魔鬼剋星》（*Ghostbusters*）、《回到未來》（*Back to the Funture*）系列。

利用矩陣管理創新，讓主力商品打擊面達到最大；借用顧客的智慧，則讓商品隨時推陳出新。靠著自己建立的創新機制，樂高把組織的力量發揮到極致，讓熱門商品叫好又叫座，永續不滅。

就是這張創新矩陣圖，讓樂高翻身！

以《樂高玩電影》為例：

樂高小檔案
成立：1932年
執行長：克努斯托普
主要產品：積木玩具
成績單：2014年營收約新臺幣1,386億元，獲利340億元
地位：全球第一大玩具公司，2015年最具影響力品牌

問題研討

1. 請分析樂高公司的營運績效目前如何？

2. 請問樂高公司的「創新矩陣」制度內容為何？意義為何？效益為何？

3. 請問樂高公司如何靠粉絲維持創新力道？它是如何做到的？

4. 總結來說，從此個案中，你學到了什麼？你有何心得？

個案 29

日本永旺超市陷入苦戰，日本最大零售王國拉警報

一、日本永旺超市營運績效惡化

永旺（AEON）公司的業績止不住惡化，在2015年1月9日發表的2014年3至11月財報中，營業利益幾乎掉到前年度同期的一半，只有493億日圓。主要營業項目綜合超市（GMS）的既存店面營收仍維持跌勢，虧損幅度擴大。

永旺旗下的食品超市美思佰樂（MaxValu），在日本東北、中部與九州等地也陷入苦戰。該集團的便利商店Ministop也一樣，營業利益比前年同期掉了四成。身為綜合零售商，現在永旺最賺錢的反倒變成金融與不動產（開發商）事業。

「政府提高消費稅後，我們因應欠佳，在定價政策上有失誤。」永旺的專務執行董事暨GMS事業營運長岡崎雙一表示。但事實上，在每季舉辦一次的決算說明會中，這已是永旺第三次這樣回答了。

二、超市成本偏高，無因應對策

美林日本證券分析師青木英彥認為，「他們依然未能根據分析的結果擬定適切對策，問題在於GMS的成本結構偏高。」

永旺零售是負責GMS事業的子公司，2014年3月至11月，該公司的營業虧損達182億日圓（前年度同期為57億日圓獲利）。3月至8月這半年間虧損了75億日圓，再來三個月又多虧了107億日圓。雖然既有店面中經改裝過的分店狀況不錯，整體來看營收還是比前期掉了2.4%。再加上氣候影響，服飾營收大幅滑落4.1%，食品部分也掉了2.3%。

此外，2013年8月時納為合併報表子公司的大榮，也創下158億日圓的營業虧損。雖然大榮正由GMS轉型為食品超市，但還在進行中。合併報表後營收固然增加，卻也拖累了獲利。

對於將於2015年2月底結束的會計年度，該公司預計的營業利益和期初的估算一樣：比前年度成長16%至23%，落在2,000億至2,100億日圓間。只是，截至11月止，達成率不到25%，等於幾乎不可能實現。但集團財務長若生信彌

卻只說：「這樣的數字是很大的挑戰，我們會逐步採取對策。」

　　永旺能夠起死回生嗎？「這得看能否貫徹分權以及第一線主義了，重要的是在地化。」面對眼前業績急速惡化，社長岡田元也的對策是檢討由總公司主導的制度，這也是自2008年轉為控股公司制後就一直在推動的。

　　自2016年2月底止的會計年度起，永旺要減少總公司一半人力，把人員分散到各事業單位，並將進貨、定價、促銷權限下放；永旺零售也會把決策權完全交給全國六家地區分公司。永旺零售、大榮以及永旺夢樂城這三大事業子公司的社長，也將在2月一併換人。

三、決策權下放，發揮食品優勢

　　野村證券分析師正田雅史認為，「若能藉由切中當地需求的生鮮品或副食提高食品的品項齊全度，或可成為業績回升契機。」

　　永旺的其他競爭者在東京都心區域推出的高單價生鮮品與副食都很暢銷，一些食品專櫃超市的業績也都很好。目前看來，永旺將在2015年3月之前收歸旗下的丸越超市與KASUMI超市，同樣成績斐然。

　　但在價格競爭白熱化的地區開了多家GMS的永旺，因為要和當地超市搶客人而陷入苦戰。再加上商品開發能力偏弱，這次的權力下放，就是希望能打破這樣的局面。由於購買食品是顧客來店的一大動機，永旺打的算盤是，若能在食品方面多下工夫，進而帶動顧客在毛利較高的服飾方面也能多消費，就更容易發揮GMS的優勢。

　　另外，GMS或超市由於在某些地區過度設點，導致自相殘殺，未來會大幅減少設置，但會持續改裝既有店面。相對的，折扣商店或小型店則定位為成長項目，未來會積極設點。在東南亞國協與中國的海外事業，未來也會大幅增加投資。

　　但由於合併了大榮的財報以及開設新店，營收比2014年同期成長了10%，來到5兆770億日圓。一直以來，永旺走的都是保守穩健的路線，最近卻一直在收購。「我們要追求連在全球都稱得上名列前茅的8兆日圓營收。」岡田社長這話意味著，將會維持擴大規模的路線。但他也否認有裁員的打算，「大榮我一個人都不會裁，反而會為它準備成長的舞臺。」

　　最近，7&i控股旗下的伊藤洋華堂出現營業虧損，超市集團UNY Group的營業利益也連續3年減少。永旺能否趁著這段期間翻身？岡田社長時間所剩不多了。

問題研討

1. 請分析日本永旺超市營運績效惡化狀況如何？原因為何？

2. 請問永旺超市的成本為何偏高？有何對策？

3. 請問永旺超市為何要決策權下放？

4. 總結來說，從此個案中，你學到了什麼？你有何心得？

個案30

日本成城石井超市，擺脫通縮的模範生

一、營運績效佳

2015年11月12日，味全食品旗下的松青超市，不堪連年虧損，加上「滅頂」行動雪上加霜，65家分店的年營收只剩新臺幣30多億元，最終只有告別近30年歷史、以改掛全聯招牌落幕。

另一方面，在長年通貨緊縮之下，日本超市成城石井卻反以高價訴求，2014年創下營業額631億日圓（約合新臺幣170億元）的佳績，營業利益率7.3%，是日本一般超市2倍以上。今年估計將可創下連續7年營業額、獲利雙成長紀綠。

成城石井不但被《日本經濟新聞》讚譽為「擺脫通縮的模範生」，2014年由日本超商二哥羅森（LAWSON）納入旗下，「毛利約40%的高獲利，加上滿足都市生活的商業模式，將成為M型化社會下的最強武器，」羅森社長玉塚元一說。

二、第1招：靠「獨門商品」！

做為食品超市，成城石井抗拒低價浪潮第一招，就是靠獨一無二的「獨門商品」。「只有這裡，才買得到我想要的東西，」一位客人拿著表面布滿白黴的西班牙香腸說。

走進190坪的東京巨蛋門市，除了從全球蒐集的210種乳酪、700款酒類外，為了提高對手模仿門檻，市面上找不到的商品，就由成城石井自製推出。例如連德國人都豎起大拇指的得獎香腸，或與農家共同開發的100%桃子原汁。像這樣以天然、美味為訴求的自有商品約有2,000種，貢獻近三成的營業額。

同樣追求性價比，一般通路的自有商品，是由CP值的C（成本）下手，以「最低價格」為賣點；但成城石井卻是反其道而行，以CP值的P（性能）為優先，以「最佳品質」掛帥，甚至比一般貴上2-3倍價格的產品也不在少數。

以配菜馬鈴薯沙拉來說，每天消耗馬鈴薯超過500公斤，薯皮不用機器，

卻是煮熟後用手工一一剝除，只因為「馬鈴薯靠近皮的部分最好吃。」

因為「貴得有理由」，才能讓口袋其實寬裕、卻處處縮緊荷包的日本消費者打開心防。「做到這樣的話，其實很划算，」《東洋經濟》道出了消費者願意掏錢的關鍵。

事實上，成城石井也曾經因為「不懂得賣」，一度讓獲利陷入谷底。2006年，連續2年下滑的營業利益率只剩下1.4%，好東西卻無人問津，完全反映了百貨公司與其他高級超市面臨的窘境。

三、第2招：鎖定主力商品促銷

抗低價第二招，就是只鎖定主力商品促銷。當時前任社長大久保恆夫一上任，第一件事，就是鎖定「1%的戰略商品」，奠定了逆轉勝的關鍵。

「將全店品項縮減到1%，每個店員都能變成專家，」先從雜貨、零食、配菜等八大商品部門，選出80項熱賣、而且毛利高於平均的「熱門商品」，加上48項現在尚未熱賣，但能凸顯該店特色的「特選商品」，共計128項。

在門市除了優先增加陳列，大量進貨外，必定在戰略商品的掛牌上加註文字說明。店員每個月集中到總部試吃戰略商品，還要進一步學習相關知識。例如經過32小時的紅酒特訓後，學員便能大致分辨出產地、葡萄種類、熟成年分等差異。戰略商品的營業額比率，也從一開始的6.5%，上升到現在約四分之一。

四、第3招：經營粉絲

抗低價最困難，卻也是最關鍵的第三招，則是粉絲經營。早稻田大學商學院教授守口剛調查發現，成城石井考核門市業績，營業額等數字只占一成，其餘九成都是由神祕客暗中查訪的待客態度、門市環境以及商品新鮮度來決定。

只要店員態度親切，不但客訴量大減，更能培養出一批忠誠粉絲。「就算一個月只賣出三罐，就是有客人專程來採買，」區域經理手上正拿著一罐鱉肉湯罐頭。貨架上保留著少數的利基商品，不只為了不讓顧客失望，也是為了因應多元化的需求，為顧客保留尋寶般的樂趣。

原本高階市場訴求的是「物以稀為貴」，但在成城石井積極展店、一路從中小型規模逐步邁向大型連鎖之下，名牌效應卻也跟著稀釋。目前130多家分店，約有六成都是超商大小，位在車站共構的小型店。以往必須大老遠專程來採購，現在回家路上就買得到，神祕的「高級」形象，也逐漸變得淡薄。

五、致力提供顧客好產品

對於此番轉變,「我們不追求高級,而是致力提供顧客好產品,」社長原昭彥重新定義自己。在北海道等二線城市,不考慮展店,而是以批發商的形式與當地超市合作,以特設專區的方式開拓市場,成功吸引四成來客重複購買。

「削價競爭就像虛耗體力的拉鋸戰,要贏只有靠更激烈的削價,」大久保恆夫說。不仰賴他人批發、製造,而是自負盈虧,在自己的賣場決定自己要販售的商品,成城石井用行動證明:「因為高價才賣不好,不過是零售業迷思。」

(資料來源:商業周刊,2018年3月27日)

問題研討

1. 請分析成城石井超市的營運績效如何?
2. 請問成城石井超市抗拒低價浪潮的三招為何?內涵為何?
3. 請問獨門商品對消費者有何意義?
4. 何謂高CP值產品?
5. 請問成城石井超市為何要鎖定1%的戰略商品?
6. 請問成城石井超市為何要經營粉絲?
7. 總結來說,從本個案中,你學到了什麼?你有何心得?

個案31

迪士尼頂級服務祕訣：把員工當顧客

一、員工就是第1層顧客！這是很重要的認知

儘管是凌晨1點，走在美國加州迪士尼樂園，你會看見不管是遊行工作人員或者飯店外場，臉上依然掛著微笑；再轉入遊戲項目後頭，即便是垃圾箱旁也一塵不染，正在維修遊樂設施的工程師開心跟你打招呼；轉到日本三一一大地震迪士尼樂園現場，看著走失父母的小孩，自己都驚魂未定的迪士尼員工，則是先拿出一個玩偶安撫著孩童的心。

「在服務業中最頂級的服務就是積極反應、超越顧客需求，這不是SOP做得出來的。『制式』是有侷限性的，只有員工從心而發，如同迪士尼型塑一個優質服務的企業文化。」老爺大酒店執行長沈方正說。

迪士尼樂園世界度假村（Walt Disney World Resort）前高級副總裁科克雷爾（Lee Cockerell）在他《每個人都是服務專家》一書中表示，他深信要做好頂級服務最重要就是：「員工就是第1層顧客」。

在他42年飯店和迪士尼樂園服務生涯中，共帶領超過4萬名員工，管理配有3萬多間客房的度假酒店、4個主題公園、2家水上樂園、5個高爾夫球場……。

在接受專訪時，他表示，能感動員工快樂工作的祕訣：找到對的人上車、提供訓練，對員工絕對坦誠、傾聽。

他在書中表示，在以優質客服文化著稱的企業中，他們的最高層都是敢於直接放手給部屬的人。如何透過員工提供超乎預期、150%的頂級服務？以下是《商業周刊》對他的第一手訪談：

二、選才，未必要很有能力──最看重的是：熱情、熱情

《商業周刊》問（以下簡稱問）：你說「員工就是第一層顧客」，這是怎樣的概念？

科克雷爾答（以下簡稱答）：最重要的，是面對顧客的第一線員工，假如你只有差勁的員工，那麼你也只會有一家差勁的公司。

爭取卓越的員工，是我們所深信最重要的資產之一。然後訓練、訓練、再訓練，確保他們每天日新月異，所以可以精益求精，有機會、有熱情，就能夠自我激勵。

問：但你如何找到合適的員工，你認為，熱情比能力更重要嗎？

答：熱情是非常重要的，但是關於能力……（他停頓想了一下）。當他們到這裡（迪士尼工作）時，他們不必然要有能力，我們訓練他們。

你必須一開始就找對的員工上車，且訓練後確保他們真正有學習東西，能通過測試。我們有一套對待員工很好的文化，他們有機會被提升到管理職，在奧蘭多（迪士尼樂園）7萬2,000名員工中，約有50%都擁有大學學歷，所以我們有很多人才可以在內部選拔，進而出任管理職。

問：關於找對的員工上車，有沒有讓你印象深刻的例子？

答：有位飯店清潔人員，服務態度很好。我們進一步觀察她，希望她升任管理職，但她猶豫了，認為自己沒有能力，又有孩子要照顧，而我們對她說，不，我們一起來解決這個問題。最後，她升任管理職，那是10年前的事情了。現在，她是我們最佳員工之一。

我們在組織中找人才，關注可以提拔的人。誰願意一直做低階工作？透過組織讓他們不斷地提升，現任迪士尼樂園總裁也是從端盤子開始的，許多員工從底層做起，但在今日都爬到高級管理階層。

三、激勵？喔，這裡不流行──給尊重但員工要自我激勵

問：做一名激勵型領導者不容易。你用什麼方法激勵你手下的員工？

答：我們並不激勵員工！

我們給他們一個專業的工作環境，尊重的對待他們、訓練他們，他們自己就會激勵自己。我們對員工主要做的事情是建立信任感。

我們試著去僱用能自我激勵的員工，我們不想要每天忙於催促員工工作，所以我們告訴他們：你要為激勵自我而負責，而我們給予你訓練和機會，也會對你的績效表現給予回饋。工作是你的，你（員工）必須為自己的快樂負責。

問：但是，信任感的建立是很難的。你如何讓這些員工相信你？

答：我們有一個非常真誠的文化，我們告訴員工每件事的真相。假如他們做好工作，我告訴他們；假如他們沒做好，我也會據實以告，就像父母對孩子那樣。

四、懲罰？有，而且頗嚴格——遲到會記點，集滿就資遣

問：你會使用「胡蘿蔔與棍子」的方法嗎？

答：當然會。實際上，對第一線員工，我們有一個記點系統，最多只能記十二點。假如你工作遲到，會記半點；假如你工作有錯誤，記一點。若你被記上十二點，那麼表示做不好，就會被資遣。非常清楚、非常公平的。

問：你擔任企業顧問已經十多年了，通常大多數公司領導人會有何盲點？

答：他們多數問題在於沒有領導策略，僅僅只有營運策略。所以他們擔心開新店，擔憂製造、產品、物流等等事情，但是他們不擔心如何去提升員工的能力素質，而且他們沒有跟員工建立好的關係，所以員工才會來來去去、辭職，那是人的問題。

問：什麼是差勁的經理人，可以給我們一個例子嗎？

答：當然。太多了……，（笑）。像是，我們曾僱用一個知名廚師，他是美國最佳廚師之一，非常優秀，但他對員工非常壞，傲慢自負、不尊重員工，甚至對員工大聲咆哮，讓員工覺得自己能力很差。所以我們在40天內解僱了他。那是我們的做法，員工要被尊敬。我們不要會威嚇員工的經理人，這原則很重要。

問：在臺灣，有所謂的KPI（關鍵績效指標）文化。在管理上，你們也有這樣的準則嗎？

答：我們也有。我們有許多、許多。我們會衡量每一件事情，澈底地執行它，並且逐一評量。我們知道我們有多少個商標、每個小時有多少生產力、在每間飯店我們做了多少事。在奧蘭多（迪士尼樂園），我們有1,000個財務人員，事實上，我們是一家用各種方式賺錢的財務公司，迪士尼也是一個數字導向的公司。

五、傾聽，不只是說說而已——曾聽從員工建議，關掉飯店

問：請舉個例子，你真的從員工身上得到的建議。

答：九一一事件後。我們營收掉了4億美元，約35%。

我要求所有員工給我們意見。他們給予我們上千個改進營運模式的想法，像是如何降低成本、如何捨棄不必要職位，調查後發現，非必要的職位竟超過1,000個。此外，一個人提出建議要我們結束一間飯店，我們也做了。

另外，我們管理階層有一個機密語音信箱，任何員工、任何時間都可留下訊息，而不用留下他們的名字。而我們會找出問題所在，試著修正問題。

問題研討

1. 為什麼員工就是第一層顧客？請分析之。

2. 請討論服務業的用人，為何熱情重於能力？迪士尼如何做？

3. 請討論迪士尼的自我激勵？為什麼？

4. 請討論迪士尼的懲罰制度為何？

5. 何謂KPI？其必要性為何？為什麼？

6. 請討論迪士尼重要的員工傾聽？

7. 總結來說，從此個案中，你學到了什麼？

個案 32

無印良品：聚焦10%的熱賣學

捨棄九成消費者，
只做粉絲經濟，
堅持商品不放Logo，
違反企業經營常識的手法，
讓無印良品成為最大的
生活雜貨品牌。

一、營運績效佳！

　　一個賣碎香菇和雜貨起家的日本公司，35年後成長為擁有超過5,000項商品、世界上最大的「雜貨店」，但這家公司，至今所有商品都不印上Logo（商標）。

　　它不打廣告，但是在國際調查機構Interbrand的2015年日本前三十大本地品牌中，它的品牌價值成長率達35%，位居第一，品牌價值贏過同是零售業的全家便利商店、宜得利（Nitori）家居。

　　它的產品價格，比對手優衣庫（UNIQLO）貴兩成，營收表現竟然不畏金融海嘯，連續13年成長。過去6年，它的股價更大漲6.5倍，大勝日本首富柳井正的優衣庫；股東權益報酬率（ROE）更高達14.3%，比優衣庫跟7-Eleven母公司T&i控股還會幫股東賺錢。

　　這家公司，就是無印良品（以下簡稱無印）。

　　它究竟是一家什麼樣的公司？

　　它的商品橫跨高達十五個不同的產業類別，真要說起來，它的對手有服飾業優衣庫，也有家具商宜得利，還有生活雜貨店大創。

　　沒有品牌識別，難以行銷；什麼都賣，不利規模經濟，成本絕對居高不下。無印的經營模式，幾乎違反企業經營法則。

　　然而，這家生活雜貨鋪全球只有702家分店，市值卻高達新臺幣2,000億

元，相當於擁有5,000家分店的臺灣超商龍頭統一超商。

二、第1課：講心占率——衣服不做多色，卻能穿出價值觀

為了找回原始的精神，無印重新聚焦在「10%的人」上，向營收、股價說不，克制成長的欲望。沒想到，不為了擴大市占率而思考，讓無印開始走向轉虧為盈，甚至一路成長的道路。

為了10%的人，就得承擔失去90%市場的風險。但金井政明說，聚焦10%的人，無印追求的是消費者的心占率（mind share）。

這個10%的理念，最具體的呈現，就是無印與優衣庫賣場的差別。

不同於優衣庫的賣場，充滿五顏六色的服飾，店員聲嘶力竭促銷，刺激購物欲，服飾品項占無印營收比重達37%，但走進無印店鋪，服裝顏色不脫藍、白、黑、灰，款式不外乎條紋與格紋，明明只要多一個顏色就能擴大營收，無印卻反其道而行。

無印不做一般服飾業的多種顏色，而寧願把資源放在吸引重視素材與穿著舒服的族群。這來自每個月金井政明跟設計顧問開會，討論價值觀與時代氛圍所訂下的方向。

不像優衣庫大手筆找代言人與廣告攻勢，無印每年宣傳費占營收約2%，遠低於對手的4.3%。他們只透過店內的宣傳單，跟顧客溝通品牌的價值觀。

每項上市產品都須經過由金井政明與外部設計師組成的會議，四次審查，確定具有無印理念才能上市。就連一包小果乾該不該染色增加賣相，也成為內部熱議，最後決定維持果乾原色，才符合該品牌自然天然的原則。

用網路時代的話來說，這就是所謂的「粉絲經濟學」；無印只聚焦10%的人，顏色就不用多，款式更不用日新月異。這群有相同價值觀的無印粉絲，會追逐有相同價值觀的商品，因此無印的服飾價格雖然比優衣庫貴兩成，顧客依舊買單。

無印的做法，堪稱是零售業的粉絲經濟學始祖，這群粉絲背後的共同特徵，就是追求無印倡導的「有理由的便宜」價值觀。

三、第2課：建生態園——一個商品好用，客人就會買其他商品

只是，聚焦10%消費者，這樣的企業，要如何長大？

這是無印的第二個祕密：建立無印生態圈，更深入客戶口袋。

一個無印粉絲，不可能一直買同一個顏色的同一件衣服，但是因為價值認同，就可能一直買同一家店的不同商品。這就是無印良品一開始從四十種雜貨

起家，後來最多販賣超過7,500項商品，這是世界上找不到第二家相同型態企業的原因。

走進全球最大的無印店面——日本東京有樂町店，你可以在這裡買到無印設計的腳踏車，挑選旅遊、食物與生活書，喝精選咖啡，享用無印設計的菜單，還有專屬刺繡機幫你的包包繡上花樣。「Open Muji」空間，則不定期舉辦「收納」等主題論壇，還可以諮詢舊屋改裝，把家裡改造成無印風，連房子都可以幫你蓋。

這個品牌把店面打造成如同信徒聚會的教堂，店內的DM如同福音書向客戶傳達品牌的理念。

不追求潮流、不追求時尚，他們的商品從廚房雜貨起家，延伸到衣、住、行、育、樂，從各種層面形成一個生態圈，擴大品牌的「價值觀威力」。最明顯的例子是，他們的粉絲忠誠度比快時尚霸主ZARA還高，顧客回店率一年平均為27.6次，高於ZARA的17次。

四、第3課：克制成長——7年刪減近三成品項，卻愈來愈賺

然而，無印的生態圈，也有失敗的案例，你知道無印賣過車子嗎？

無印曾經跟日產汽車（Nissan）合作生產一千輛Muji March，最後卻以虧損作收。當時無印只能就車子的顏色跟內裝施力，無印良品社長松崎曉指出：「如果無法一到一百都是無印設計，是沒法讓人體驗到無印的理念。」盲目的擴張、跨界，反而模糊了價值觀。

對零售通路而言，增加品項就能增加營收，這是基本常識，像宜家家居（IKEA）一年就增加2,000項新品；但對追求價值觀的無印來說，過多的商品反而有害，無印7年前就開始反其道而行，著手減少商品的品項，7年來減少28%，且品項愈減、營收愈高、獲利也愈好，淨利持續創新高。

松崎曉解釋，品項少、單品銷售量提高，對供應商議價權變高，無印的獲利就會增加。每減一個品項，另一個品項營收就會增加兩成，明年無印還打算再減少3%品項。

到底要聚焦經營，還是要多品項經營？哪一條線才能既達到成長，又能打造品牌生態圈？金井政明指著腦袋說：「這是靠人腦，不是靠電腦。」減少品項的最大原則，是從客人最需要哪個產品出發，除了用網路口碑、店鋪銷售數量來判斷，也要考慮是否為無印特有的商品，以及是否重複。

起初，各部門反對，擔心減少品項會減掉營收。松崎曉說，部門為了提升營業額自然傾向增加品項，例如，包包是無印賣得很好的產品，健康美容部門

跟衣料部門都有開發化妝包，但總部必須站在生產效率與品牌理念的立場思考，定期刪減。

此舉就是審視部門的營收成長欲望，是否危及無印的品牌定位。這也迫使無印各部門要更精進僅有的品項，無印每年都會從5萬個顧客意見中，不斷修改商品，為的是更符合顧客需要，使其非掏錢不可。

以無印發明的懶骨頭為例，上市13年，年年都擠進生活雜貨熱銷前五名，也因應客戶做過兩次修改。假設品項減過頭，無印也會聽顧客意見，重新販售。

品項少，店鋪就可以集中販售主力商品，無印有樂町門市店長新井真人指出，過去原本貨架上只能擺10件商品，卻開發出13件，有些只好放倉庫，現在店鋪可以大量陳列具有無印獨家特色的戰略商品。目前無印的戰略商品約占全品項的27%，占營業額比重卻已提升至54%。

問題研討

1. 請分析無印良品的營運績效如何？
2. 請討論無印良品聚焦在10%的人的經營理念？為什麼？
3. 請討論無印良品建立生態圈的意涵及目的為何？
4. 請討論無印良品為何要克制成長？為何七年刪減近三成品項？結果如何？
5. 總結來說，從此個案中，你學到了什麼？你有何心得？

個案33

P&G：傾聽妳的心，當女人的另一個好朋友

還記得2012年倫敦奧運上，被暱稱為「飛天小松鼠」的蓋比（Gabby Douglas）引起的一陣旋風嗎？她是第一位贏得女子體操全能金牌的非裔美國選手，賽前，Gabby沒受到太大曯目，但是P&G寶僑家品（以下簡稱P&G）卻是唯一一家看到她潛力，並簽下贊助合約的企業。

而當所有企業奧運贊助廣告時，都主打「運動表現」、「登峰造極」時，只有一家企業，關注隱身在這些奧運選手背後、默默支持的母親，選在賽前推出「謝謝媽咪」廣告影片，那也是P&G。

2012年，臺灣好手莊智淵首度打進奧運桌球男單前四強，他的媽媽身兼教練與母親，心中煎熬可以想見，也是P&G，早就領先一步，透過鏡頭帶你了解一個偉大的媽媽養成一個奧運選手背後的辛酸。一直以來，P&G把女性放在第一位，因為它從沒忘記過，幫助它起家的衣食父母就是女人，也因此常有出人意表的創意。

一、女人掌採購大權，抓對胃就成功一半

根據《經濟學人》（The Economist）報導，每五個買P&G產品的人，就有四個是女性，P&G內部預估，也約有六成五的營收都是來自女人口袋。這家175年前以賣肥皂起家的公司，從創立之初就體認到女人消費力的強大。直到今天，一直如此！

P&G臺灣及香港執行董事兼總經理倪亞傑（Ajit Nayak）開玩笑地說，女性的決定權有多大，看他自己家裡就知道，家裡大小採買事項，除了少數電子產品，都是太太與兩個女兒決定，根本輪不到他。

也有兩個小孩的P&G臺灣及香港對外關係總監梁斯怡則表示：「一個媽媽說好，十個媽媽就會說好，但是一個媽媽說壞，一千個媽媽都會說壞，可以看見媽咪們口碑行銷的力量。」

根據波士頓諮詢集團（BCG）資料，女性至少掌握全球超過六成五的消費支出。而以臺灣來說，根據尼爾森行銷公司的調查顯示，更有高達近九成（88%）的消費支出，是由女性決定，顯示女人採購大權在握。因此P&G知

道，只要抓對女人的胃口，大概就成功一半了。

現在P&G穩居全球最大民生消費用品公司，2011年總營收超過825億美元，排名《財星》全球500大企業前100強，旗下有超過300個品牌，160個國家都能看到產品蹤跡，從美容美髮、清潔用品、居家護理、女性用品、香水到食品，產品線一應俱全，最負盛名的包含在臺灣市占率最高的專櫃美容品牌SK-II（15%）、總市占率高達四成的洗髮精品牌（潘婷、沙宣、飛柔、海倫仙度絲）。

二、當「女人專家」，產品夠好，客戶自然上門

跟女人關係密切，P&G不只靠女人起家，更是「女人專家」。很多產品推出前，行銷人員討論市場策略時，問的都是「『她』會買嗎？」「為女性打造產品，是P&G DNA的一部分，我們花非常多時間，傾聽女性的意見，」P&G臺灣及香港董事兼總經理倪亞傑說。

P&G如何了解女性呢？致勝關鍵就在於複雜而仔細的女性研究，P&G在兩岸三地與超過100萬名消費者接觸，其中六成是透過面對面的訪談，其餘四成則透過消費者專線，詢問產品使用狀況。全球一些實驗零售商店裡還設計了逛街測驗，用攝影機記錄女性買東西的消費決定，好更精準抓住消費者需求，並增加行銷新產品的靈感與準確性。

正是看準女性口碑行銷力道驚人，P&G必須確保所做的一切，都顯得比別人更了解女人。倪亞傑說，只要產品夠好，夠懂女人的需求，她們自然會跟朋友分享，會寫部落格推薦，完全不必逼她們，自然就會回籠購買。

雖然倪亞傑本身學的是資工，但因為對於消費心理學的著迷，17年前放棄IBM的工作機會，第一份工作選擇在印度孟買的P&G分公司擔任潘婷品牌經理，從此跟女性消費者結下不解之緣，此後，倪亞傑被派駐泰國曼谷、瑞士日內瓦、日本東京、新加坡，全球跑透透，也因此對於全世界女性的偏好，他都瞭若指掌。

三、產品行銷因地制宜，要照顧全球女性

「其實全世界的女性，都想看起來年輕一點，」倪亞傑說。但他發現，女性約只使用2～3種日常保養品，但在其他已開發國家，女人願意用更繁複的保養步驟，更多款保養品，讓青春永駐。

倪亞傑對洗髮精的分析也精闢，他分享，西方女性多半會在早晨使用洗髮精，洗完頭就要出門，因此重視洗髮精質地必須讓頭髮好「塑形」；但是東方

女性則往往在晚間洗頭，接著就要進入夢鄉，因此看重洗髮精能夜間「修護」秀髮的療效，「我們會因地制宜，進行產品設計及行銷，」倪亞傑說。

P&G為了了解女性，鉅細靡遺的程度，連《經濟學人》也曾深入報導，P&G消費者研究部門的人員，常在世界各地考察，並會花上一整天時間，記錄女人到底如何購物、吃飯，並使用保養品。他們試著理解女人在商店裡，看到產品後，頭7秒的反應，這稱為「消費者第一接觸」（First Moment of Truth），接著觀察她們在家使用的情形，P&G稱為「產品使用後的回饋」（Second Momet of Truth）。

P&G臺灣及香港對外關係總監梁斯怡也補充，針對女性黃金用戶的重點研究，還包含「早上保養品擠出幾CC，防曬乳多久重擦一次，放多少片尿布在小孩書包裡，喜歡什麼空氣清新劑味道，都是研究範圍。」

這些對女性的細膩觀察，恐怕是其他企業難以跟進領會的，也是P&G走過一又四分之三世紀，從沒放棄過的強項，因此每每推出足以撼動、改變女性生活的新產品，包含推出第一片拋棄式紙尿布、全球第一瓶洗潤髮雙效合一的洗髮精、第一款牙齒美白貼片、第一種有蝶翼的衛生棉……，寫下無數創新傳奇。

四、走在市場前端，「讓女性生活更好」的產品

梁斯怡說，P&G向來推出新產品的中心哲學都是：「如何讓女性生活更好！」像拋棄式紙尿布誕生後，「可以幫助女人省去洗衣服的時間，媽媽們可以把生命花在更美好的事物上，」她說。

現在更進一步，P&G正研發可當泳褲穿的尿布，要讓寶寶穿著尿布能下水學游泳，梁斯怡說：「愈來愈多現代媽媽很敢讓自己的寶貝出生不久就嘗試新事物，」P&G亦見如此需求。

走在市場最前鋒，P&G除了跟女性消費者第一線的親密接觸外，更常請教意見領袖、皮膚科醫師、消費專家，抓取未來消費趨勢，亦步亦趨緊隨。倪亞傑觀察幾年前，日本女性帶起離子燙超直髮風潮，大家都希望頭髮愈直愈好看，但晚近，卻流行髮尾微彎成C字型的自然造型，因此P&G以往設計讓直髮效果明顯的造型噴霧，就必須修改配方，才能持續熱賣。

而看準現代女性晚婚趨勢，甚至有不少成為不婚族，倪亞傑說，P&G的清潔產品，也從以往總是熱銷「家庭號」，修改規格推出「單身迷你包」。

又因現代臺灣人、香港人房子愈買愈小，空氣不易流通，女人工作愈來愈忙，不一定能天天打掃家裡，因此對空氣清新劑需求大增。倪亞傑說，P&G

從2011年起，把原本只有國外才賣的空氣清新劑產品「香必飄」引進臺灣、香港，立刻引起熱賣，也是緊抓需求的例證之一。

2012年9月底剛在臺上市的潘婷植物精萃洗髮乳，也是P&G的新嘗試，他們從眾多專家和女性消費者口中，了解「天然」是下一波主流，新產品一改潘婷以往總是訴求高科技PRO-V維他命原成分，首度加入以前沒嘗試過的決明子、酪梨成分，強調「自然和有機」，更再度請林志玲代言，引起熱烈討論。

五、多元化思維，讓P&G在市場上出奇制勝

臺灣一直是P&G非常重視的前瞻性指標市場，梁斯怡指出，通常在臺灣成功的產品，未來在中國大陸、香港也能有好成績，複製臺灣的成功經驗，臺灣就像兩岸三地的流行風向球，這也是為什麼SK-II近幾年來都選臺灣當成全亞洲首賣第一站。

梁斯怡分析，這是因為臺灣的女力已經提升到非常高的水準，有辦法判斷產品好壞，甚至也有能力去消費，引領潮流。

而P&G不只在市場上收服女性消費者，企業人才招募時，P&G也總名列前茅，是女性最想工作的企業之一。倪亞傑說，P&G之所以在市場上出奇制勝，也來自企業內部非常重視多元化思考，全球P&G有43%女性主管，在臺灣女性主管比例更高達六成，靠著兩性共同討論，才能帶給公司最多角度的思維。

而這家重視多元化聲音、19世紀初就發跡的P&G，則靠著一波波女力崛起，一次次轉型前行，找到前進的魅力。

問題研討

1. 請先上網查詢臺灣P&G寶僑公司的官網，了解該公司的介紹及品牌有哪些？
2. 請討論女性掌握生活採購大權的意涵為何？
3. 請討論P&G要當「女人專家」的意涵為何？
4. 請討論P&G如何了解消費者？有哪些市調做法？
5. 請討論P&G產品行銷因地制宜的意涵為何？
6. 總結來說，從此個案中，你學到了什麼？

個案34

法國Longchamp精品，在中國成長率贏過LV

「衰退（decline）！」這是國際研究機構與各大精品品牌執行長，對現今中國奢侈品消費市場的普遍看法。

根據顧問公司貝恩（Bain & Co.）的最新報告，2015年，中國境內奢侈品銷售金額為1,130億元人民幣，較前年減少2%。如普拉達（PRADA）亞太區的營業額下降16%，反映在通路策略上，路易威登（LV）更打算在明年底前，一舉讓兩成中國門市吹熄燈號。

一、定位親民易入手，4,000到7萬元包都賣

在中國精品市場陷入衰退趨勢下，卻有一個品牌，去年竟在中國市場逆勢交出營收成長三成的成績單。它，正是以尼龍摺疊包聞名的法國精品品牌瓏驤（Longchamp）。

根據瓏驤公布數字，2015年營業額5.66億歐元，年成長率達14%，歐美亞都有一至兩成的成長，其中中國單一市場更寫下三成的高成長，除居精品同業之冠，更讓中國成為該品牌僅次於法國的第二大消費國。

品牌定位老少通吃，再加上精準控制展店數量，這兩大關鍵策略背後，藏著瓏驤在中國逆勢成長的祕密。

先看品牌定位。「在一架飛機上，從經濟艙、商務艙到頭等艙，都能看到拿瓏驤包包的人，」接受《今周刊》獨家專訪時，瓏驤亞太區總經理賽維爾（Francois-Xavier Severin）強調，該品牌全球最暢銷的尼龍摺疊包，單價僅約新臺幣4,000多元，相較其他精品品牌，這個價格十分合理且「親民」，也因此，在法國從北方的時尚重鎮巴黎，到南方的濱海城市，都能看到提著該包款的消費者，連英國凱特王妃也是愛用者。

不只如此，瓏驤入門皮革包款約兩、三萬元，即使是為了巴黎旗艦總店翻新而推出的頂級皮革包定價7萬元，價格帶比其他動輒10萬元的精品包更易入手，自然有擴大品牌打擊面與觸擊率的好處。

「我們的產品不是要收藏在家裡，而是拿出來旅行、用在生活裡。」瓏驤執行長尚‧卡仕格蘭（Jean Cassegrain）認為，該品牌「樂觀奢華（optimistic luxury）」定位，在中國，成功營造出日常生活都能使用的精品氛圍，購買該品牌的消費者多半自用而非送禮，所以未受中國打奢政策影響。

儘管價位親切，但瓏驤品牌公關陳詩涵透露，當其他精品品牌考慮人力與生產成本，陸續將設計、研發、製造中心移往國外時，瓏驤仍堅守在法國的六大皮具工坊，皮革產品仍堅持「法國製造」，盡可能不犧牲精品該有的品質。

「中國客人特別喜歡皮革包款，這也是去年中國大幅成長的原因之一。」賽維爾透露。

品牌趨勢專家、畢圖比未來事務所負責人邱馨誼觀察，瓏驤「生活精品」的品牌定位，加上合理價位就能買到「法國製造」的時尚，正是在消費疲軟的不景氣年代，反而能抓住顧客的重要原因。

二、展店精準不衝量，中國門市僅維持20家

再看展店策略，截至2015年底，瓏驤全球門市數僅有300家，在精品行業中相對偏少；甚至，在中國市場，當多數精品品牌爭先恐後在北京、上海等一級城市密集展店，再繼續朝二、三線城市攻城掠地，企圖吸引大量新進消費者帶動銷售時，瓏驤卻反其道而行，近2年來，中國門市數都維持在20家。賽維爾不諱言，在中國，「我們拒絕的（商場）比接受的更多。」

他解釋，為了維繫精品質感，質比量更重要，必須集中資源在最頂級的商圈展店，藉此提高單店營業能力，甚至「以店換店」。舉例來說，去年瓏驤便結束次要店面，進駐到有「中國百貨店王」之稱的時尚新地標北京SKP，鄰近的專櫃包括紀梵希（GIVENCHY）、蔻伊（Chloé）等精品，烘托出品牌形象。

當其他精品品牌為了追求更高的營業額與利潤，紛紛走向集團購併、交叉持股、更換執行長、大肆展店等快速擴張策略時；瓏驤的品牌操作卻相對保守穩健，近70年來，它都堅持由家族百分之百獨資經營，不接受投資與上市櫃。儘管它不像其他品牌能爆炸成長，卻也避開了中國在景氣循環下的業績暴起暴落風險。

深諳「節制，方能長久」的卡仕格蘭家族，顯然在浮華世界中，找到了生存之道。

問題研討

1. 請討論Longchamp品牌的定位何在？價位為何？為什麼？定位是否成功？

2. 請討論Longchamp為何展店不衝量？展店有何做法？

3. 從此個案中，你學到了什麼？你有何心得？

個案 35

PRADA股價重跌，全球精品業寒冬來了

一、PRADA營運績效欠佳

2015年是精品品牌的災難年，營收集體下滑、盈餘巨幅下挫。低價速銷的連鎖通路席捲全球，加上中國奢侈品市場的衰退、新興市場匯率貶值，又遇到電商崛起、傳統零售通路遭到死亡交叉。一向光鮮亮麗的精品品牌手忙腳亂，連忙使出重整策略，因應前所未見的困局。

就在距離耶誕節不到10天的12月15日，在香港上市普拉達（PRADA）公布2015年的第三季業績，8月至10月的營業額，竟只有4,650萬歐元（約新臺幣16.8億元），比2014年同期7,450萬歐元，大跌38%；以致股價暴跌7%，以每股24.75元港幣收盤，創下普拉達在香港股票上市以來的最低價。

二、肇因1：中國購買力大減，各品牌啟動關店、整併計畫

普拉達在法說會上表示，包括香港在內的中國市場衰退，是業績下滑的主因；公司整體業績（經匯率調整後）下滑10%，但是中國市場出現26%的巨幅衰退。中國市場的衰退，有部分原因是中國消費者拉高海外購買的比重。

普拉達是熱烈擁抱中國市場的奢侈品牌之一，2011年6月，在香港以每股39.5元港幣新股上市，公司執行長伯特利（Patrizio Bertelli）對記者說：「主要市場在哪裡，我們的股票就在哪裡上市。」

1年後，普拉達的股價突破80元港幣新高，從此股價卻向東南45度角下滑，至今走了3年的空頭。若從高點計算，普拉達跌幅已近七成。

根據德意志銀行統計，普拉達對中國的依存度有32%，排名只是中段班；SWATCH（包括歐米茄Omega手錶）對中國的依賴度高達五成；其他如旗下擁有卡地亞、江詩丹頓、沛納海等品牌的里奇蒙（Richemont）集團，有高達41%的營收來自中國；義大利的Ferragamo、古馳（Gucci）、法國的愛馬仕（Hermès）、英國的博柏利（BURBERRY），對中國的依賴度都在三成以上。如果普拉達第三季業績衰退38%，其他品牌將如何是好？

中國市場或中國消費者，對於奢侈品消費力的衰退，恐怕是所有品牌最大

的憂慮。整體來說，中國消費者是全球奢侈品消費的最大戶；2015年有31%的奢侈品賣給了中國人，美國人占24%，而歐洲消費者僅有18%。當年席捲全球瘋狂消費的日本消費者，早就跌到10%以下了。

金融海嘯後，中國成為奢侈品牌成長最重要的動力。波士頓顧問公司統計顯示，2008年到2011年，亞洲的奢侈品牌店面增加了42%，絕大多數在中國；同期美國的奢侈品店面才增加5%。到了2015年年中，古馳在中國有70家店，路易威登（LV）則有50家。

但中國消費者對奢侈品的購買力已由盛轉衰了。根據顧問公司貝恩（Bain & Co.）的報告，2014年，中國境內奢侈品銷售金額為150億歐元（約新臺幣5,400億元），與2013年相較衰退2%，首度出現衰退。

中國奢侈品市場雖然衰退2%，但愛馬仕手錶業績卻重挫11%；古馳拚命開店，在中國業績卻重挫7.9%。人民幣在8月貶值，讓亟待整頓中國業務的奢侈品總部下定決心，展開關店、整併的計畫。

部分品牌業者悄悄降價，高達五折的「存貨出清」方案，嚇壞的股市分析師，天天都有「某某品牌業績大跌八成」的傳言。由於精品業績透明度低，加重投資者的恐慌。

三、肇因2：美國百貨衰退，電商崛起　實體通路業績下跌

更令人驚訝的是，即使在經濟復甦趨勢最穩健的美國，也有一堆驚悚故事，主導美國消費長達半世紀的大型購物中心，可能就此步入衰亡。

美國最大的百貨公司梅西（Macy's）股價，從2015年年中每股73美元的高點，崩跌到耶誕節前已腰斬至34美元；著重中高檔品牌的諾斯頓（Nordstrom Inc.），雖然全力發展全球線上電商，股價仍然從83美元，跌到剩下50美元。

兩家超級百貨連鎖店是美國購物中心的象徵，更是網路電商興起、實體通路「死亡交叉」的頭號受害者。

幾乎所有購物中心都「必載」的美國精品龍頭品牌蔻馳（COACH），也受到衝擊。蔻馳2015年上半年的北美營業額，出現24%的巨幅衰退；從2012～2015年，股價跌掉三分之一，已跌到金融海嘯前的水準。

蔻馳執行長路爾斯（Victor Luis）被迫祭出重整計畫，將全美350家獨立店面關掉70家，減少低價折扣的商品，旗艦店重新裝潢，重建高檔精品的形象，同時將資源投入電商。

美國零售市場的前景令人摸不著頭緒。特別是從梅西、蔻馳，以及近年強勢崛起的邁克高仕（MICHAEL KORS）等企業的表現，充滿了令人意外的訊

息。梅西百貨在金融海嘯時期，股價一度剩下5美元，但也穩健地走了7年多，股價曾一度衝到70美元，卻從2016年年中至今暴跌五成。

邁克高仕從2016年開始以獨立品牌快速展店，成為年輕時尚女性的新寵；但是過去一年半，股價也跌掉五成多，顯然投資人對於後續業績展望存有高度疑慮。

普拉達因為中國市場的衰退，股價暴跌七成；梅西百貨遭到電商襲擊，帶著蔻馳一起跳水。奢侈品公司在2015年經歷了一場利空襲擊，年底的耶誕狂歡，淪為鬼影幢幢的悲歌。未來到底是利空出盡的否極泰來，還是繼續沉淪？誰也不敢預測。

問題研討

1. 請分析PRADA營運績效欠佳的狀況如何？
2. 請問PRADA業績不佳的2個肇因為何？PRADA有何因應對策？
3. 請問中國市場的精品購買力為何衰退下滑？
4. 請問電子商務的快速崛起，它對美國百貨公司行業的影響為何？美國百貨公司業的前景又如何？
5. 總結來說，從此個案中，你學到了什麼？你有何心得？

個案 36

中國華為公司擊敗美國蘋果公司的關鍵解密

一、華為：全球通訊市場急速竄起的突擊軍隊

它，是通訊市場正急速竄起的突襲軍隊，目標：KO蘋果。

2016年4月11日，《商業周刊》記者在內的500位分析師，和全球包含《時代》（*Time*）雜誌在內等國際媒體擠進深圳一家五星級飯店，親臨華為——全球第一大電信設備商年度分析師大會。

13年前，臺下只有50位聽眾，如今，大家得提早30分鐘排隊等待進場。

日前，華為公布的財報確實令人咋舌。華為剛出爐的2015年財報顯示，對比蘋果iPhone營收只剩下1%的成長率，華為手機營收竟出現72.9%的史上新高成長率，而且攻掠的新戰場，竟是歐洲與美國。

二、豪語！攻消費市場，業績4年內挑戰千億美元

在中國，華為剛擠下蘋果，成為當地市場第一。華為又傳出將挖蘋果牆腳，跟蘋果主要代工商鴻海一起去印度生產手機。高成長率的光環，讓目前位居第三的華為大膽估計，「3年做到全球第二（KO蘋果），4-5年做到全球第一（打敗三星）。」

分析師大會臺上，華為最高主管、輪值CEO徐直軍宣布，將從專門針對企業市場做通訊設備的B2B廠商，開始大舉面向消費者做生意。「2020年，2B（企業市場）我們要做到800億（美元），2C（消費市場）要超越1,000億（美元）是有可能的！」

現在，華為已經是全球最大電信設備商，全球50大電信商有45家是它的客戶。

若其在手機市場真能衝上第一，中國等於在通訊的戰場裡，養出一個易利信加上蘋果的國際級企業。

三、改革！學特種部隊，讓聽得見炮聲的人做決策

有意思的是，華為在會場大出狂言，但在場全球分析師與媒體，無人有尖

銳質疑，更多的關心是它會不會和對手思科（Cisco）一樣大搞購併之略。

《華爾街日報》預言它將在美國市場大展鴻圖，英國《衛報》還肯定它那支搭載萊卡雙鏡頭、售價749歐元（約合新臺幣2萬8,000元）的新機P9 Plus，將挑戰蘋果和三星。

身為後進者，一個成立近30年的未上市公司。華為是如何成為中國最成功的國際化企業，甚至還有本事，侵蝕蘋果崛起的歐美地盤？

除了過去20多年其在全球電信商領域的基礎外。華為近期的組織改組，正在實現創辦人任正非的新管理邏輯：「讓聽得見炮聲的人做決策。」

這個17萬人的組織，正大量將權力下放，並且跟美國特種部隊取經，重建組織戰鬥模式。

有別於傳統軍隊作戰方式，以赴阿富汗的美國特種部隊為例，三人一組，成員包括一名資訊情報專家，一名火力炸彈專家，以及一名戰鬥專家。作戰方式是情報專家先快速評估、判斷前端敵人狀況，由火力專家衡量作戰所需資源，最後交由戰鬥專家殲滅敵人。這背後都有一支龐大的後勤部隊在支援，讓特種部隊無後顧之憂。這跟過去華為中央集權，透過指令讓部隊前進150國市場征戰的方式完全不同。

四、訓練全能特種兵，開上萬堂課程，中低階職員免費學

財經作者程東升在《中歐商業評論》撰文舉例，隨著華為長大，組織層層堆疊，讓該公司開始出現官僚與決策緩慢的「大公司病」，這給予任正非很大的警訊。

任正非在過去10餘年除了師法IBM外，美國前國防部長拉姆斯菲爾德（Donald Henry Rumsfeld）在任時主導的新軍事變革給了他很大的啟發：讓前端的組織變成全能，以前前線的連長指揮不了炮兵，等報告師部請求支援，師部下命令，炮兵才開炸。現在，特種戰士發一封電子郵件，炮兵就開打。如此，才能靈活應變。

這個改組，讓華為可以成立著名的「鐵三角」組織體系，讓第一線的員工站上前線、看到機會後，就能緊咬不放，不須再層層請示後勤單位。

然而，要讓聽得見炮聲的人做決策，華為要付出的第一個代價是：投資全能的特種兵。如同全球政府都在做的事情：削減正規陸軍兵力，改增加特種部隊。要養出全能第一線員工，企業就必須對員工投資。

《哈佛商業評論》在2015年底刊登〈解剖華為的利潤分享機制〉一文，它直指由於華為沒有公開上市，且任正非表率自宮，其將華為98.6%的股權交由

員工持有，他個人僅持有1.4%。

經過結算，過去20年，華為的總淨利潤比支付給員工總淨利潤還少了許多，員工的薪水、紅利和股利股息加起來，是公司年度淨利潤的2.8倍，而且這個比率還計劃提升到3.1倍，這是非常罕見的設計。

簡單舉例，以2015年每股配息人民幣2.85元為例，年資10年的中階主管，稅前的分紅就超過人民幣50萬元（約合新臺幣250萬元）。

為了讓這群「特種兵」的中階員工變強，華為大學一年開出上萬堂課程，供十七職等以下員工免費學習。有意思的是，十七職等以上的高階主管上課不僅要付費，還得請假才能放行。

五、自建研發軍火庫，年砸2,700億元研發，申請專利數冠全球

第二個代價是，用比蘋果還高的研發費用，打造世界第一的後勤「軍火庫」。

阿富汗戰場，其實比的是資訊戰爭。鐵三角部隊發現目標後，要把訊息快速傳回，最強的武器經過精算後，從後方發射，以一舉殲滅敵人。

目前，華為負責研發「武器」的有7萬5,000人，是公司員額的四成五。它付出的研發費用比蘋果還高，去年付出的92億美元成本，相當於新臺幣2,760億元的代價，等於台積電把2015年營收的三分之一投入研發。其申請專利數目前是世界第一。

六、權力下放給底層，要資深者離職再回聘，防官僚危機

但第三個，也是最難的代價則是：擺平「人」，釋出高層權力。

華為的組織從草創時的中央集權，到壯大時期的分封諸侯，已經養出一批強悍的高級幹部。現在這個機制，等於是要大家把權力下放。

或許華為比別人更幸運，因為任正非從創業第一天，就有很高的危機意識。在《活下去，是最大的動力》（商業周刊出版）一書中，深刻談到任正非的「惶者生存」思想：「10年來我天天思考的都是失敗，對成功視而不見，也沒有什麼榮譽感、自豪感，而是危機感。」

任正非常常會展開「末日演習」。想像公司如果明日就要結束，公司會做出什麼樣的調整應變。

如2007年其要求所有年資超過8年的員工主動離職，再由公司評估後重聘，這包括任正非本人，因為企業如果都是由資深穩定的人占據，很容易因為官僚而被淘汰。這個改革，讓華為出現7,000人集體請辭的狀況。但唯有如

此，底層員工才可能認為自己有機會上升，才願意賣命。

七、植入「怕死DNA」，深化危機意識，讓部隊使命必達

任正非把「怕死」植入華為DNA裡頭，一位中階主管站在人來人往的分析師大會會場中說：「華為不會是永遠的第一，如果它終端（手機）做失敗、喪失以客戶為中心的核心價值、不知自己腐敗……這就是它的危機。」

上述調整機制，讓華為的部隊使命必達。如日本福島發生核災，華為員工反而加派人手，在一天之內就協助軟體銀行與E-mobile等客戶，搶通三百多個基地站。

其像是有一個戰略地圖，從西非出發，2015年華為在義大利跟西班牙市場已經快速攻克，如華為高階智慧手機在義大利的出貨量已比2014年同期成長293%。

2016年更主力攻打美國。華為的盤算是，其強大後勤專利軍火庫若強，就可以支援無數個鐵三角部隊。現在，華為主打兩品牌，華為品牌定位在高階市場，單價可比擬iPhone，主打企業或跟電信商合作，這是其在歐美主力。當全球150個國家都有它的基地臺時，形同對其手機信號品質的保證，這對企業用戶具有吸引力。

現在，其又推出強調高性價比的榮耀品牌，鎖定網路族群、年輕消費者，主要是在電商平臺銷售。然而，榮耀將與華為共用專利庫，這是其很大的號召。據華為榮耀國際業務部總裁尹龍所述，大家搭飛機常用到的飛航模式，即是來自華為軍火庫的專利技術。

唯一確定的是，最可怕的對手，不一定是能力最強的，而是最具危機意識的。

一個活下來的欲望，讓華為甘願顛倒了17萬人的公司，避開了大公司的官僚危機，還進軍了歐美市場，成為《經濟學人》口中：「歐美跨國公司的災難」。後續它對歐美企業帶來的震撼教育，才正要開始。

問題研討

1. 請分析華為公司的營運績效目前如何？

2. 請問華為公司為何要讓聽得見炮聲的人做決策？

3. 請問華為公司為何要訓練全能特種兵？做法為何？

4. 請問華為公司每年花費多少費用做研發？為什麼？為何要如此花錢？申請專利數又如何？

5. 請問華為公司為何要權力下放給底層員工？做法如何？

6. 請問華為公司為何要深化危機意識？做法如何？

7. 總結來說，從此個案中，你學到了什麼？你有何心得？

個案 37

中國海爾家電公司：全球最創新的公司

一、消失的18%員工，就是無法適應變革的人

這次Thinkers 50第一次開出理念實踐獎（Ideas into Practice Award），頒給應用創新管理模式的企業，得獎者不是矽谷的科技創業家、也不是當紅的共享經濟服務龍頭，竟然是30幾年歷史的中國家電製造商海爾。

你可以想像嗎？原本，這個中國最大家電商，就如同鴻海般，是個組織分工精細、軍令嚴明的8萬人企業。

現在，海爾竟然把整個公司拆成2,000個小團隊自主管理。它幾乎把經營階層都「消滅」，整個公司架構從大型的金字塔顛倒成倒金字塔。這些小團隊形同一個個獨立的小公司，每個團隊會自主遴選最適合自己團隊的成員加入，一個中階主管或是一個管人資的經理，如果沒有能力被這些團隊買單，就無錢可領，甚至會被淘汰。

這個瘋狂的創新實驗，引發哈佛商學院與華頓商學院的好奇研究。

大家都知道要發展創新，須把更多權力授權第一線員工，但史上未見如海爾這麼大規模創新轉型計畫。2013年啟動變革至今，海爾員工從8萬6,000人銳減到7萬人，這消失的18%，就是無法適應變革的人。

管理大師哈默爾（Gary Hamel）在2007年出版的《管理大未來》一書中曾預言，當變化愈來愈快，傳統管理透過由上而下，老闆去擬定計畫然後下令執行的邏輯，根本無法應變。

他預言，未來所有的組織與管理邏輯將有很大的變革，顛覆我們過去的常識。

二、關鍵1：搞小團體，要主動搶工作，否則沒薪水

哈默爾當時蒐集的企業個案，大多是以中小型未上市櫃公司為主。如機能材料供應商Gore-Tex或番茄加工廠商晨星（Morning Star）。但沒想到，現在首個做這麼大規模執行的企業，竟然是在中國，而且是個年營收近新臺幣8,000億元（集團旗下青島海爾和海爾電器的營收總和，不計其他子公司營

收）的家電製造商。

搞「小團體」，以前，老闆派任務給你，現在你要主動搶工作，否則沒薪水

海爾執行長張瑞敏，為何敢進行這場豪賭？

身兼海爾顧問的中歐國際工商學院戰略學副教授陳威如認為，這是張瑞敏不得不的決定。

時間回到31年前，海爾當時是個連年虧損的電冰箱廠，張瑞敏眼見員工紀律散漫，把員工集合，當著大家的面，拿起槌子砸碎了76臺瑕疵冰箱，當時，一臺冰箱形同一個員工2年工資。之後，各種追求績效的改革，讓他成為中國管理教父。他還獲得瑞士洛桑國際管理學院頒發的管理思想領袖獎。

但沒想到，其強調績效與服從的高執行力，今日卻成為包袱。

陳威如說，傳統製造業都有一個慣性：反應慢，加上家電技術長年缺乏突破，已讓產業陷入一片紅海中。2010年前後，其實各大家電廠商已看到互聯網趨勢在轉型，然而，過去海爾最引以為傲的軍事化管理，卻跟趨勢背道而馳，現在，「互聯網時代求的是個性化的、細分市場的創新，所需要人才的素質完全不同。」陳威如說。

陳威如分析，面臨互聯網，對手美的集團，選擇讓專業經理人去想創新合作方案，其推動智慧家電，和小米合作推出新產品。「美的所處的深圳，向來是比較創新的地方，」陳威如說。「海爾在青島，北方人比較老實、比較忠誠，長期follow the rules（遵從規則），所以張瑞敏需要採取更極端的方式改變。」

張瑞敏幾乎讓公司大洗牌。

以前，老闆決定你要做什麼事情，現在，你要自己搶工作，否則無薪可領。

三、關鍵2：鼓勵罷免，以前，老闆決定你跟誰做，現在你可以「兵變」，重選領導者

舉例來說，以前海爾維修人員有各自負責的範圍，這樣的區分方式，可能造成某些區的維修人員非常忙碌，有些區可能沒事做，需要主管調動協調。但海爾採取平臺機制後，把客戶需求釋放出來，讓維修人員自己去搶單，誰的用戶滿意度高，誰就能接到較多的單，不但不需要管理，員工的素質立刻被市場機制區分出來。

　　張瑞敏選擇把公司架構全都打散,把8萬員工分成2,000個小團隊自主管理,員工的薪資就是按照工作績效計算,每月按目標的完成率支薪,「做得不好,真的不發工資的,」海爾的員工說。

　　基於現實,大家選擇團隊隊友時,不看頭銜,而是找能真正發揮戰力的。

　　以前,是老闆決定你要跟誰共事,現在,你可以自己「淘汰」老闆。

　　根據《海爾轉型:人人都是CEO》一書所提到的三門冰箱團隊為例,他們自己依照市場規模與競爭對手狀況,研判出年成長三成的目標,超越過去目標的3倍,因為賺愈多,團隊就可以分利更多,而依照這個目標,他們決定出團隊成員要19人,才符合最佳成本效益。

　　這個團隊找人才,就在內部讓其他部門同事公平競爭,決定者包含隊長(就是這個團隊的領導者),還有各行業專家,當團隊形成後,還有「官兵互選」的機制,若團隊沒達標,經營體成員認為是負責人領導不力,就可以「兵變」,啟動罷免程序,重新選擇領導者。

　　這對既有權力者是很大的考驗,你選擇成員,成員也要選擇是否追隨你。甚至,海爾也推行「鯰魚策略」。每個團隊除了隊長,還會競選出預備接班人(海爾稱這些預備接班人為鯰魚),隨時可以取代隊長,這讓領導者會更戰戰兢兢。

　　但是,有實力的年輕人更有機會竄出頭。

　　以前,是老闆決定你賺多少,但現在,是市場直接決定你拿多少。

四、關鍵3:變創投平臺,成立兩百個「小微」公司,入股但不介入管理,讓員工當創業家

　　海爾把公司當作平臺,鼓勵團隊可以自己發揮創意找商機,成立海爾稱為「小微」的公司。小微成立後,自負盈虧,海爾以入股的方式投資而不實際介入管理。

　　2013年以來,靠平臺成立的小微目前有兩百多家。

　　如雷神科技有限公司,這個團隊由三位八五後的員工創立,做的是和家電毫不相關的遊戲專用筆記型電腦,雷神持股25%,海爾則投資控股75%。根據海爾說法,2014年雷神銷售收入達人民幣2億5,000萬元,淨利達1,300萬元,這個團隊能直接分享四分之一的獲利。

　　「中國以前都吃大鍋飯,現在這種強烈的、績效掛帥的手段會很受歡迎,」臺大工商心理學教授鄭伯壎說。

　　「張瑞敏基本上把員工變成創業家,」洛桑國際管理學院教授比爾‧費舍

爾在他的書《海爾再造》裡說。

五、爭議：取消職級，KPI用天計算，不被需要者走人

轉變當然也引起反彈。因為要「消滅」經理階層，起初計畫推到中階主管時，「不是阻力，（而是）根本就動不了。」

這牽涉原有的利益問題，「原來諮詢公司幫我們搞的什麼七級、八級的級別（編按：職級制度），現在我們正在取消它，這個取消會遇到很大的問題，原本這個級別是固化的，對應的級別取消，一套薪酬體系，弄得非常細……，現在要全部取消，肯定會引起爭論。」2012年，張瑞敏準備啟動變革前接受訪問時說。

這也牽涉到生存問題。如原有的財務與人力資源等後勤行政部門與主管，不能再只是被動角色，而要把自己定位成「資源超市」的概念。唯有小微團隊需要你，跟你買單資源，自己才有存在價值。

整個淘汰機制自然且殘酷。我們訪問一位當初參與變革、已離職的海爾總字輩主管，談到海爾新模式帶來的衝擊，他說：「如果你的事情跟市場掛不上鉤，你自然就沒事情幹了。」沒事幹，就一定會離開嗎？他回答，「不走才怪呢，我們每個月的薪水是浮動的，KPI分解到天，是海爾很有名的日清日高（今日目標今日完成、明日目標比今日高），就是把目標分解到天……。」

問題研討

1. 為何海爾被選為最創新的公司？

2. 為何海爾要搞「小團體」？做法如何？

3. 為何海爾公司可以兵變，可以淘汰領導者？做法如何？

4. 為何海爾公司要變成創投公司？做法如何？

5. 為何海爾公司要取消職級，KPI值用天計算？為什麼？

6. 從此個案中，你學到了什麼？你有何心得？

個案 38

數位擊垮百年老店，美國柯達公司聲請破產

一、130年歷史軟片大廠破產重整

攝影業先驅、擁有130年歷史的美國軟片大廠柯達（Eastman Kodak），2012年1月19日正式聲請破產保護，柯達表示，在重整期間，將努力開發智慧財產權，譬如利用手中持有的1,200項數位技術專利，進一步重整成本結構和營利模式，盼早日轉型重生。

柯達是喬治‧伊士曼於1880年在紐約州羅徹斯特創立，在全盛時期的1976年，柯達在美國市占率高達90%，堪稱一代霸主。1969年，太空人阿姆斯壯登陸月球，首次拍下月球畫面，用的正是柯達軟片。

近年來，數位攝影風潮狂襲，柯達雖試圖轉型成消費者產品製造商，卻未能擁抱數位新趨勢，喪失先機。無法與亞洲廠商相抗衡，營收和獲利持續下滑，諷刺的是，數位攝影技術還是柯達自己發明的。

自2007年後，柯達每年都是呈現嚴重虧損，2011年9月底，柯達公司資產已低於負債，資產51億美元，但負債達67億5,000萬元，財務缺口達16億5,000萬美元。

過去15年，柯達股票市值320億美元，跌到只剩1億5,000萬美元；總部員工人數更從全盛期的逾6萬人，驟降至7,000人。

二、日本富士軟片公司認為，柯達敗在過度自滿，富士卻轉型成功

柯達聲請破產保護，與柯達曾在相機和軟片市場分庭抗禮的日本富士軟片（Fujifilm），不但沒有在數位海嘯中滅頂，反而提早因應產業變化，以敏銳嗅覺和果斷決策，靠著業務多元化和大膽的結構重整成功轉型。

走過不景氣的2011年之後，富士市值達126億美元，是柯達的60倍有餘。社長古森重隆曾說，柯達的失敗在於過度自滿，即使危機近在眼前，柯達仍老神在在。

富士創立於1934年，1940年代打入光學鏡片和設備市場，第二次世界大

戰後，富士開始朝多樣化業務發展，進軍醫療、影印、電子顯像與磁性物質領域。1962年，富士和美國全錄（Xerox）共組合資企業「富士全錄」。

富士的多元化也遠比柯達成功，早在1980年代，富士便預期數位時代的來臨，率先開發可運用在相片、醫療及影印的數位技術。進入21世紀，隨著數位相機快速普及，傳統軟片市場急遽萎縮，社長古森意識到不能再侷限於傳統的軟片業務，因而祭出管理改革，達成業務結構大轉型。

富士能邁向改革之路，最大功臣就是古森。他在2000年砸下90億美元，併購40家公司，進行人事瘦身並削減成本。古森在1年半內，以2,500億日圓展開公司重組，這種先發制人的大膽手段，在日本企業中非常少見。

三、柯達帶給我們的七個教訓

柯達相機價格便宜，軟片卻貴。柯達靠賣軟片發財，這跟電子產品的概念一樣，即軟體重於硬體。《富比士》雜誌指出，柯達失敗帶給企業經營者的7個教訓如下：

1. 必須開發新科技及新產品，不能固守風光時的經營理念。當世界已從類比式轉移到數位式時，柯達也必須轉變。

2. 柯達最早發明數位相機，卻沒有堅持走下去。就像全錄雖發明了多項重要的資訊技術，但最後只有在雷射印表機上保有一席之地。柯達在數位相機製造方面始終拚不過日本廠商。柯達光有發明，卻沒有執行下去，仍然不夠。

3. 柯達雖最先發明「照片分享」技術，但能否像「臉書」一樣進入社群媒體，讓大家在線上分享經驗及照片？當然不能。業務的整個理念不同，經營模式也不同，企業的歷史及文化更不同。

4. 多角化經營一旦跨足跟本業毫不相關的領域，結果通常不妙。就像柯達在1980年進軍化工、浴室清潔劑及醫療檢驗設備等行業，只是在燒錢。

5. 企業成功時的政策長期來看會成為障礙，例如柯達的醫療及年金福利。營收好時與員工分享經營成果很合理；但當營運情況惡化時，這些福利便成為公司無法承擔的負債，又不能不付。

6. 企業還能賣兩個錢的時候就脫手，別想轉虧為盈。很少公司能做到，因為執行長及其他高階經理人也會失業。

7. 天下無不散的筵席，但大部分公司都很難接受這個宿命。柯達創辦人喬治‧伊士曼在77歲時自殺，遺言是：「吾友，我的工作已經完成，還等什麼？」如果柯達在幾年前能夠如此，股東還能多分一些。

問題研討

1. 柯達公司為何聲請破產重整？

2. 日本富士軟片為何能在數位浪潮中轉型成功？

3. 富士公司認為柯達的失敗主因何在？為什麼？

4. 柯達的破產重整，帶給我們哪些教訓？

5. 從此個案中，你學到了什麼？你有何心得、觀點與評論？

個案 39

豐田世紀追夢，稱霸世界的四個試煉

　　日本第一大製造公司豐田汽車（TOYOTA），2011年全球銷售900萬臺汽車，緊追在美國福特汽車公司的950萬臺之後，居世界第二大汽車廠。而其2011年的獲利總額亦已超過美國福特汽車公司。豐田汽車現任總經理張富士夫並宣示：「2012年經營目標挑戰世界占有率15%，獲利總額超過1兆日圓」的歷史性新高峰經營成就。然而，在急速擴張成為全球化企業，並迎向世界汽車市場稱霸第一的過程中，豐田並非一路平順無障礙，眼前就已面臨了四大試煉與考驗。

一、試煉一：對日本人依賴的極限

　　近幾年來，獲利占總公司一半的豐田北美地區工廠，當地的顧客抱怨件數不斷增加。而最近的汽車品牌品質調查排名中，除豐田Lexus勇奪第一名外，其他豐田品牌卻屈居第八名。豐田位在肯塔基州的工廠，在2004年度全美汽車工廠品質的調查中，卻低到第十四名。北美汽車的品質問題，主要出在豐田美國公司的研發、生產、銷售及服務的四環制過程溝通不足，以及未能從美國消費者的不同需求，去深入了解及因應。但是，整體分析來看，關鍵還是出在人才不足。不只是當地的人才不足，更大的問題是，從日本總公司派遣赴美國的日本幹部人才太少所致，使得工廠的改善活動、車型研發、周邊零組件廠輔導等，都不能像在日本一樣順暢運作，而頻生問題。

　　以美國豐田肯塔基工廠為例，該工廠是年產50萬臺汽車的超大型汽車廠，卻只能從日本派出40名幹部支援，明顯嚴重不足。為此，豐田汽車去年在日本元町工廠，設立「全球生產製造推進研習中心」（Global Product Center, GPC），命令豐田海外各地工廠的幹部均須回到日本工廠實地研修受訓。該工廠設立一條模擬的汽車生產線，從塗裝、組裝、品管到出廠等一系列當場實地操作訓練。每一批次有海外130名各國生產人員見習，目前已有2,000人次受過模擬訓練及教導。此GPC對豐田全球工廠人才育成的幫助，做了很大貢獻，使得任何新車種在全球各地均能同時、同步展開生產，而不需由日本總公司再派出人力到各國去支援。

品質是豐田在北美地區擁有高品牌力及創造高營運績效的生命線。

二、試煉二：對美政府公關有待加強

豐田為了避免日美貿易逆差所引起的不利影響，以及要降低因為汽車環保問題所可能出現的消費者對法院訴訟與巨大賠償損失等風險，還特別聘請曾任美國聯邦政府、主管環保部門的古柏女士，擔任豐田美國公司公共事務部副總經理，以全方位加強豐田與美國聯邦政府以及各州政府的政治、商業關係。

2006年起，豐田汽車公司在美國具有影響力的各大報紙、雜誌及廣播電臺刊登廣告，旨在訴求豐田美國工廠已聘用3萬1,000人的就業僱用貢獻。接著，豐田美國主要幹部及周邊衛星工廠負責人等60多人，群集在美國華府，與參、眾兩院重要相關議員進行交流活動與餐敘。另外，各地豐田工廠也紛紛展開地區性的文化及慈善義舉活動，以建立豐田汽車工廠在美國人心中的企業社會形象。

三、試煉三：海外本土化人才的育成

長期以來，豐田公司的全球化經營理念，一直是以日本式與自我主義的模式來拓展海外在地化事業。然而，面臨全球各地產銷市場的急速擴張及成長，使豐田總公司能派出的日本幹部數量明顯不足，直接影響各地的經營成效。此亦迫使豐田公司不得不採取在地人才活用與在地化事業經營的轉變。而其成功關鍵在於人才，但培養世界級人才非一朝一夕可成，而是必須經過一段摸索過程。1997年起，豐田公司即在組織中成立「全球人事部」，其目的即著眼於人才的培育與管理這個世界一統化的目標。目前，豐田在世界各地的公司董事會成員中，當地人員僅占7%而已，此比率遠低於美國跨國性公司，顯見從自我主義脫卸，到現場人才活用進展的大政奉還，仍有一段路要走。豐田在面對真正全球化企業的試煉，即是面臨著：世界各國多元化與在地化，以及日本豐田文化為主的一致性與向心力，此兩者間之衝突與痛苦。

四、試煉四：面對日本國內市場的飽和

從1994年到2003年的10年之中，豐田汽車全球銷售量成長率達34%，但在日本國內卻依舊維持43%的市占率，2011年日本國內賣了170萬臺汽車。但是，日本人口成長停滯，以及汽車市場的飽和問題，一直是日本汽車業者共同的困擾。相反的，日本國內對高級車的需求年年上升，但日本車卻進步不大，不能滿足市場需求，致使國外名牌轎車銷售成長很大。為此，豐田公司還從美

國逆勢輸入Lexus品牌高級車，來因應日本的市場需求。另外一個挑戰是，面對20歲到30歲所謂Y世代消費者的新車型開拓，也是一個突破方向。雖然目前此世代的購車量比率僅占5%，但預估到2020年時，將占有20%。因此，Y世代的低價車需求市場亦被看好。日本汽車市場預估10年後，將是被高級車、年輕購車族群，以及品牌價值經營等三大趨勢所驅動。

五、亞洲市場是成長活力來源

被儲備為下一位豐田公司總經理的豐田章男執行董事即表示，豐田近67%的營收來源均係仰賴海外市場，而這個比率會愈來愈高，到2015年時，有可能會突破80%。足見海外市場是豐田公司迎向世界第一、稱霸全球的最大成長活力來源。而這其中又以亞洲市場的潛力最大。因此，凡事必須以「亞洲與豐田」的視野觀點，來看待豐田未來10年的經營決策。

豐田在泰國及印尼各建立1萬人及4,000人的工廠，並且積極布局中國汽車合資事業，都是在此觀點下的具體作為。

六、推出IMV全球計畫

豐田為了有效率的推動全球產銷布局，以及從一國一品質的狀況，轉向全球共通的汽車品質，正式推出IMV計畫（Innovative/International Multi-Purpose Vehicle：創新國際多重目的用車），其計畫重點包括：

1. 亞洲地區由豐田泰國廠和印尼廠負責生產及銷往東南亞、中東、紐澳市場。
2. 非洲地區由南非工廠負責生產及銷售全非洲和部分歐洲地區。
3. 美國及中國均由當地豐田生產、供應。
4. 巴西豐田廠供應中南美地區各國市場。
5. 日本總公司供應這些海外生產據點重要的關鍵零組件。
6. 一般性汽車組裝用零組件不必從日本輸出，力求當地採購，以降低製造成本。

這一項IMV計畫，將可以從豐田10個國家的生產基地，銷往全球140個國家市場。

2011年，豐田在全球各地區的汽車銷售臺數如下：北美（250萬臺）、日本（171萬臺）、亞洲（200萬臺）、歐洲（83萬臺）、中東（33萬臺）、非洲（16萬臺）、紐澳（21萬臺）及中南美（12萬臺）等，合計900萬臺。而豐田汽車公司2011年營收額達1,800億美元，其經濟力量居全球GDP國家產值的第

25名。

七、不能停止成長的經營策略

豐田總經理張富士夫認為：「一家公司停止成長，即代表退步，公司絕對不能停止成長，一停止成長，組織就會官僚化並陷入痴肥症，終而喪失競爭力。」豐田近10年有飛躍成長的卓越成就，包括營收額成長1.6倍，營業淨利成長4.9倍，銷售臺數成長1.34倍，總資產成長2.12倍，總市值成長2.1倍。其各項指標，均較美國的福特汽車及戴姆勒-克萊斯勒的表現更為卓越。看來，要超越美國福特汽車，坐上世界第一汽車大廠的世紀追夢，剩下的只是時間問題。

八、世界願景：2010年，全球市占率15%

豐田在2002年4月時，曾宣示豐田的世界願景（Global Vision）計畫中，在2012年時，全球汽車市占率將達到15%，並躍升為世界第一汽車大廠。2011年，豐田全球集團營收總額已高達17兆日圓，獲利總額亦將突破1兆日圓。在全球計有26個國家的51個汽車生產基地，全球員工總人數達26萬5,000人。而豐田公司目前握有現金餘額高達3兆2,600億日圓，堪稱財務最穩健的優良公司。

日本長野縣茅野市的聖光寺，是奈良的名勝之一，每年7月17日，豐田公司的高階經營團隊成員100人，均會到此寺祭拜因為交通事故而過世的亡靈，並深致祝禱祈福之意。聖光寺亦因此被稱為「豐田之寺」。

2011年7月17日，豐田在已退休的名譽董事長豐田章一郎的率領下，敬謹主持大祭，並且再次對外嚴肅宣示「豐田全球第一」的世紀追夢。

問題研討

1. 豐田世紀追夢，邁向世界稱霸的四個試煉為何？

2. 豐田設立「全球生產製造推進研習中心」（GPC）的意義及內容何在？

3. 豐田為何必須加強對美國政界的公關活動？其原因何在？做法又有哪些？

4. 豐田公司對海外本土化人才的養成方面，面臨著哪些困境？

5. 豐田公司預估10年後，汽車市場會被哪三大趨勢影響？

6. 豐田公司未來成長活力來源的市場在哪裡？為什麼？

7. 何謂豐田的「IMV」計畫內容？

8. 豐田公司張富士夫總經理為何採取不能停止成長的經營策略？

9. 豐田公司在2012年的世界願景目標為何？什麼是「豐田之寺」？

10. 總結來看，請評論本個案的意涵有哪些？重要結論又有哪些？以及你學習到了什麼？

個案40

P&G 顧客承諾，永遠信守

2005年年初，美國P&G公司收購吉列刮鬍刀之後，年度全球營收擴增為570億美元，超越聯合利華（Unilever），正式成為全球消費產品業龍頭。即使面對殺價浴血戰，P&G仍保有二位數成長佳績。

這個已有近170年歷史的消費產品巨人，能夠永保青春活力，全球行銷無往不利，可歸因於四大祕訣。

一、全球品牌在地化商品

P&G雖已發展為全球性品牌，卻能夠迎合各國市場的不同需求，做到富有彈性與自在變化的在地化行銷。

P&G全球各地的行銷人員，每年都聽取數千萬消費者的意見，這些寶貴的資料，已成為P&G全球共用的行銷資料庫。

P&G執行長雷富禮曾多次表示：「我從不敢忘記『消費者是老闆』的行銷基本理念。」他要求P&G任何新商品的開發與既有商品的改良，都必須以在地化與本土化為出發點，以有效滿足各國消費者的潛在需求。

雷富禮甚至將每年的4月23日訂為公司的「Customer Boss Day」（消費者老闆日），以不斷提醒全球員工。

P&G不僅已成功攻占已開發國家市場，也稱霸中國大陸等新興市場。在大陸，P&G旗下諸如歐蕾、SK-II、潘婷等品牌都已家喻戶曉。P&G目前已將觸角伸向160國的25億消費人口，占全球總人口四成，平均每天有20億人次使用P&G的產品。

二、視通路商為顧客

P&G以高標準要求在地化商品的開發，堅持要與現有商品具有明顯差異，以免陷入低價競爭。

P&G以「待客之道」對待批發商、經銷商或零售賣場等通路商，稱呼他們為「顧客」。尤其是交易量大、關係深厚的通路商，公司會指派「Customer Team」（通路顧客服務小組）專門負責，舉凡下訂、促銷、賣場布置、物流

配送，都提供完整的支援協助。

通路顧客服務小組也對通路商提出促銷提案，希望透過這些提案，提高通路商業績，達到雙贏的目標。

P&G非常重視賣場布置。在世界各地的中大型賣場，經常可以看到醒目的「P&G產品專區」或「P&G店內店」。這些都是P&G主動花錢，精心打造的賣場設計，以吸引更多消費者的目光及選購。

P&G雖將通路商視為顧客看待，竭力提供支援，卻堅持「價格」沒有交涉與妥協的餘地。P&G強調，絕不能被通路商主導價格策略，否則會陷入低價競爭的死胡同。

三、借助外部力量壯大自己

雷富禮2000年接任執行長後，便積極向外尋求商品開發及技術專利，以及將商品、技術開發委外。過去，P&G只有約一成新商品仰賴外部來源，如今已提高到三成。

即使P&G在世界各地擁有7,500人的龐大研發團隊，仍積極向各重點國家購買產品及技術專利。由於P&G重用各國企業、大學、研究機構及創業家等資源，每年會收到來自世界各地約200萬封電子郵件應徵函。

P&G也透過併購快速拓展不同的領域與地區市場。例如，2010年陸續併購美國吉列刮鬍刀及德國一家知名的日用品公司。

四、40億消費者的願景

雷富禮日前表示，全世界人口約65億，目前已有25億人成為P&G產品的愛用者，希望未來10年可以擴增到40億人。

為了達成這個目標，P&G全球化的主戰場將轉移到中國、印度及俄羅斯等幾個人口龐大的新興市場。隨著這些國家經濟成長加速，P&G未來持續成長的空間仍大。

即使榮登全球日用品業龍頭，也是全球股東人數最多的上市公司，更成為廣受世人尊崇的世界級企業，P&G仍努力拉近和消費者之間的距離。雷富禮最近接受媒體專訪時，曾對P&G品牌的成功做此詮釋：「一個成功的品牌，就是對消費者永遠不變的承諾及約定。公司一定要堅守此種約定的價值，並且努力縮短與消費者的距離，更要不斷的讓消費者感到驚喜。」

以全球行銷力見長的P&G在世界各地攻城掠地，勢如破竹，其經營理念及行銷策略深值國人學習。

問題研討

1. 請討論美國P&G日用品公司為何全球行銷無往不利，可歸因於哪三大祕訣？

2. 請討論P&G力行「全球品牌，在地化商品」的行銷政策，為什麼？

3. 請討論P&G將「消費者老闆日」訂在哪一天？為何要訂此日？

4. 請討論P&G產品行銷全球狀況？

5. 請討論P&G視通路商為何？雙方有何合作雙贏？

6. 請討論P&G在商品研發方面，如何借助外部力量以壯大自己？

7. 請討論P&G未來的發展願景為何？未來成長市場又何在？

8. 請討論執行長雷富禮對P&G品牌成功的詮釋為何？

9. 總結來說，從本個案中，你學到了什麼？心得為何？你有何評論及觀點？

挑戰雙B，豐田打造終極武器

　　豐田汽車將在2012年超越福特汽車，榮登全球汽車業龍頭，但對豐田高階經營者來說，旗下的頂級房車凌志（Lexus）汽車，在日本及歐洲市場仍然無法和雙B（Benz和BMW）並駕齊驅，不啻是一大遺憾。

　　1989年，Lexus首度登陸美國，立即一炮而紅。由於具備低耗油、高品質、優質服務及行駛間動力引擎安靜等四大特點，得到汽車經銷商與消費者的廣泛肯定，業績逐年快速成長。目前已超過雙B，躍為全美高級車第一大品牌。

一、攻下美國，回師日本

　　市調業者J. D. Power調查結果顯示，在眾多品牌中，Lexus的消費者滿意度始終居冠。在美國人心裡，凌志已是高品質與高信賴性的表徵，也是一部價格比較大眾化的理想房車。

　　在成功攻下3億人口的美國市場這個灘頭堡後，豐田把目標瞄準1.26億人口的日本市場。2005年8月，Lexus回銷日本，向雙B宣戰。迄2012年，豐田已投入2,000億日圓，在日本的主要都會區打造143個五星級的展示中心，並且集結上千名銷售精兵負責販售。

　　目前，豐田總公司更推出「Lexus」戰略，要進攻高級房車最後一塊、也是最難攻占的歐洲市場。但Lexus要成功進軍歐洲市場，首先須擊敗盤踞歐洲高級車市場五、六十年的雙B，這幾乎是一個不可能的任務。

二、產品競技，機密決策

　　豐田汽車的發源地——日本愛知縣豐田市豐田街一號，如今正是豐田的研發重鎮。此處有一棟巨大的設計本館，一上四樓便可看到「南檢討場」。Lexus設計完成，並做出原型車後，會駛往此場地的一大片空地上，圍坐在會議桌邊的高層主管，包括董事長、總經理、各部門副總經理以及研發技術工程團隊，會透過巨大的落地玻璃窗，觀察原型車各種角度的展示，並且和同時陳列的雙B車款互做比較、討論，做出最終結論。這個禁止員工進入的機密場

所，是豐田最高層主管對新車開發案做成最終決策的地點。

豐田高層在2006年上半年推出汽電混合動力車Lexus GS中型房車，緊接著在2007年上半年再瞄準歐洲車市，推出Lexus上市以來最頂級的車款LS 600，與Benz S600系列、BMW 750系列較勁。該公司強調這是汽電混合動力車，卻比Benz 600更勝一籌，包括排氣量小，燃料費低，動力及加速度性更強，行車安靜性和Benz不相上下，高科技配備及安全性超越Benz 600。

三、特戰部隊，瞄準歐洲

為了推出Lexus 600頂級車，以及因應汽電混合動力車的未來趨勢，豐田特別成立一支特戰部隊，採用最新的汽車研發科技，為了達到低燃料費及高動力引擎的兩大指標性要求，2年多來不惜投入數百億日圓研發費用。

負責歐洲地區的執行董事石井克政表示，Lexus在歐洲高級車市場的市占率只有1%，知名度也低，和在英國市場高居第一品牌，亞洲市場獲好評相比，有如雲泥之別，當然這也代表歐洲市場成長空間大，但也極具挑戰性。他說：「未來3年，豐田將大幅擴增歐洲經銷網，全面動員起來。」

目前豐田總公司及全球各地子公司已奉指示，全面發動Lexus革命，以催生「全新的Lexus」。高品質是Lexus新生命的DNA，生產Lexus 600的豐田深美廠，引進全面高度自動化的設備，堪稱全球最具效率的工廠，即使如此，豐田仍然力行著不斷改善的優良傳統，為Lexus革命做好更萬全的準備。

所有豐田人都體認到，未來二、三年將是決定成敗的關鍵時刻。豐田不只要成為生產量居全球之冠的汽車製造廠，而且希望在高級房車市場，Lexus能與雙B媲美，甚至要迎頭趕上，達到超越雙B的歷史性目標。

豐田的敵人就是自己。豐田已勾勒出Lexus 600的願景，將在歐洲這一塊最後的聖地，點燃高級房車爭霸戰的戰火。豐田這次祭出終極祕密武器Lexus 600，能否打贏最後一役，不但豐田人全力以赴，各界也拭目以待。

問題研討

1. 請討論Lexus高級房車為何能在美國受到好評？
2. 請討論Lexus回師日本的原因，以及做了哪些準備？
3. 請討論豐田汽車產品決策最終階段的做法為何？
4. 請討論豐田汽車挑戰雙B的產品與市場策略為何？
5. 綜合來看，從本個案中，你學習到了什麼？得到什麼啟示？

個案 42

現代汽車扭轉形象，韓國產業中興之祖

一、韓國車形象已大幅改觀

根據美國權威J. D. Power汽車市調公司發表的「2004年美國汽車初期品質調查」，在中型車部分，韓國現代（HYUNDAI）汽車所獲得的優良品質水準，與日本本田（HONDA）汽車並列為第二名。消息傳來，韓國各大報以「下一步追擊TOYOTA」為標題，韓國人均喜極而泣，一吐心中長久以來在汽車產業發展上的鬱悶。

2005年度，現代汽車在全球銷售500萬臺，正式超過日本本田汽車公司，躍居為全球第六大汽車廠。特別是在潛力無窮的中國新興汽車市場，2005年1月，現代汽車亦超過早期進入中國市場的福斯（V. W.）汽車公司的銷售量，躍居外國車的第一名。另外，在歐洲市場，現代汽車的銷售占有率為2.1%，若加上關係企業品牌起亞（KIA）的1.1%占有率，則合計達3.2%。比起日本豐田汽車在歐洲的5%及日產汽車的2.5%，並不遜色。

以「H」為品牌識別的韓國現代汽車公司，過去曾帶給消費者「便宜」、「廉價」、「品質不佳」、「外型差」等不良印象，迄2014年，顯然在全球汽車消費市場已大幅改觀了。

二、位居韓國第三大企業集團

1967年，由已故的鄭周永董事長所創設，至今約有50年歷史的現代汽車公司，在韓國素有「韓國產業建設之父」的美譽，頗獲韓國人敬重及支持。剛創立時，曾獲得美國福特汽車及日本三菱汽車公司的支持。1976年開始輸出PONY小型汽車，到1984年，已累計出口50萬輛汽車，獲得韓國政府對出口營業額達100億美元以上企業的獎勵。2000年，創辦人鄭周永過世，集團一度發生了「皇子之亂」，最後由第六個兒子鄭夢憲掌權接班。然而他卻在2003年爆發違法的政治獻金醜聞案，最後以自殺收場。此時，第二個兒子鄭夢九，決心帶領形象良好的現代汽車公司，正式脫離「現代企業財團」的紛爭，開啟現代汽車公司光明之路。

現代汽車公司2011年度營收額創下過去以來的歷史新高紀錄，達30兆韓圓（約新臺幣8,400億元）。若就合併營收額來看，則更高達20兆韓圓，獲利2.7兆韓圓。其規模在韓國，僅次於第一位的三星電子集團及第二位的LG電子集團，位居韓國的第三大企業集團。

現代汽車目前在韓國國內汽車市場的占有率達50.3%，若再加上另一家起亞（KIA）品牌，兩者合計市占率高達73%。曾到過韓國的人，一定可以在街上看到大部分的車子是掛著「H」品牌識別的現代汽車。其目前海外營收額占60%，國內營收額占40%。

三、品質至上信條——品生品死

現代汽車公司近幾年來能夠快速崛起及成長，並讓韓國製汽車起死回生，重見光輝，主要是鄭夢九董事長所堅持的最重要經營理念——品質信條。鄭夢九經常掛在嘴上的一句話，即是：「品生品死」。意思是說，品質好，現代汽車即可以活過來；品質差，現代汽車即會滅亡。這就是他的「品質至上」與「品質力」的堅定信念與執行政策。鄭夢九董事長多年以來，經常親赴研發、採購及生產的第一線，投注了極大的心力及財力，真正落實了努力改革的品質水準及監督。至今，此項信念仍是現代汽車高階經營團隊在全球戰略的重要工作項目。皇天不負苦心人，近年來，現代汽車的品質已獲得大幅度的改善與提升，並向世界一流的豐田、日產及本田等日系汽車逼近。

2005年下半年，現代汽車在世界最大汽車市場的美國，推出高級車「SONATA」，此車的等級與豐田在美國的暢銷車型CAMRY，幾乎是同等級的高級車。鄭夢九董事長相當看重這款高級車的推出上市，因為他想證明韓國亦可做出叫好又叫座的高級車，大有與一向領先的日系車一拚高下的意味。鄭夢九表示：「2005年是現代汽車的勝負關鍵年」。

四、重視研發，投注新車型開發

2004年年底，現代汽車公司的「Tucson」品牌房車，獲得由日本工業設計促進組織（JIDOP）選出及頒發年度設計大賞之榮耀。Tucson品牌汽車能夠在工業設計能力數一數二的日本國內獲獎，這對韓國現代汽車來說，無疑是莫大的鼓勵。此外，Tucson亦同時獲得莫斯科國際車展的年度風雲獎項，另外，也獲得加拿大AJAC汽車專業組織所頒發的年度風雲車款獎項。

現代汽車公司非常重視新型車款的研發，自1987年起，已在海外的日本東京、德國法蘭克福以及美國的底特律、加州及洛杉磯等最先進的汽車消費市場

設立當地化的研發中心，就近及時掌握海外重要市場的最新汽車研發設計與科技發展的主流趨勢、競爭對手的動態情報蒐集，以及運用海外當地優秀人才，結合韓國現代汽車總公司的研發資源，創造出全球研發資源的綜效。

五、2010年願景——全球汽車集團前五大

鄭夢九董事長在2005年年初已對外宣示，到2010年的中期計畫願景，將是盡全力挑戰全球汽車集團前五大的高難度目標。關於今後現代汽車的努力方向，鄭夢九表示：「強化全球化的經營管理能力，這是一個總要求。而品質力提升、世界性品牌形象衝高、強化最新汽車科技、加速新車款研發速度以及提升顧客售後服務體制等，每一項都有再進步與再向上躍升的空間存在。」

擔負著「振興韓國產業中興之祖」與「讓韓國車在全球市場揚眉吐氣」的雙重壓力及重責大任，現代汽車公司正加速向全球各地市場進攻。誠如現代汽車（HYUNDAI）的CI識別英文字上標示著「Drive Your Way」一樣，相信以韓國人強悍的民族特質，加上鄭夢九董事長強勢鐵腕的領導，現代汽車終將走出「韓系汽車」的一條光明大道，並邁向2010年全球汽車市場TOP 5的宏偉願景目標。

實際上，在2007年現代汽車就達成了全球TOP 5的宏願，並在2009、2011年兩度躍居第四。

問題研討

1. 請討論韓國現代汽車形象如何大幅改觀？

2. 請討論現代汽車目前在韓國產業界的市場地位如何？

3. 請討論現代汽車鄭夢九董事長對「品質」的信念為何？意涵為何？請深度詮釋。

4. 請討論現代汽車如何重視研發及投注新車型開發？做法為何？

5. 請討論現代汽車在2010年的願景目標為何？意義如何？

6. 總結來看，請從策略管理角度來評論本個案的意涵有哪些？重要結論又有哪些？以及你學習到了什麼？

個案 43

研發委外，P&G 成長終極密碼

　　家用品業巨擘寶僑公司（P&G）能在全球成功地攻城掠地，除了會打行銷戰，技術研發力也是堅強的後盾。

　　2005年1月，寶僑併購以生產男性刮鬍刀知名的吉列公司，躍居為全球家用品業龍頭。寶僑希望透過這樁併購案擴大客層，拉大和競爭對手的差距，同時買下對方研發技術的Know How。

一、研發C&D戰略

　　長久以來，寶僑大都依賴自己的研發資源，如今納入其他公司的研發力量，代表寶僑研發政策大轉彎。

　　2001年起，寶僑開始積極引進外部技術、運用外部科技人力，擺脫過去只靠自己研發部門的策略。

　　執行長雷富禮提出「C&D戰略」（Connect和Develop）。以公司的智慧財產權為基礎，大量結合外部公司或外部工作室的技術資源，開發更多、更好及更新的優質產品。

　　推動C&D戰略以來，寶僑透過外部技術取得研發成功的新產品，已登上100大關，占新產品總數的30%，未來希望進一步提升到50%。由此可見，外部技術與研發力量，支撐寶僑一半的成長力道，影響力顯而易見。

　　不過，令人好奇的是，如此龐大的全球化企業為何還須仰賴外部研發與技術？寶僑技術部門副總裁休斯頓表示：「公司內部的技術能力已無法應付成熟市場產品大幅創新的挑戰。寶僑研究人員雖然高達7,500人，但全球和寶僑事業領域相關的研究人員，據估計有150萬人之多。他們都是很好的技術創新來源，都有不同於寶僑技術人員的專長領域，為什麼不好好運用相當於寶僑200倍的科技人才呢？」

　　寶僑早已深刻體會，在成熟市場中堅持產品研發自己來，會是條死胡同。事實證明，如此做法，不僅新商品上市風險高，也浪費研發經費，獲利更不易成長。

二、技術委外營收亮麗

寶僑推動C&D戰略4年來，每年研發費用仍維持過去的水準，但研發費用占營收比率卻呈下降，由2000年的4.7%，降到2004年的2.5%。

也就是說，透過技術委外，寶僑研發費維持不變，營收卻年年成長，獲利也不斷上升。

其實，雷富禮推動C&D策略時，引發內部研發技術人員的大力反彈，他們抱怨：「以寶僑組織之龐大、優秀，難道會不如外面的人嗎？那是不是承認我們的技術不行了呢？」

有膽識與魄力的雷富禮卻不為所動，一心想要擺脫百分之百仰賴內部研發能力的政策。他意志堅定地表示：「寶僑並不在乎產品是誰開發出來的，是公司內部也好，是外部也罷，只要對公司最終營收及獲利有貢獻，這就是我們所要的。一切都決定於寶僑的公司利益。」

三、10年來獲利成長12%

過去10年來，寶僑獲利平均每年成長12%，被譽為經營績效最卓越的日用品公司。

寶僑2011年營收達650億美元，成長5%，代表2012年營收要增加38億美元，這個數據對任何一位企業執行長來說，都是沉重的壓力。雷富禮表示：「面對激烈競爭與成熟飽和的市場，新產品的投入開發與既有產品的持續改良，都是支撐未來成長不可欠缺的關鍵。」

他強調，寶僑向世界各國公開募集創新的技術、獨特的研究開發成果及具市場潛力的新產品構想，這些成長的基本策略仍會持續推動下去。

寶僑雖已穩坐全球日用品業龍頭，但為保持持續性競爭優勢與領導地位，仍然積極透過策略性併購及技術與研發外部化政策；利用分布全球各國的技術人才寶庫，來壯大及充實自身的產品開發與技術創新能力。這就是寶僑能夠維持營收及獲利年年成長的終極密碼所在。

問題研討

1. 請討論美國P&G公司爲何要收購吉列公司？

2. 請討論P&G公司執行長所提出的C&D戰略爲何？推動之後，獲得哪些成果效益？

3. 請討論P&G公司爲何仍想尋求研發技術委外的工作？該舉動又獲致哪些效益？

4. 請討論P&G公司過去10年來，營收獲利爲何能保持平均12%的成長績效成就？

5. 總結來説，從本個案中，你學到了哪些重要概念及技能？又啓發了你什麼？

個案 44

爭霸世界第一，豐田展開陣仗

　　日本豐田汽車公司目前在全球25個國家設立46個工廠，全球員工達26萬人。預計2020年時，全球將增至52個工廠，全年汽車的生產規模將在900萬臺以上。2016年，豐田汽車集團全球合併營收額已突破19兆日圓（約5.3兆新臺幣），獲利總額驚人地突破1兆2,000億日圓（約新臺幣3,500億元），創下豐田汽車公司成立以來的歷史性新雙高紀錄。雖然2016年豐田汽車全球銷售臺數為900萬臺，僅次於美國福特汽車公司的920萬臺，但豐田集團的總獲利額，已是美國福特汽車公司的3倍之多。這是全球「豐田人」的榮耀與驕傲。

一、「張‧渡邊」領導陣仗成形

　　2005年2月初，豐田公司正式對外發布，在2005年6月的股東大會中，通過由表現卓越的68歲張富士夫總經理升任副董事長，另外又拔擢優秀的63歲渡邊捷昭副總經理擔任總經理。現任豐田董事長奧田碩，則在2006年6月卸任而轉任日本經濟團體聯合會的會長。張富士夫副董事長亦將進一步晉升為豐田汽車的下一任董事長。

　　其實，早在2004年秋天時，該公司名譽董事長豐田章一郎、奧田碩董事長及張富士夫總經理等三位豐田公司的最高決策者，即已密商好擇定渡邊捷昭擔任下一任的總經理。日本媒體稱此為「張‧渡邊」爭霸世界第一的領導體制與陣仗，已正式成形運作。渡邊新任總經理能夠從六位副總經理中勝出，主要是因他擁有採購、生產、事業開發、經營企劃及人事等多個部門的歷練經驗，而且曾為豐田立下不少戰功，包括從1999年時，提案將新車種研發設計的組織體制合而為一。亦即將研發設計、採購、生產及銷售等四個主要部門合為一個強勁的開發團隊，並在13個月內迅速開發出暢銷的新車款上市。此外，渡邊的另一項專長，是能夠在不斷降低成本的要求目標下，發揮具成效的全球汽車零組件及配件的低成本採購效果。此項成就，有助於豐田汽車公司的獲利率持續保持在全球各大汽車廠的第一名位置。

二、捨棄豐田家族人選的原因

豐田汽車公司從1935年創立以來，由豐田利三郎、豐田喜一郎、豐田英二、豐田章一郎及豐田達郎等家族成員擔任公司的總經理，但到1995年，豐田公司改變了想法，不再由家族成員繼任，而在1995年選定奧田碩及2000年時選定張富士夫等兩位專業高階經理人擔任總經理，如今又再度選定渡邊為第三位非豐田家族的總經理，已獲得日本各界好評。

這一次人事的晉升舉動中，現任名譽董事長豐田章一郎的孫子豐田章男由常務董事，正式升任副總經理，目的也在於增加他的工作與職務歷練，未馬上升他為總經理，主要原因有兩個：

1. 豐田汽車是全球性的大公司，其高層人事的變動，均受到全球媒體及投資者的矚目。目前，在日本東京證券市場上市的四家豐田關係企業，其總經理均由豐田家族成員擔任。為符合世界性的公司治理潮流及避免外界評論豐田汽車公司亦屬家族企業，因此才決定十年多來連續三位新總經理均由專業經理人來擔任。

2. 豐田汽車是一家擁有全球26萬名員工的龐大組織體，如何選出一位具有凝聚全球員工向心力與認同感的新領導者，是豐田公司高層最煩惱的問題。尤其在2001年張富士夫總經理發布全球性的「豐田WAY」經營哲學下，如何持續保有不斷成長型的營收及獲利，並隨時保有危機意識，亦考驗著新領導者的能力。

普遍被認為未來5年後，極有可能接下渡邊職位而升任總經理的豐田章一郎之孫豐田章男副總經理，目前是負責中國及亞洲事業的主管。現任奧田碩董事長認為：「高階人事晉升，必須非常慎重及用心，而且必須秉持著合理化主義。豐田章男日後是否可以升任總經理，也還不一定。因為未來一定要有很顯著對公司發展有重要戰功的人，才能說服全球26萬豐田人的心。」

三、2020年豐田的全球願景

自許為「GLOBAL豐田」的未來願景，在2003年時，全球汽車銷售量市占率已達11%。並已訂下2020年達到全球銷售950萬臺汽車，以及2020年要使全球市占率成長到15%的目標。屆時，將可望超越美國福特汽車，成為世界第一大的汽車公司。

現任董事長奧田碩回想起10年前，即2005年時，美國政府為保護該國汽車廠的利益，祭出對日本製高級車進口稅率達100%的高關稅障礙。當時，擔任

豐田公司董事長的豐田章一郎，對美國如此的霸道，大為不滿，誓言在他有生之年，必定要超越美國，奪下世界No.1汽車大廠的決心，以反擊美國。

四、爭霸世界第一的努力方向

渡邊副總經理認為，未來在爭霸世界第一的幾個努力方向，包括：

*1.*美國及歐洲據點，必須更加用心擴張經營。

*2.*中國及亞洲汽車市場，未來10年成長的潛力無窮。

*3.*生產與採購同步化的持續改革，讓總生產成本更為下降，以確保在激烈市場價格戰中的獲利能力。

*4.*在全球快速成長中，盡快解決海外人才不足的問題。

*5.*在美國產銷非常成功的Lexus高級車，2005年8月將正式回攻日本國內市場，140個銷售據點已設立完成，大力搶攻日本高級車市場。

*6.*更要堅定並落實提升豐田在全球化競爭力的決心。

到目前為止，豐田汽車在日本國內的生產臺數與海外生產臺數，各約占一半比例。由於日本市場逐漸飽和，大幅成長已不可能。2020年要達950萬臺、2020年要超越福特汽車等經營目標，勢必要仰賴美國、歐洲及亞洲三大海外地區市場的成長才行。因此，以全球為觀點的豐田汽車公司，現在最大的課題就是急速擴大海外事業，所以美國仍是短期內全球最大的汽車市場。目前，豐田汽車在美國設廠，已聘用超過3萬名美國人。此外，如何持續在地化經營，確保品質與低成本競爭力的提升，強化新車商品的魅力，以及對美國的經銷商銷售獎金的提高等，均是未來經營的重點。

目前美國汽車市場的市占率分別是：福特（27.5％）、通用（19.7％）、戴姆勒－克萊斯勒（14.3％）、豐田（12.2％）、本田（8.2％）、日產（5.8％），以及其他品牌等。2011年合計多家公司的日本車，在美國的總市占率已達到30％，而美國三大汽車廠的市占率則下滑到58.7％。2011年，豐田汽車在北美地區的銷售量已突破200萬臺，預計2020年將再成長5％，達215萬臺。而美國市場也是豐田汽車公司最大的獲利來源地區，甚至超過日本國內市場。

五、最大的敵人——傲慢與怠慢之心

渡邊副總經理認為，雖然豐田汽車在全球持續有不錯的成果，但其實也面臨著全球汽車市場激烈的巨變與無情的競爭，包括：世界各國政府驅使的政治力障礙、歐美大汽車廠對豐田汽車所形成的「包圍網」、日產與雷諾汽車的聯

合結盟，以及韓國汽車的追擊等均是。

但是，渡邊並不太擔心這些競爭，他心情沉重且語重心長地表示：「我認為豐田最大的敵人，就是我們自己員工的傲慢與怠慢之心的出現。對管理一個全球擁有26萬名員工的龐大組織，其內部組織官僚化現象及員工危機感不足，都會滯延改革腳步。尤其在北美工廠的汽車品質改革步伐仍太慢，各部門的協調不足。未來的目標是希望盡快將日本國內的成功經驗及做法，順利複製到美國市場去。」因此，如何消除在成功組織內部的傲慢與怠慢之心，將考驗著「張·渡邊」新體制。同時，這也是在2020年能否超越美國福特汽車，榮登世界第一寶座的最關鍵所在。

六、追逐世界第一的世紀美夢

豐田汽車已將美國福特汽車放在射程內，未來5年，預料在2020年時，「張富士夫當董事長，渡邊當總經理」的雙強人之領導體制及陣仗，已然堅固成形。而由渡邊新任總經理所率領的新經營體制，亦將從2005年6月上任後，正式啟動引擎戰力。

爭霸世界第一汽車大廠的「豐田世紀追夢」，距離實現夢想的日子已愈來愈近。而全球26萬名「豐田人」亦已擺出攻擊陣仗，強攻2020年的終極目標。

豐田登上世界第一汽車大廠的夢想，在這一場全球汽車市場大戰中，正廣受大家矚目，5年之後，將有結果。

問題研討

1. 請討論豐田汽車在全球的營運規模，以及它是否勝過美國通用汽車公司？
2. 請討論所謂「張·渡邊」領導陣仗的成形，其背景原因及目標何在？
3. 請討論渡邊副總經理為何能夠在多位副總之中脫穎而出升任總經理？
4. 請討論豐田家族為何不選自己家族成員擔任總經理？
5. 請討論2020年豐田的全球願景目標為何？
6. 請討論渡邊副總經理認為，未來在爭霸世界第一大汽車廠的六個努力方向為何？
7. 請討論渡邊副總經理認為豐田最大的敵人是誰？為什麼？
8. 總結來看，請評論本個案的意涵有哪些？重要結論又有哪些？以及你學習到了什麼？

個案 45

企業帝國百年不衰啟示錄

一、日本豐田汽車公司

日本豐田（TOYOTA）汽車的前身，是由豐田佐吉先生設立長達106年的豐田商店，然後再由豐田喜一郎先生於1937年將其轉型成為豐田汽車公司。合算起來，亦算是超過百年的豐田家族企業。豐田汽車集團在2011年度的營收總額，高達13.5兆日圓（折合新臺幣約3.9兆元），經常利益額達1.2兆日圓（約新臺幣3,000億元），是日本第一大企業集團。百年的豐田汽車歷久不衰，目前在日本仍是名列前茅的績優企業，也是日本跨國化企業的主要代表之一，因為TOYOTA的汽車品牌，在世界各地幾乎都可以看得到。

• 百年不衰的三大經營理念

從豐田喜一郎到豐田章一郎名譽董事長，以及現任社長張富士夫一脈相傳的過程中，可以歸納出豐田百年不衰的三大經營策略：

1. 人才第一主義

豐田汽車公司認為要製造優質的汽車，首要條件就是要有優秀的人才。因此，在豐田汽車公司裡，非常重視人才的培育、養成以及長期安定僱用。

2. 永恆改善的思想

豐田汽車公司認為要持續不斷地突破生產、技術、開發及業務的界限，亦即要具備永恆改善的思想。尤其名譽董事長豐田章一郎的信念是：「今天要比昨天好，明天要比今天更好。」因此，豐田汽車公司不管是在生產第一線工廠、研發中心，或是銷售展示中心裡，都會有不斷創新的改善要求與具體行動，使TOYOTA營運日日新、年年新，並且與宣傳標語「明日的TOYOTA」精神展現一致。

3.準備充足資金以應付任何危機

在日本，豐田是儲存最多現金的公司之一。豐田公司認為企業在長遠的經營歲月中，必然會面臨不可預測的危機，因此，公司一定要儲存充足的戰備糧食（亦即資金），才能度過難關，否則無法百年經營。

事實上，豐田汽車的確經歷過1980年代初的日美貿易逆差與汽車銷美限制危機，以及1985年日圓貶值到1美元對2,000日圓的不利條件，但最終都能克服困難，度過逆境。

現階段豐田汽車公司在經營戰略方面，主要重視幾個方面：

(1)全球最適調配與生產：豐田汽車公司在全球24個國家，成立41家在地法人公司，分別負責汽車零組件或是完成車輛組裝作業。豐田的原則是考量處在美國、歐洲及亞洲的工廠，如何做好這些工廠之間的零組件調配運送與組裝成車，使汽車的成本最低、效率最高，而且能夠迎合市場需求。

(2)力行海外本土化：經過二、三十年的經驗，豐田汽車已經體會到海外工廠必須融入當地的文化、風俗與人情，而在用人方面，也都將高階職位委由當地精英人才擔任。目前豐田在英國及美國工廠的最高負責人都是當地人，而不是日本人。

(3)掌握尖端技術：豐田汽車公司數十年來大都能夠掌握尖端汽車設計技術，因此汽車研發技術都能夠領先同業。

二、雀巢食品集團

全球最大的食品集團——雀巢（Nestle），2016年營收額達914億法郎（約新臺幣1.5兆元），全球生產與銷售據點達480個，全球僱用員工高達23萬人。雀巢已擁有150年的經營歷史。雀巢食品集團營收結構包括：飲料（含咖啡）為28.3%，乳製品為27%，調理食品為25%，以及其他產品。特別是全球每年喝掉946億杯雀巢咖啡，咖啡市場占有率居世界第一。

(一) 經營理念：Good Food, Good Life

雀巢百年來的經營理念，始終是提供最好的食品，並為消費者的生活產生貢獻。

(二) 經營祕訣

雀巢公司保持百年不衰的3項經營祕訣是：

1. 重視持續成長：全球食品市場大概每年僅保持2%成長率，但是雀巢公司卻要求公司內部每年保持4%的成長目標。事實上，雀巢總公司也都能達成這樣的營運目標。這主要是得力於海外市場的成長，包括美國、法國、英國及日本等海外主力市場的貢獻。因為只仰賴母公司所在的瑞士，是不可能有大幅成長的。

2. 中央集權與各國分權拿捏得當：在布局全球的發展中，雀巢公司在中央集權與各國分權方面，獲得平衡效果。舉凡對資金調度、研究開發及品牌管理三件事，雀巢公司是採取由總公司統籌辦理。但是，另外在商品開發、行銷及廣告活動方面，則是委由各國當地自行發揮處理。

3. 全球雀巢家族價值觀一致：百年來雀巢透過併購，吸納了很多不同國家的公司或工廠。並且由於國際化的積極拓展，雀巢家族成員中已有55種不同語言，但是家族中每一個成員雖然是不同國家或是不同種族，卻有一致的價值觀。此外，雀巢公司總部亦非常重視國際各地人才開發。因為雀巢公司相信該公司能夠歷經130年之久，就是因為有一支數千人國際經營團隊的共同智慧與用心努力，才有今天的地位。

三、迪士尼娛樂王國

迪士尼（Disney）公司迄2016年亦已成立115年了，米老鼠（Micky Mouse）也誕生100年了。迪士尼公司所出品的卡通電影、電視頻道、主題樂園以及周邊商品等，都是家喻戶曉的商品。迪士尼公司所堅守的經營理念即是：提供全球家庭中的小孩們一個夢想。其成功祕訣則有下列三點：

1. 確保出品影片的品質最優。
2. 將影片延伸至商品經營。
3. 製作現場第一主義的重視。

迪士尼陪伴全球無數個家庭與小孩，度過了他們美好的童年歲月，於此同時，也維繫了迪士尼的百年基業於不墜。

四、結語——三家百年不墜企業帝國的涵養

以上介紹豐田汽車、雀巢食品集團以及迪士尼娛樂王國等三家百年不墜企業帝國的經營歷程與理念祕訣，我們可以得到下列幾點結論。亦即，要成為百

年企業必須掌握5項重點：

1. 確信人才第一。有一流的人才，才有可能成就一流的企業。因此，企業家如何召募、培育、發展公司內部的幹部團隊，是第一件要做的事。

2. 追求更好的成果，永不滿足於現狀。企業家及幹部團隊，每天要問自己：我們比昨天進步了嗎？突破了嗎？如果沒有，表示努力還有很大空間，還需要更努力。

3. 要確信持續性成長的可能性及目標。唯有保持事業成長、營收成長、獲利成長，企業組織、人員及精神，才能生生不息，保持活力，永遠向前、向上推進。

4. 要確信我們是否為可能出現的危機，做好相關的因應措施及相關資源能耐。

5. 要確信我們是否與時代的趨勢同步？我們是走在創新與變革的正確路程上嗎？

能做到以上5項，那麼你的企業將可以躍升為百年不墜的企業帝國之行列。

問題研討

1. 請討論日本豐田汽車公司百年不衰的經營理念爲何？
2. 請討論日本豐田汽車公司現階段的經營戰略有哪些方向？
3. 請討論雀巢食品集團保持百年不衰的三項經營祕訣爲何？
4. 請討論迪士尼娛樂王國的三項成功祕訣爲何？
5. 請分析上述三家百年不墜企業帝國的經營意涵何在？
6. 總結來看，請評論本個案的意涵有哪些？重要結論又有哪些？以及你學習到了什麼？

個案 46

P&G 日本二次挫敗，勝利方程式改弦易轍

美國P&G公司是全球第一大清潔日用品公司，目前已在全世界80個國家設立產銷據點及營運活動，全球員工總人數已超過10萬名，是一個典型的跨國大企業。

一、在日本遭逢二次挫敗經驗

早在1972年，美國P&G公司就已進軍日本市場，目前市場占有率位居第三名，僅次於日本的花王公司及獅王公司。在這四十多年歷程當中，P&G公司曾面臨兩次嚴重的經營虧損及市占率的敗退。1977年時，P&G在日本的幫寶適紙尿褲品牌市占率曾高達90%。但在1979年遭逢石油危機，各項化工原料價格均上漲，使得經營成本上升，獲利衰退，再加上日本當地競爭品牌搶攻市場，使得幫寶適紙尿褲市占率在1984年時竟大幅跌至9%的超低歷史紀錄，當年度虧損額達到3億美元，此警訊迫使日本P&G進行第一次經營改革。1985年時，日本P&G訂定了三年計畫，並由美國總公司派遣「特別小組」到日本東京支援當地公司。同時，日本P&G公司也慢慢了解日本消費者的習慣，改變了直接移植美國產品與品牌到日本的錯誤政策。1988年，由於新產品上市暢銷及生產效率化，終於轉虧為盈。1990年，營收額亦突破10億美元。但由於1990年代初期日本經濟泡沫化，市場景氣陷入嚴重衰退及停滯，產品價格大幅滑落，再加上日本P&G行銷失當，1996年時，不少產品的市占率及營收額再現衰退，迫使日本P&G展開第二次經營改革。當時該公司關掉兩個日本大型工廠，裁員四分之一，多達1,000人被迫資遣。

1999年之後的5年，日本P&G公司經過大幅改造革新，包括SK-II化妝保養品、洗髮精、洗衣精及女性生理用品等，在日本的市場排名不斷往前竄升，已緊追在花王及獅王等本土廠商之後，並不斷進逼，企圖成為日本清潔日用品市場的第一領導品牌。

二、日本P&G的行銷策略

P&G在日本四十五年間，歷經二次失敗經驗，如今能夠再次站起來，進入

排名第三位，並且坐三望二，威脅第一名的花王公司，主要植基於行銷策略上
的改變及優勢，包括：

1. 日本P&G 32年來的經營，終於深刻體會到「在地經營」與「本土行銷」
   的重要性。因此，改變了過去所沿用的全球行銷標準化之傳統模式，在
   品牌命名、原料成分、外觀設計、包裝方式、定價、廣告片拍攝及促
   銷、名人代言等行銷手法上，均轉向以日本市場的需求為主要考量，並
   且深入理解日本消費者真正想要的東西是什麼，而不是美國人的觀點。

2. 日本P&G公司並不像花王公司一般，頻繁推出很多的新產品或新品牌，
   反而是以審慎完整的規劃方式，推出比較少量的「戰略性商品」，以及
   相關的行銷廣宣活動，意圖以重量級品牌一次占有市場。

3. 在改善通路鋪貨方面，經過長久以來的摸索、了解、改變及適應日本的
   特殊通路結構與條件，然後建立更加穩固的通路關係，日本P&G新商品
   已能在很短的時間內，迅速鋪滿日本全國各種零售據點。

4. 在廣告宣傳及整合行銷傳播方面，日本P&G與日本最大的廣告公司——
   日本電通，雙方有長期密切的合作關係。在品牌打造、廣告創意、整合
   行銷溝通及媒體公關上，日本電通均扮演了助益甚大的角色。

5. 日本P&G對任何新品上市的過程及行銷策略，本來就有一套嚴謹與有
   系統的標準作業流程及關卡，包括市場研究、消費者洞察、產品定位、
   目標市場設定、產品定價、通路普及、廣告宣傳、品牌塑造、事件行
   銷……等，均有非常豐富的經驗及Know How以茲遵循。

6. 在物流體系改善方面，由於長時間的設備投資及摸索革新，目前亦獲得
   很大的改善，包括物流成本及庫存成本的降低，以及送貨到通路戶手上
   的時效也加快許多，大大提高了這些經銷商及零售店的滿意度。

三、超越花王之日，不會太遠

日本P&G公司目前信心滿滿，擁有雄心壯志，預期在短短二、三年內，可
望超過第二排名的獅王公司。P&G公司的長程目標，則是希望在10年內可以超
越日本花王公司，成為日本營收及市占率第一名的清潔用品公司。

日本P&G公司成為日本No.1的關鍵點，在於兩個焦點上。第一是「產品開
發力」，日本P&G公司歷經32年兩次失敗教訓，早已學會如何遵循日本市場
的特性及洞察日本各目標族群的需求，產品開發的成功率已大大提升。第二是
「整合行銷傳播力」；這方面的技能恰好是P&G公司最擅長的地方，擁有非
常多的優勢資源及Know How經驗。看起來日本P&G超越第一品牌花王公司之

日，好像不會太遠，而且也不再是遙不可及的夢想。

　　日本P&G公司2011年營收額達20億美元，占P&G全球營收額的5%，是美國以外最大的海外市場，未來隨著營收額的突破性成長，將為美國總公司帶來更大的海外貢獻。

四、結語——P&G 勝利方程式，在日本行不通的啓示

　　其實，P&G全球合併財務報表的獲利率，是日本花王的1.7倍（美國P&G為12%，日本花王為7.2%），而股東權益報酬率（ROE），美國P&G亦為日本花王的2倍（P&G為32%，花王為15%）。此等績效數據顯示，美國P&G仍大大強過日本花王公司。只是，美國P&G公司花了多年時間進攻日本市場，仍未奪得市場第一名占有率，實令美國P&G總公司耿耿於懷，有失面子。

　　美國P&G公司在1990年代以後，早已深深體會到，過去橫掃全球市場的「P&G勝利方程式」，被證實在日本是行不通的，必須儘快改弦易轍，轉變經營政策與行銷策略，以貼近日本的「在地行銷」為核心主軸思考，積極透過商品、通路、定價、品牌、廣告、促銷、公關等全方位行銷計畫之落實，才能贏得日本顧客的心。

　　日本P&G在日本，歷經兩次挫敗經驗，如今終能反敗為勝，確係一個很好的教訓與啟示。

問題研討

1. 請討論P&G日本子公司在日本遭逢兩次挫敗之經驗爲何？又如何轉虧爲盈？

2. 請討論日本P&G公司在行銷策略上的改革變化有哪些？

3. 請分析日本P&G公司是否有超越花王公司之日？爲什麼？

4. 請分析P&G全球行銷勝利方程式，爲何在日本行不通的啓示涵義？

5. 總結來看，請評論本個案的意涵有哪些？重要結論又有哪些？以及你學習到了什麼？

個案 47

旭硝子液晶玻璃基板逆境求生，挑戰世界第一

　　1999年冬天的某一天，在日本東京有樂町旭硝子總公司七樓，被當時石津總經理叫來的橫濱市京浜工廠製造部田村廠長，被授予不許失敗的特別任務。因為當時京浜工廠正在進行液晶玻璃基板首次量產的試驗工作，此任務攸關著旭硝子公司未來10年的存活。

一、脫出困境的特別小組

　　其實，在1999年當時，就有美國康寧公司及日本電氣硝子兩家公司比旭硝子公司更早一、二年，早已成功量產玻璃基板，旭硝子公司的量產動作，其實已算略微落後的。

　　1999年，日本正陷入公共事業削減及民間營建景氣低落的狀況，以建築用及汽車用玻璃稱雄的旭硝子公司，受到成立50年來首次的營業虧損衝擊，當時還曾裁員900多人，以度過難關。此時，田村廠長受命帶領20名研發及製造技術專案小組成員，在「只許成功，不許失敗」的歷史重大使命中，尋求在逆境中帶領旭硝子脫出困境。終於這個特別小組不負使命，在1999年時，已順利將第五代液晶玻璃基板正式量產及銷售。

　　2003年，旭硝子四家子公司的合併營收額已高達1兆4,000億日圓，獲利1,200億日圓，已回復往日的活力。迄至目前為止，旭硝子公司在建築用、汽車用及傳統電視用之玻璃基板的全球市占率，已多年高居世界第一位。而最近的TFT液晶電視用玻璃基板，則落後於全球第一大的美國康寧公司，位居第二位。

二、經營戰略1：生產規模倍增，追擊康寧公司

　　旭硝子在2003年時，已制定朝液晶玻璃基板世界第一的躍動策略。根據預估到2020年時，全球對於液晶電視需求將有2.36億臺之多，是目前市場的8倍。因此，對液晶玻璃基板的需求也就跟著大增。旭硝子公司在2004年時，已展開1,500億日圓的設備與投資計畫，投注在第六代液晶玻璃基板的工廠量產上，包括在臺灣雲林斗六市興建年產800萬平方公尺的最先進第六代玻璃廠，

以供應給友達及奇美電子兩公司使用。另外，在韓國也已建廠中，將供應LG電子公司使用。這兩大廠在2005年正式量產。此外，在日本當地的關西工廠及京浜工廠也都有擴廠計畫。在2005年，旭硝子在日本、臺灣及韓國三地的液晶玻璃基板製造產能，將達2,000萬平方公尺，距世界第一的康寧公司產能已不遠，目前是坐二望一的局面。

三、經營策略2：新興國家市場是攻略目標

其實，玻璃基板在日本、美國及歐洲均屬成熟事業，未來要擴大營收及獲利來源，必須朝新興市場開拓。其中，以BRIC（巴西、俄羅斯、印度及中國）四個國家為最大成長潛力市場。以俄羅斯為例，每年都有二位數的成長率。1997年旭硝子收購了一家俄羅斯的國營工廠，生產建築用及車用傳統玻璃，2005年更在莫斯科興建一座建築用的玻璃工廠。

四、經營戰略3：改善生產效率，達成獲利率10%的目標

旭硝子公司對目前平均6%獲利率仍不滿意，因為距離世界級企業的標準仍有些距離。目前在傳統玻璃的獲利率只有5.3%，化學品的獲利率只有3.4%，液晶玻璃則有11.4%。為此，旭硝子訂下未來要達成10%的獲利率目標。在實際行動方面，除了持續提高液晶玻璃的銷售占比外，旭硝子也積極改善傳統玻璃廠及化學品廠的生產效率與生產成本結構。旭硝子已訂出36個全球據點的燒窯工廠生產效率指標，包括用人成本、原材料成本及其他費用等。對於低效率的工廠，將要求限期改善。

五、液晶玻璃基板的進入門檻高

全球能夠提供液晶玻璃基板的工廠沒有幾家，因為它有兩個極高的進入門檻。第一個是必須投入巨額的資金在工廠設備上，不是一般工廠有能力投資的。第二個則是必須具備先端技術，這包括了製造技術。尤其在燒窯工廠內，火爐是24小時不能中斷的，必須採三班連續制。面對著高達攝氏1,500度的熱度，要注意白天及晚上的天氣變化及氣溫變化，此外也要有老師傅的豐富操作經驗配合才行，不能完全仰賴電腦控制的自動化操作，否則一旦氣泡混入玻璃內，品質就差了。

六、挑戰世界第一液晶玻璃的夢想

旭硝子公司門松正宏總經理利用一整天的時間，關起門來與該公司中央研

究所的研發人員討論未來下一個5年，到2010年為止的新技術應用內容及新事業發展方向，以保持旭硝子未來營收及獲利的持續性成長。

以玻璃製造技術為傲的旭硝子，已在世界舞臺展開躍動策略，並以超越美國康寧大廠，邁向最尖端液晶玻璃基板製造王國的歷史性夢想大步前進，一刻也不停留，一刻也不回頭。

問題研討

1. 1999年旭硝子公司的特別小組，其功能是什麼？
2. 旭硝子公司超越美國康寧公司的世界第一之三大經營策略爲何？
3. 進入液晶玻璃基板有什麼高門檻？
4. 總結來看，請評論本個案的意涵有哪些？重要結論又有哪些？以及你學習到了什麼？

個案48

Gucci（古馳）營運績效復活的五大策略

一、營收及獲利雙雙下滑

很難想像今日在消費者心目中躍升與迪奧、LV、香奈兒同等級，風靡比佛利山、東京、上海到莫斯科的古馳，在2006年皮諾正式接手時，還是證券分析師眼中的「賠錢貨」。

古馳皮件部總經理馬克李（Mark Lee）回憶，皮諾早在1999年就買下古馳42%的股權，這個舉動被視為是向全球第一大精品集團LVMH（LV路易威登之母集團）的伯納・阿諾（Bernard Arnault）下戰帖。

由於當時LV掌控著古馳34%的股份，兩個集團在法庭幾經交戰後，終於在2001年9月，雙方同意以「首次公開發行」（IPO）的募股方式，解決此一爭端。最後，皮諾以每股101.5美元的高價買下古馳，正式取得品牌的掌控權。

不料錢都還沒付，就發生九一一恐怖攻擊事件，再加上當時古馳由於首席設計師湯姆・福特（Tom Ford）與多美尼各・德・索雷（Dominique De Sole）所塑造的「色情時尚」（Porno Chic）品牌形象，不再符合回歸經典與復古的時尚潮流所需，在雙人組不再具有新意的設計下，古馳在2001到2003年的營業額與獲利分別下滑了12%與26%，包括財經分析師與其他競爭品牌，都預期古馳遲早會垮臺。而皮諾不過是個花大錢買失敗的冤大頭。

二、復活策略1：延攬異業人才，轉虧為盈

古馳如何再造這個品牌形象，並找回其獲利能力呢？具有企業再造能力的人才，成了這場品牌革命的第一步，而一切都開始於2年前。

2004年，當福特與德・索雷離開古馳後，皮諾第一個動作就是延攬異業人才。他找來之前任職於荷蘭食品家用品大廠聯合利華（Unilever）的高級主管勞勃・波雷（Robert Polet）來擔任古馳的執行長。雖然波雷之前可說完全沒有精品業的經驗，不過。皮諾看準他「轉虧為盈」的能力，因為波雷曾把聯合利華的冷藏甜點變成該公司的金雞母。

波雷上任後的目標，希望在2012年前將營業額提升2倍。怎麼做呢？他把

聯合利華的經驗應用在古馳上，首先做行銷研究、加速產品的推出與強力廣告放送。在三管齊下後，開始刺激古馳的成長。

三、復活策略2：拒用明星設計師，貼近市場

皮諾了解，品牌若要永續經營，就不能讓設計師獨大，因為他們的設計生命有限。設計師不再能強加自己的品味給顧客。在這個新認知下，波雷拒絕僱用名氣響亮的設計師，反而提拔之前福特的三個助理設計師，分別是芙烈達·賈尼尼（Frida Giannini，負責包包、鞋子與首飾）、亞莉珊達·法契內提（Alessandra Facchinetti，掌管女裝）與約翰·雷（John Ray，主導男裝）。三位設計師的設計成品，必須是與產品經理、店長合作產生的成果。

四、復活策略3：向成功的中價位品牌取經

為了使品牌永遠捉住顧客的胃口，波雷甚至下令各級主管經常去逛目前紅遍全球的西班牙中價位女裝ZARA取經。他的理由是，ZARA的顧客一年逛店17次，而古馳的顧客一年只逛店4次。

由於ZARA的走紅，主要是以低價生產仿名牌設計的成衣與配件，因此波雷的這項指令，對忠於前設計師福特的主管而言，等於是對品牌的一種侮辱，因此惹來部分主管的強烈抨擊。

不過，為了徹底革新品牌的管理方式，波雷將帶頭反抗的主管賈可莫·山杜契（Giacomo Santucci）革職，他的職位由1999年執掌集團另一品牌聖羅蘭（Yves Saint Laurent）的美國人馬克李取代。

馬克李上任後，面對占品牌營業額50%的包包，決定不再忠於福特的百年設計，反而力求推陳出新，加快產品的生命週期，不斷引起顧客的興趣。在此策略下，負責女包的芙烈達·賈尼尼於是向古馳1950和1960年代的成功作品取經，在2004年秋天，推出一款如葛莉絲凱莉一般優雅的絲巾帆布印花包，銷售量一飛沖天。

五、復活策略4：擺脫時尚色情，向乖乖女拉攏

此外，古馳也推出不同價位的產品線，例如全皮的Guccissima系列，售價就要1,495歐元，遠高於一般古馳包的900歐元。此系列2005年的銷售量，成長了29%。

「畫面上出現一個裸女，她剃光裸露的下體，印上一個G字」，這是福特時代古馳的平面廣告。然而現在的古馳廣告，早就擺脫了時尚色情風，畫面中

出現的是穿皮衣、牛仔褲、戴絲巾的鄰家女孩，女孩手上提著當季的古馳包。在廣告中，包包成為主角而非模特兒。

1990年代由福特所發想的店面裝潢概念，強調冰冷神祕感，深咖啡色的厚地毯、金屬貨架與全身穿著黑色的店員，給古馳一種冷冰冰的感覺。

六、復活策略5：店面裝潢改走溫暖風格

波雷2011年年底在日本銀座開幕的全球第235家分店，採用了較輕鬆、溫暖的風格，建材以玫瑰木為主。古馳並在6年內，全面更新215家店面的裝潢。

唯一逃過波雷品牌整頓的地方就是生產，古馳始終維持百分之百的義大利製。和LV不同的是，LV採取垂直整合，直接掌管工廠；而古馳則是把生產外包給義大利700個外包廠商，他們大多是位在托斯坎尼附近的家族型企業。

七、市價第三大精品集團

古馳的翻身，除了創造了精品業的一段佳話，也是PPR的皮諾對上LV的阿諾，一場品牌的復仇戰爭。如今，旗下精品業向來分散的PPR集團（旗下品牌包括：古馳、聖羅蘭、Bottega Veneta、Balenciaga、Stella McCartney、Alexander McQueen），已成為全球第三大奢侈品集團，市值僅次於LVMH與歷峰集團（Richemont，卡地亞Cartier的控股公司）。

八、古馳改造歷程表

1999年3月	2001年9月	2004年4月	2005年12月	2006年
PPR集團購買古馳42%的股份，集團朝多元發展	PPR買下古馳所有股份，正式掌控品牌。但隨即發生911恐怖攻擊	設計雙人組福特與德·索雷離開古馳	品牌自PPR整頓後，首度出現兩位數成長	營業額繼續升高
當年度營業額11.1億歐元	當年度營業額15.2億歐元	當年度營業額12.9億歐元	當年度營業額18億歐元	當年度營業額預估19.8億歐元

九、2010～2011年獲利佳

古馳2011年第一季的營業額成長突破21%。2010年，該品牌的成長率為18%，超越穩坐精品龍頭寶座LV的10%，使營業額達到18億歐元（約757億元新臺幣）。在營收的激勵之下，該品牌的獲利也出現擋不住的上揚趨勢。

　　2011年古馳的獲利率超過15%，達到4億8,500萬歐元。古馳雖只占PPR集團營業額的10%，卻占獲利45%，績效表現遠超過集團其他事業，如法雅客書店（Fnac）、家具店Conforama與平價成衣La Redoute。

問題研討

1. 請討論Gucci為何在2001～2003年營收及獲利均雙雙下滑？為什麼？

2. 請討論Gucci營運翻身復活的五大策略是什麼？請深度分析之。

3. 請討論PPR集團的總市值居第幾位？

4. 請討論Gucci翻身復活後之營運績效狀況如何？

5. 總結來說，從本個案中，你學到了什麼？心得為何？你有何評論及觀點？

個案 49

荷蘭飛利浦：讓設計貼近在地消費者心理

一、商品研發創意制度：魔術盒的貢獻大

荷商飛利浦公司內部，有項評估研發人員績效的機制，是觀察近2年上市新產品占公司總營收的比重。6年前，這個數字低於10%，但從2009年到2011年，這個數字從25%、36%至42%，呈直線上升趨勢。

這樣的成效，是一套管理創意的制度——魔術盒（Magic Box），正式名稱是「新價值符號工具」（New Value Signs Tool）的貢獻。

二、創意 ≠ 商品化

飛利浦在全球12個國家設置設計研發中心（臺灣是其中之一），延攬了來自三十幾個國家，超過450位工業設計、人體工學、心理學、人類學等專家，這些專司創意發想的創意家，每年至少貢獻出近1,000個創意。

但是，創意家天馬行空的發想，往往因商品化難度太高，或未根據市場實際需求，以至於多數創意無法變成生意。負責飛利浦全球顯示器產品開發工作的臺灣飛利浦設計中心，就曾經花一個星期畫出300張液晶監視器產品的設計藍圖，最終竟只有2張能夠商品化。

三、每年巡迴世界各地進行市調，建立有效的消費者資料庫

為解決這個問題，6年前，飛利浦開始每年派出一組由心理學、人類學、哲學、社會學與工業設計專家組成的「文化探索之旅」團隊，花了超過4個月時間，周遊超過50個國家，結束後，這個團隊會製作出一個「魔術盒」。

所謂「魔術盒」，其實就是「文化探索之旅」團隊每年對全世界各國的全面性市場調查結果。盒內有數十張卡片，分別以橘紅色、綠色與藍色，代表文化、科技與商業行為三個層面，並再區分為短、中、長期時間，剖析各層面對設計的影響。每個設計中心每年都會收到新的魔術盒。

以一張名為「文化價值：中國的民俗風情」的卡片為例，即描述：紅色被視為吉祥的顏色、注重吃的民族、講求倫理、追求儒家思想。在另一張名為

「科技趨勢：個人化的需求」的卡片上則說明：科技進入速度更快，需要更好服務的時代，科技要能分析個人嗜好、需求；然而，科技發達也可能造成個人資訊被濫用等訊息。

四、「魔術盒」效益大

以臺灣設計中心為例，每一次有新設計案要啟動，參與的創意家往往來自多個國家，此時，設計案的計畫主持人會視產品特性、行銷地區與未來科技趨勢等條件，從「魔術盒」中挑出適合的卡片，讓參與的這群聯合國設計部隊，可根據卡片上描述的經驗法則、民俗文化、商業發展等訊息，以共通的語言進行設計圓桌會。

這讓每個創意最後「都宛如神射手般箭無虛發，倏地一聲全部命中消費者的心」。臺灣飛利浦設計中心設計總監陳禧冠表示，如今，臺灣飛利浦設計中心在兩天內提出的10張藍圖，就有高達7件作品能夠被推上市場。

以臺灣設計中心2015年發表的「電子相框」新產品為例，產品開發時間僅兩個月，不但較過往的平均半年開發期縮短，2015年9月上市至今，不僅在歐、美等部分國家熱銷，並出現缺貨現象，還獲得日、德等六個國家的設計大獎。

問題研討

1. 請討論荷蘭飛利浦公司的「魔術盒」是何東西？為何會有此制度產生？

2. 請討論魔術盒資料如何建立及蒐集？

3. 請討論魔術盒的效益成果為何？

4. 總結來說，從本個案中，你學到了什麼？心得為何？你有何評論及觀點？

個案50

全球最大名牌精品集團LVMH併購風雲

一、LVMH總裁阿諾，全球百大最具影響力人物之一

全球奢侈品產業在16年前，因為他而改變。他是LVMH集團總裁伯納‧阿諾（Bernard Arnault），《時代》雜誌封他是「奢侈帝王」（Emperor of Luxury）、2004年全球100位最具影響力人物之一。他建立全球最大的奢侈品帝國，並以170億美元的身價，成為法國首富，在全球富豪中排名第17。

二、LVMH集團旗下超過50個名牌

LVMH集團有名錶、名酒、服飾、珠寶及皮件。旗下逾50個名牌，如：酩悅軒尼詩、香檳王、豪雅錶、迪奧、路易威登、紀梵希等。

三、阿諾的併購史，成就今日LVMH第一大名牌精品集團

(一) 收購Dior

在阿諾出現以前，當時的奢侈品產業多的是創意滿分，但不賺錢的品牌。當年57歲的阿諾，進入奢侈品產業的方式，是靠財務併購。阿諾是法國人，年輕時，他在美國佛羅里達一家由他父親創辦的房地產公司工作，直到35歲才回到法國。

阿諾回到法國後，在一個機會下，先用家族提供的1,600萬美元資金再加上銀行貸款，以7,300萬美元收購了博薩克集團（Boussac），該集團擁有迪奧（Christian Dior）股權。阿諾處理掉除迪奧以外的所有業務，取得資金後，開始大量收購路易威登公司的股票。

(二) 控股LV

1987年，阿諾被邀請增加對路易威登的持股比例，不到18個月，阿諾便掌控所有股權。取得大權後，阿諾用自己的團隊替換了兩家公司的高階經理，開啟了他進入奢華產業的大門。

(三) 買下豪雅錶及玉寶錶

同樣是1999年，瑞士鐘錶業也多的是獲利不足的品牌。阿諾在9、10月分別買下豪雅錶和玉寶錶，接著再吃下具有製造並銷售機芯能力的Zenith，打敗同時競價的斯沃琪瑞（SWATCH）集團。

這宗併購，讓LVMH集團為旗下珠寶錶品牌找到穩定的機芯研發與供應源，並且成為三大鐘錶集團（LVMH集團、歷峰與斯沃琪瑞）之一，但集團營收為最高者。

(四) 2年內，奪下25名牌掌控權

1999年，伯納‧阿諾用30天的時間吃下5個國際品牌〔芬迪、豪雅錶、玉寶錶、襯衫品牌Thomas Pink，和源自拿破崙時代的皇室頂級珠寶Chaumet〕，並在千禧年買下了包含唐娜‧凱倫在內的14個新品牌，累計2年內共花約30億美元（約合新臺幣1,000億元），奪下25個名牌的掌控權。

20年併購50個品牌——LVMH集團重大併購

1988	法式典雅品牌紀梵希
1993	日本設計師品牌高田賢三（Kenzo）
1996	西班牙王室皮件供應商Loewe、法國戰後首個設計師品牌Celine
1999	拿破崙時代的皇室珠寶Chaumet、唯一不需外購零件的製錶廠Zenith錶、英國新秀設計師品牌Marc Jacobs等11個品牌
2000	高價鋼筆Omas、美國設計師品牌Donna Karan等14個品牌
2002	羅馬精製皮製品品牌芬迪（Fendi）
2003	Ross皮件

資料來源：《紐約時報》。

(五) 被評為「企業掠奪者」

在產業併購戰火升到最高點的時候，《時代》雜誌形容當時的戰況，是「法國巨人LVMH集團領導這場併購『瘋』」。而美國的《商業周刊》曾用「企業掠奪者」形容他的併購動作。

(六) 也有處分掉的品牌

然而LVMH集團近20年來的四處併購，並不是每個品牌都能重塑成功，

2003年時，阿諾就放棄了10個品牌，處分了BlissSpa化妝品店、Michael Kors、Pommery香檳、Tajan拍賣行等。

(七) 時尚教宗，一個品牌影響力勝過一個總統

可以說，阿諾帶領的團隊，深諳如何去結合傳統與創新、歷史與現代。2004年，《時代》雜誌就曾如此評價阿諾：「他不是靠柔軟與裝飾建立起全球最大時尚與奢侈品集團。他雖沒有創立集團內任一個品牌，但他比任何人都了解這些品牌在全球的潛力以及如何發揮。」

但毫無疑問的，阿諾為傳統精品找到創新之路，也塑造他在精品產業的「時尚教宗」地位。阿諾曾說：「一個品牌的國際影響力勝過一位總統。」他的影響力，隨著全世界開店腳步加快，正快速擴散到過去LVMH集團從未進入的領土上。

(八) 2016年獲利依然看漲──2016年10家精品公司營收及EPS預估

營收：億歐元 / EPS：歐元

	營收	EPS	營收成長率
春天集團（PPR）	188.73	5.22	6.08%
LVMH集團	146.70	3.71	7.35%
斯沃琪瑞（SWATCH Group）	47.87	11.52	8.28%
歷峰集團（Richemont）	44.75	2.18	5.79%
勞夫羅蘭（Polo Ralph Lauren）	41.02	3.29	9.24%
蒂芙尼（Tiffany & Co）	26.43	1.85	9.21%
COACH	21.01	1.16	22.87%
愛馬仕（Hermés）	15.51	8.19	9.00%
寶格麗（Bulgari）	10.05	0.46	9.96%
塔德斯（TOD'S Group）	5.65	2.18	13.68%

資料來源：美林證券。

(九) 奢華名牌產業絕對是長期投資的好標的

「好的奢侈品牌絕對是長期投資的好標的。」握有18億資金的德盛安聯集團全球消費基金經理人卡登（Norbert Kaldun）表示，未來奢侈品市場的成長率，至少是全球經濟成長率的2倍！

相較於全球每年平均3%的經濟成長率，卡登綜合市場上各家市調公司的

平均值，未來5至10年，奢侈品產業市場規模平均將有8%以上的成長率。

　　現在，奢侈品領導品牌的本益比甚至比多數科技廠商高。根據美林證券的預估，2006年愛馬仕（Hermés International）的股價本益比仍維持在23.7的高檔，相較於微軟目前約22、思科約20、IBM僅16的水準有過之而無不及。連義大利品牌寶格麗（Bulgari）都享有20的本益比。本益比數字的背後，正是市場對其營業成長的期待。

問題研討

1. 請討論LVMH集團旗下有哪些名牌？
2. 請討論及描述阿諾總裁在過去十多年中的併購史如何？這種策略是否是他的成功基礎？
3. 請討論阿諾的影響力被評價為何？
4. 請討論奢華名牌產業是否為長期投資的良好標的？
5. 總結來說，從本個案中你學到了什麼？心得為何？你有何評論及觀點？

個案 51

挑戰世界第一，日本大金空調三度反攻美國

一、10年成長表現亮麗

日本大金（DAIKIN）空調工業製造公司，是日本公司業務用途空調設備的第一品牌，市占率超過40%。除了企業用途的空調設備產品外，大金也產銷家庭用途的空調設備。在一般消費者的認知度中急速上升。自1994年起井上禮之董事長兼任總經理以來，大金工業公司連續11年呈現營收額及獲利額雙成長的優良成績。尤其以營收業績來看，近10年來，大金工業成長了2倍之多，2004年營收業績已達7,400億日圓，獲利600億日圓。井上董事長樂觀地預計，2005年營收額可向上達8,400億日圓，2006～2007年更可突破1兆日圓的歷史新高點。這都是井上董事長10年來所堅持採取的「快速成長戰略」。

目前，全球空調設備市場規模大約有4兆日圓。其中，以美國的Carrier公司居第一名，市占率約18%；美國的TOREN居第二位，市占率為14%；而日本大金工業則居第三位，市占率為13%。2005年時，大金工業將可順利超越美國TOREN公司，成為世界第二。井上董事長樂觀地預估大約在2006～2007年左右，大金工業的營收額破1兆日圓後，將可望登上世界第一大的空調設備公司。

二、中國與歐洲市場的沸騰支撐

大金工業的核心事業，是業務及家庭用途的空調設備，由於日本空調市場已處於成熟階段，未來大幅擴張的空間有限。因此，大金工業公司在2007年以前，營收額要突破1兆日圓的成長目標，最大動力來自於海外的空調設備市場。

1994年井上總經理剛上任時，海外營收額占整個營收額的比率僅有14%，但到2004年時，已急速攀升到42%，獲利占比更高達全公司的64%。此均顯示出海外市場10年之間的成長，帶給大金工業總公司的極大貢獻與來源，也是井上董事長10年來堅定採取「快速成長戰略」下的正確成果。

2007年要向上突破到1兆日圓營收，井上董事長表示這必須仰賴中國及歐

洲市場的拓展才行。1995年，已在中國上海市設立「上海大金空調公司」的產銷據點，展開中國新市場的拓展決心。2004年，大金工業在中國營收成長率達50%，營收額為600億日圓，2005年將持續看好，預計業績將成長到800億日圓。另一方面，亦與美國的Carrier公司積極搶攻歐洲市場。2004年，大金工業在歐洲的營收額達930億日圓，較前一年成長54%。井上董事長極看好中國未來10年持續的經濟成長率，只要經濟持續活絡，對業務用途的空調設備需求必會大增，在這方面，大金工業具有品牌、品質及技術的三大競爭優勢。

未來，大金工業將持續在中國前十大城市設立必要的產銷據點，以供應中國各大區塊所需，成長空間超乎想像。至於家庭用途的空調設備，由於有日本各大家電公司的競爭，以及中國本土當地公司的既有優勢，在供過於求的狀況下，目前已陷入激烈的價格戰，獲利不易。因此，主要獲利來源仍是仰賴大金工業所擅長且具優勢的業務用途空調事業。

三、國際化人才不足的問題

面對公司急速在全球版圖的擴張與成長，井上董事長比較憂慮的是「人才不足」的問題。他認為人才不足，將成為大金工業突破1兆日圓營收目標的「成長界限」之瓶頸。因此，他已指示人力資源部門，應加速培育總公司的年輕銷售工程師及中堅經營幹部群，以備隨時可以派駐中國及歐洲等重要城市的產銷據點。當然，井上董事長也認同國際化事業，最終仍須仰賴中國及歐洲各國優秀的在地化人才，才能順利打下全球各個地區的龐大市場。井上董事長自2003年起，即已成立一個「國際化人才培育特別委員會」，以專人專責推動大金工業國際化經營管理人才養成的專門任務。

四、三度反攻美國市場

大金工業既要成為世界第一的空調設備公司，必然不能在美國市場缺席。過去，大金工業曾經二度進軍美國市場，但都虧損無功而返，獲得不少經驗及教訓。如今，在井上董事長嚴令之下，大金工業「美國攻堅特別小組」的40名成員，已投入10億日圓預算，做為美國市場調查研究、分析與經營報告之用。2005年度，大金三度進攻美國市場。井上董事長強調：「美國是最後，也是最難攻的市場，我已做好要打長期戰的心理準備，並且將投入特別的人力、物力及財力，不計代價要在2006年達到世界第一大空調設備公司的最高願景。」

五、抓緊成長產業的商機

井上董事長以他慣有的敏銳及前瞻性的判斷表示：「空調設備產品在日本已是『成熟產業』，大約僅有7,000億日圓的市場規模。但在世界其他國家仍然是『成長產業』，因此，是一個追求公司營收及獲利躍升與成長的絕佳機會，無論如何，必須及時掌握才行！」

井上董事長也預估全球空調市場的市場規模，將會從2004年的4兆日圓，成長到2007年的4兆7,000億日圓。因此，大金工業公司自2002年起，即制定為期三年的「全球擴大成長計畫」，投入1,300億日圓，在中國及歐洲等五個地方設立大型產銷據點，全力搶攻這些成長性地區市場的需求商機。這些投資將在2005年下半年起逐步順利回收。此投資行動，亦可說是為大金工業預計在2006～2007年營收額突破1兆日圓，並追尋世界第一空調設備大廠的寶座前，打下必要的戰略性基礎。

到2015年為止，大金的營收額已突破2兆日圓，全球第一的地位更加穩固。

問題研討

1. 請討論日本大金空調公司推動快速成長戰略的傲人成績有哪些？

2. 請討論大金空調公司未來要再成長，最大的動力來自哪裡？為什麼？

3. 請討論大金空調公司在中國及歐洲市場如何拓展？

4. 請討論大金空調公司井上董事長在公司急速擴張全球版圖之際，比較憂慮的問題是什麼？他有何對策？

5. 請討論大金空調公司如何三度進軍美國市場？

6. 總結來看，請評論本個案的意涵有哪些？重要結論又有哪些？以及你學習到了什麼？

個案52

COACH品牌再生，設計風格擄獲年輕女性

創業於1941年的美國名牌精品COACH，2000～2004年的5年中，營收成長有了顯著的進步，2004年有12.5億美元的營收額，而營業利益卻高達4億美元，可謂獲利豐厚。相較於2001年時營業額僅有6億美元，3年來營收額呈倍數成長的佳績，最主要的關鍵點是由於COACH品牌再生策略的成功。而COACH品牌再生與營收成長的4項分析如下。

一、不再固執堅守高級路線，改走中價位路線成功

COACH面對市場的現實，改走中價位的皮包精品，以低於歐洲高級品牌的價位，積極搶攻25至35歲的年輕女性客層。以在日本東京為例，歐系品牌的皮包精品，再便宜也都要7、8萬日圓以上，日本國內品牌的價位則在3萬日圓左右，而COACH品牌皮包則定價在4、5萬日圓左右。此中等價位，對買不起歐系名牌皮包的廣大年輕女性消費者來說，將可以較輕易地買到美國的名牌皮包。

COACH公司董事長法蘭克‧福特即說：「讓大部分中產階級以上的顧客，都能買得起COACH，是COACH品牌再生的第一個基本原則與目標。」他也認為，美國文化是以自由與民主為風格，歐洲文化則強調階級社會與悠久歷史。因此，歐系品牌精品可以採取少數人才買得起的極高價位策略，但美國的精品則是希望中產階級人人都可以實現他們喜愛的夢想，COACH則是要替他們圓夢。

除了價位中等以外，COACH專賣店的店內設計，是以純白色設計為基調，顯得平易近人及清新、明亮、活潑，與歐系LV、PRADA、FENDI等名牌專賣店的貴氣設計有很大不同。

二、品質雖重要，但設計風格改變更重要

法蘭克董事長認為，名牌皮包雖強調品質與機能的獨特性，但這只是競爭致勝的「必要」條件而已，並不構成是「充分」條件。因此，從1996年開始，COACH公司即感到設計（design）改革的重要性，並且不斷延攬優秀設計師加

入公司，展開COACH新設計風格的改革之路。而設計風格的改變，亦會使消費者感受到COACH品牌生命再生。因此，在不失COACH過去的本質特色下，開始展開了一系列包含素材、布料、色調、圖案、金屬配件、尺寸大小等設計的新旅程，並以「C」字母品牌代表為號召。自2000年新商品上市後，消費者可以感到COACH有很大的改變。過去，有高達80%的消費者認為COACH的設計是古典與傳統的，20%的人則認為COACH是代表流行與時尚的。而現在，消費者的認知則恰恰相反，COACH已被廣大年輕女性上班族認為是流行、活潑、年輕、朝氣與快樂的表徵。

法蘭克董事長終於深深感受到，COACH不能只從皮包的優良品質與機能來滿足消費者而已，必須更進一步從心理上、感官上及情緒上帶給消費者快樂的滿足，只有能做到這樣，COACH的生命才會緊緊地與消費者的心結合在一起，長長久久。這就代表COACH已經從傳統上強調品質的迷思中抽離出來，讓品牌生命得以再生。

三、刺激購買對策

在日本東京的COACH分公司，雖然面臨10年的不景氣狀況，但COACH專賣店的營收額仍能保持二位數成長，而且還有計畫性地如期開展新店面。這主要是仰賴於COACH刺激購買欲望的行銷策略活動。包括：

1.每個月店內都會陳列新商品。
2.推出「日本地區全球先行販賣」。
3.限量品販賣。
4.推出周邊精品，例如時鐘、手錶、飾品配件……等，也會誘發消費者順便購買。
5.廣告宣傳與媒體公關活動等，造勢都極為成功。

四、追蹤研究式的消費者調查

COACH公司早自1991年開始，即展開「追蹤研究」（tracking study），進行長期且持續的消費者調查，包括對來店顧客或已買的會員顧客，詳細詢問及了解對COACH品牌的印象、購入動機、喜愛的設計、喜愛的色彩、想要的尺寸……等，予以詳加記錄。目前，這種資料庫在美國及日本兩地合計已超過1萬人次，這對COACH每月新商品開發的依據參考貢獻不小。法蘭克董事長強調：「COACH公司每年花費數百萬美元在蒐集顧客的意見，探索她們的需求，並對未來做較正確的預測掌握。這種工作，必須持續精密做下去，是行銷

成功的第一步。」

五、結語──品牌經營應理性與感性兼具

以品牌的等級層次及營收額規模來看，COACH公司顯然還難與歐系的LV及Gucci兩大名牌精品集團相抗衡，但是，來自美國的COACH終究也走出自己的品牌之路，並且逐年有了成長與進步。經過近5年來，COACH在縝密的思考及規劃下，毅然展開COACH品牌的再生改革，已被證實是一個很好的成功案例。而COACH公司董事長法蘭克則表示：「品牌經營者應該兼具理性與感性，這兩者組合出來的東西，才會是最好的。理性，重視的是品牌經營的結果，必須要獲利賺錢才行，否則就是一個失敗的品牌。而感性，則強調品牌經營的過程，必須要讓目標顧客群感到快樂、滿足與幸福才行。」

COACH品牌顯然已成功走出了自己的風格。

問題研討

1. 請討論美國COACH公司為何改走中價位路線？

2. 請討論COACH設計風格做了如何的改變？為何要有這種改變？

3. 請討論日本COACH分公司刺激購買的行銷策略有哪些？

4. 請討論COACH公司如何做追蹤研究式的消費者調查？其意涵何在？

5. 請討論品牌經營為何須兼顧理性與感性？

6. 總結來說，從本個案中，你學到了什麼？有何心得？你有何評論及觀點？

個案 53

HSBC（匯豐）立志成為全球地方銀行

一、格林執行長領導HSBC，績效卓著

2006年5月甫接任匯豐控股HSBC董座的格林（Stephen Green），是帶領匯豐擁抱全球化的靈魂人物。不過這位退居幕後擔任運籌帷幄的主帥，也揚言匯豐控股的下一個野心，就是要成為「全球的地方銀行」。

格林在匯豐控股擔任執行長2年多，讓公司績效表現強勁。2005年匯豐控股獲利超過210億美元，淨利年成長更高達17%，凸顯在1998年企圖建立全球品牌的努力已經獲得高度成功。根據最近一份全球最被認同品牌的調查顯示，匯豐控股名列29，是唯一擠進前50名的英國企業。

二、鼓勵多樣化，但亦維持凝聚性的企業文化

匯豐控股品牌在短短時間受到世人認同，格林在全球營運事業的親力親為功不可沒。他宣稱，「我們正在全球的十字路口進行營運」，他強調匯豐控股向來致力維持文化的多樣性，背後其實有商業考量，因為客戶服務和配合主管機關都必須在地化，但是他直指成功的祕密，是當鼓勵多樣化時，也必須維持凝聚性的企業文化。

格林擁抱多樣化是舉世皆知的。曾經受訓準備要當一名牧師，之後卻一腳踏進金融業，平常最愛的活動是閱讀詩集與小說，精通法、德、義大利與俄羅斯文的格林，本身就是充滿國際多元化色彩的經理人。

任職匯豐控股已有23年，堪稱是資深老將的他解釋，「我們的前輩確保全球思維是我們DNA的一部分」，因此也為匯豐控股的全球化扎下歷史根基。

三、絕對的專業與國際化輪調經驗是人才晉升必要之途

曾在匯豐控股獲得名譽與專業整合的扎實訓練，格林強調絕對專業是奠定匯豐文化的根基。他並指出在匯豐，國際化經驗是他們企業文化的黏著劑。如果員工沒有在兩個不同文化環境工作的經驗，就無法晉升為高層主管。

事實上，格林本身就曾外派到香港與上海銀行，擔任企業計畫活動的工

作，直到1988年曾被拔擢加入匯豐董事會，並擔任投資銀行部門的負責人。

此外，這家英國金融集團也不吝給予可造之材絕大成長空間，讓他們可以適時接受挑戰與生存。表現好的人可以參與由高層主持的特別訓練，討論匯豐策略與未來職業選擇，其目標是給予高層經理在初期就能培育有才華的專業人士。匯豐本身擁有一個傳統，就是培育自己的人才底子，在過去140年期間，該集團從來沒有禮聘空降部隊來領導公司營運。

四、重視企業的社會責任

相當重視社會責任的格林表示，為股東創造最大價值與達成社會責任，並不會相互牴觸，他強調，「相反的，他們可以強化對方。」

差一點就進入教會擔任牧師的他，至今仍以傳教者的信念來看待他在金融業的工作。因此在使命感的自許下，他堅信企業永續成長必須伴隨長久的客戶關係與環境永續性。例如，他指出：「在我們的溫室氣體排放政策中，我們已經做到『碳平衡』。」

五、透過併購成長

目前在近80個國家，共有超過9,800個營業處的匯豐控股，以市值計算，是僅次於花旗集團、美國銀行之後的全球第三大銀行。如果以員工計算，匯豐控股擁有25萬名雇員，並有超過1億名的客戶。

匯豐控股的規模能在數年間大幅膨脹，反映出幾樁大型併購的策略已經奏效，包括該金融集團在2003年收購消費銀行Household International之舉，讓匯豐控股在美國知名度一夕大增。

只不過這位匯豐控股的大家長也坦承，收購有時會使得企業文化難以凝聚。他指出，當考慮收購時，匯豐的四大準則分別是：財務價值創造、客戶與產品資產組合、系統整合與文化等。

六、全球新興市場是未來持續成長的關鍵所在

格林解釋擴張也凸顯一個基本的哲學。他指出，「我們認為銀行業務本身是在經濟健康與經濟成長下的籌碼遊戲」，這也意謂他的銀行立足點如今正受惠於目前擁有強勁成長的經濟體。

新興市場是匯豐控股成長平衡的重要部分，因此目前該集團重心擺在亞洲、北美自由貿易協定地區、東歐與俄羅斯等國。

問題研討

1. 請討論HSBC格林執行長領導HSBC獲致卓越績效的成果爲何？

2. 請討論HSBC的企業文化主張及內涵爲何？爲什麼是這種企業文化？

3. 請討論HSBC對人才晉升的兩種要求爲何？

4. 請討論HSBC是否重視企業社會責任？爲什麼？觀點爲何？

5. 請討論HSBC是否透過併購而成長？其併購時之評估準則爲何？

6. 請討論HSBC認爲未來公司持續成長之市場所在爲何？

7. 總結來說，從此個案中，你學到了什麼？心得爲何？你有何評論及觀點？

個案54

快速與意志力的展現，三星電子追求再成長

一、經營績效，非凡卓越

2011年，韓國三星電子公司的業績表現非常亮眼。營收額比2010年成長32%，達67兆6,300億韓圓（約新臺幣1.7兆元），營業淨利額比2010年亦增加67%，達14兆韓圓（約新臺幣3,600億元），稅前獲利額亦大幅增加81%，達到10兆7,800億韓圓的歷史性新高紀錄。三星電子能擠入年獲利100億美元俱樂部，顯示該公司在全球領導地位已鞏固。在全球數位家電及資訊產品價格競爭高度激烈的時刻，三星電子公司仍能創造如此高收益的經營績效，以1997年韓國面臨金融風暴的稅前獲利僅為1,234億韓圓來比較，13年來，三星電子獲利額幾乎急速成長了100倍之多。

現在，三星電子集團在韓國證券股票市場的總市值，已占韓國全體股市總市值的二成之巨。媒體開玩笑地表示，只要三星電子一咳嗽，韓國經濟就會好像得了肺炎一樣。1997年韓國金融危機之後，三星電子在臥薪嘗膽、勵精圖治之下，其品牌力、形象力及收益力均急速向上攀升，甚至追過日本的電器、電子及半導體大公司。而2011年度三星電子的獲利額，亦與日本優秀的第一大民營製造業豐田汽車公司獲利1兆日圓接近，故被媒體引為「日本豐田，韓國三星」的亞洲前兩大卓越企業之評。

二、人力開發院，培育全球化人才

從韓國首都首爾市（前稱漢城市），開車約1.5小時，即抵達位在京畿道施仁市的三星集團人才培訓中心大樓，稱為「三星人力開發院」。在廣大的建築大樓中，其核心所在稱為「創造館」，每天均有研修課程。不管是新進員工或是高階主管，各階層別、各功能別、各目的別等，均有全方位的設計規劃及推動人力提升的培訓工作。

2004年，人力開發院總計開了68種課程，261次數，以及約3萬名員工參加此培訓課程，也花費了420億韓圓（約新臺幣12億元）的人力培訓育成投資金額。在上課教室大樓旁，即為員工夜宿於此的大樓，規劃得非常完善。

　　負責人力開發院的最高主管申泰均認為：「優秀人才是三星電子過去急速成長的根本原動力。因為要有好的技術，必須要有好的人才。因此，對人才團隊的不吝投資，是確保三星電子未來持續性、長期性永續成長與強大競爭力之所在。」三星人力開發院主要有三個目的：

1. 傳達三星高階經營者的經營理念與經營哲學，共同提升員工的一致意識，成為全球一致的「三星人」。
2. 特別對占重要地位的「核心人才」之育成目標。
3. 對派赴海外各國在地人員的養成準備，以因應三星全球化拓展版圖的需求。

　　三星電子的營收額有高達85%是來自海外市場，因此，海外人才派遣是很重要的一件大事。目前三星已派遣高達3,061人的幹部，在世界58個國家。其中，以中國占25%最多，其次為日本的17.3%，歐洲的15.8%，北美的15.6%，東南亞的10.5%，以及其他中東、紐澳、中南美等地區。人力開發院對三星全球化拓展的人才支援及培育，已經成功扮演了它的角色及功能。

三、韓流經營的支柱——快速與意志力

　　日本東京大學深川由起教授認為，1997年韓國金融風暴危機，使三星公司產生了「不能再退」的深深覺醒，並且在經營策略上做了正確的「集中與選擇」的決策。目前，三星電子公司最重要的事業部門，即是半導體部門。2011年度，三星半導體的營收額達18.2兆韓圓，其主要商品為記憶體，約為14.1兆韓圓，LSI為2.28兆韓圓。整個三星半導體的營業利益達7.48兆韓圓，營業利益率亦高達41%，占全公司獲利的六成之多。全球DRAM市占率，三星亦位居第一名。該公司在2005年初，還對外公開表示未來6年內要投資25兆韓圓，興建新的晶片工廠，以維持領導地位。

　　深川教授認為，三星電子從設計到量產的速度相當快，幾乎是日本的二分之一而已。此外，在情報蒐集及行銷方面的質與量，三星亦表現很優秀。但是，三星電子成功領先的最大因素，在於三星企業文化中具有強大達成目標的堅強「意志力」。只要一旦設定目標，員工即會死命達成。例如，幾年前三星手機，全球市占率還落後Motorola手機，居第三位。如今，三星手機的全球銷售量已略微超過美國的iPhone，躍升為手機銷售第一大品牌。三星電子公司負責手機事業部門的最高主管李基泰表示，2011年三星手機全球銷售達9,600萬支，2020年預估進一步成長超過1億支手機。而為達到手機出貨超過1億支的目標，三星公司將持續把重心鎖定在獲利上，以維持手機毛利率在16～17%之

間。

深川教授還讚賞三星電子能秉持著顧客導向的深刻理念，並且隨時應變及改變以回應市場。這種功力過去是日本電子企業的專長，如今，三星已超越了日本企業。前任三星電子公司的強勢董事長李健熙，早在1993年時即對全公司員工發出「全面改變」的號令，並且大膽下放他的權力給各事業部高階主管，而且要求務必以「速度化」及「機動彈性化」，來經營各自負責的事業單位，而最終的檢驗，即是營收與獲利目標的達成。

四、人才管理——報酬差異化，有效激勵士氣

IBM日本公司北城恪太郎董事長認為，支撐三星電子公司超強的原因，即在於「優秀人才」。對於三星公司人才管理技術，負責人事部門的安承準副總經理表示：「差別化的報酬及福利誘因制度，使全球員工的工作動機得到活力，進而發揮大部分員工的潛能及價值。」目前，三星電子公司將年薪制澈底改用「能力成果制度」。尤其，對若干更為關鍵的「核心人才」，其差異化更大。由於差別化制度的採行，使三星員工的整體士氣大為提高，並且形成了良性的企業文化，吸引更多主動前來的優秀國內外人才。

對於三星未來需要哪些人才，安承準認為在未來全球化及數位化時代巨變中，三星特別重視三種人才的招聘及育成：

1.具有高度特別創意的Creative人才。
2.在全球市場中，勇於挑戰的Challenge人才。
3.在情報化社會中，具情報處理能力及分析能力的人才。

五、追求再成長，是永恆眞理

三星電子公司今後仍將積極開拓世界市場版圖，追求持續性的營收、獲利及市占率的三大成長，已成為三星電子的主軸發展策略目標。而三星電子公司認為未來10年、20年的最大潛力市場，即是BRIC（巴西、俄羅斯、印度及中國）四個新興中的大國，擁有25億以上人口，幾乎占全球一半的人口廣大市場。

「日本豐田，韓國三星」，三星電子公司在優秀強人李健熙董事長的卓越領導下，從1993年展開全面大改革，僅以短短12年時間，即能開創出今日三星電子公司的全球性地位，值得肯定與讚頌。而三星電子與日本豐田汽車一樣，此亞洲雙雄之所以長保非凡卓越及市場領先，是因為他們有兩個共通的經營特色，即是：「永遠存在危機意識，以及快速。並且以優秀的人才團隊，堅定的

意志力，死命達成目標。」

　　這就是三星電子公司代表全球韓流經營成功的神祕面紗之所在。2012年初，三星電子副董事長兼執行長尹鍾龍，在對股東發表談話時，揭示該公司今後的發展方向。他表示，三星決心成為引領全球進入未來數位時代的全球最佳企業。

問題研討

1. 請討論韓國三星電子近年來非凡卓越的經營績效有哪些？

2. 請討論三星電子公司人力開發院的運作狀況如何？其目的又有哪些？

3. 請討論三星電子公司派赴在全球有多少幹部員工？分布在哪些國家？

4. 請討論快速及意志力，為何是韓流經營成功的支柱？

5. 請討論三星電子公司對人才管理有何特色？未來特別重視哪三種人才的招聘及育成？

6. 請討論三星電子追求再成長的國家市場所在為何？

7. 總結來看，本個案的意涵有哪些？重要結論又有哪些？以及你學習到了什麼？

個案 55

堅定的執行力，LG從家電稱雄IT產業

1947年，已故的具仁會氏創立「朝鮮興業社」。1953年，LG集團的母公司「金星社」成立，在積極擴大發展下，終於成為今日韓國的民營第二大，且被稱為「韓國家電之父」的LG（金星公司）集團，僅次於三星電子集團，目前以LG電子公司及LG化學公司為主力。

創辦人具仁會氏對公司的經營理念，是以「提供國民生活必需商品的製造大廠」為內涵。LG電子公司雖以家電產品起家，但從1990年起，即多角化的轉型跨向行動手機及數位家電等戰略性事業，尋求另一波的新成長。

一、手機邁向世界前三大的夢想

從韓國首都首爾市中心乘坐30分鐘的電車，抵達金泉區加山洞後，即可見到LG電子公司生產製造CDMA行動手機的工廠，產能達2,660萬支。另外，在韓國中部的清州市等，計有三個行動手機製造工廠。2005年5月後，LG公司決定將手機生產線集中到首爾市南方的京畿道平澤市。屆時，CDMA及W-CDMA等全機種手機均能生產，每年的手機產能最多將可達到7,000萬支，以因應未來龐大的全球接單量。

2004年，LG電子公司的手機在全球銷售達到4,400萬支，比2003年成長幅度高出六成之多。根據美國IDC市調公司的數據顯示，2004年第四季，LG品牌手機的全球銷售量及市占率，已與SONY易利信及德國西門子等並列為世界第四名。而LG電子公司的最終夢想，是希望打入世界前三強，僅次於Nokia及三星品牌。

二、家電、手機、液晶三大事業支柱平衡

LG電子公司從1970年代到1990年代的20年間，不斷的集中投資研究、累積高技術力，如今已經開花結果，收穫豐碩。LG電子公司雖以冰箱、冷氣、洗衣機等家電類為基礎起家，但近10年來已成功擴大事業領域朝向行動手機及液晶顯示器等產品發展，而且家電、手機及液晶事業已成為LG電子公司的三大營收來源支柱，具有高度的事業群平衡性，而使單一事業的風險降到最低。

目前，家電事業占比為30%，而手機及液晶事業的占比則達70%。

LG電子公司目前三大事業群在全球的經營成就分別如下：

1. 家電事業銷售方面，目前位居世界第三名，其中的冷氣機一項，則為世界第一。
2. 行動電話銷售方面，目前位居世界第四名，將坐四望三，進入前三大。
3. 液晶顯示器銷售方面，位居世界第一，而電漿電視機則位居第三名。

LG電子公司的電漿電視機，目前在英國、德國、西班牙等17個國家的市占率，早已獲得第一名的佳績。2017年的目標，是全球30個國家均必須達到第一名市占率。除了LG品牌冷氣機在世界占有率已有20%，居第一名外，還有冰箱、微波爐、吸塵器等家電產品亦居世界首位。

2004年LG電子公司的營收額高達24兆6,900萬韓圓（約新臺幣7,400億元），稅前獲利為1兆5,200億韓圓（約新臺幣450億元），均雙雙創下最高紀錄。

三、轉檔為攻擊的「一等經營」

過去韓國媒體對韓國前三大企業集團的企業文化，有如此的評價，包括：三星集團是「管理的三星」，現代集團是「根性的現代」，以及LG集團是「人和的LG」。此意是指LG電子公司員工多為紳士及淑女，很少有人事及勞資紛爭的問題，可說是一團和氣。

然而在2002年時，現任LG集團董事長具本茂對全體員工表示：「今後的思考及行動，均必須改變。要以挑戰第一品牌競爭對手為目標，以及思考如何超越及獲勝的方法。任何事均必須朝向『一等經營』，加強集團各公司的經營團隊陣容，展開『攻擊型』的經營方式。」

四、現場主義至上與堅定的執行力

具備現任LG集團董事長的基因，且最有能力的LG電子公司副董事長兼總經理金雙秀，是熟知研發及製造的工程師出身，早自1969年即進入LG公司的家電事業部門。由於家電與數位科技的融合成功，使得近10年來曾一度被大家視為夕陽產業的傳統家電事業能夠轉型成功，並持續保有成長性與獲利性的經營績效，過程中，金雙秀副董事長是居功厥偉的。2005年1月在美國拉斯維加斯舉行的世界第一大電器電子CES大展中，LG在電子情報及通信領域，將

躍居為世界第五名。金副董事長在年初對LG電子公司的全體員工訂下「快速執行」（fast execution）的要求準則。金雙秀是一位澈底的「現場主義」經營者，常以「執行力」為他的座右銘，並透過意志力的傳達，展現了事業發展計畫及成長目標。在金雙秀個人網頁上的座右銘為：「Execution is Power」（執行就是力量！）目前，金雙秀將每天早上的主管會報均提前到七點鐘一事，可看出他的決心與執行力。

五、TDR專案小組

金雙秀對於落實削減成本及提高生產良率，所採取的組織作戰方法，即是成立數百個TDR（Tear Down and Redesign）專案特別小組。近一、二年來，更擴大範圍到新商品研發創新、品質強化改善及行銷業務革新等作為上，只要研、產、銷有任何「問題」、「瓶頸」或「阻礙」出現而待解決，金雙秀即會馬上從各相關負責部門選派人員，組成TDR解決問題團隊小組，任務經常為期3～6個月。這個小組的成員一接到命令，必須馬上放下手邊的工作，由其他同事代理或代班，隨即被關在另一個特定的辦公地點上班、討論、辯論、分析、動腦，直到想到好的或有效的解決方案及計畫為止。如今，LG電子公司全球已成立超過1,500個TDR小組，平均有30%的白領員工參加了TDR小組。

六、未來成長戰略

金雙秀表示，2012年LG電子公司的研發費用，將比2011年大幅增加40%，高達3兆5,000億韓圓（約新臺幣100億元）。將特別集中在PDP（電漿電視機）及行動電話，以及對Home-Network（家庭網路）、次世代顯示器（有機發光OLED）及數位多媒體放送（DMB）等新事業領域，進行研發投資。尤其是PDP生產線及商品開發力投資比重的加強。對於PDP電漿電視的需求訂單，該公司預估2012年將會有630萬臺，2013年將會擴大到1,000萬臺。歐洲、美國、中國及日本市場均會持續擴大。對於重要的行動手機行銷戰略，金雙秀將採取「二極化」戰略，亦即對先進國家的中高所得消費群，提供高品質、多功能及高價位的高級品；而對於開發中國家的低所得消費群，則將以低價位的一般品供應。此乃依照不同的國家市場及目標消費群加以區隔及行銷，才能攻入更廣大的新興市場。

金雙秀特別重視中國市場，他已指示在中國事業的推展，必須完全落實生產、行銷、人才及研發等「四大在地化戰略」，才能快速提升在中國的業績。另外，LG電子公司亦已在中國設立了電漿電視、液晶電視及3G手機等生產據點。

至於臺灣市場，臺灣LG（樂金）電器公司董事長朴洙欽指出，2011年LG品牌已在臺灣的對開式冰箱、洗衣機及電漿電視等領域稱霸。2017年目標則要全力成為臺灣液晶電視的市場龍頭地位。為此，臺灣樂金公司已獲韓國總公司奧援，估計將投入新臺幣7億元的行銷、廣告及通路費用，2017年營收目標將挑戰5億美元。韓國LG已發出豪語，要拚臺灣第一，已令臺灣本土的東元、歌林、聲寶公司，以及日系的松下及新力等家電廠商全面進入備戰狀態。此外，在手機市場方面，臺灣樂金公司亦將配合LG電子公司總部全球手機坐四望三的指令，全力衝刺銷售量及市占率。

七、躍向全球前三大IT公司願景

金雙秀總經理在就任的那一天，即許下這樣的期許及諾言：「我感到肩上責任重大，我將竭盡全力使LG電子公司在2017年達到營收額突破1,000億美元，並成為電子、通訊及數位科技領域的全球前三大領導品牌。」

美國《商業周刊》在2011年1月的封面故事，曾以「韓國LG，會是下一個三星？」為專題，形容金雙秀總經理是一個「強悍」（tough）的領導者。強調改革及速度的金雙秀，最不喜歡人家說他「隨和」。因為他認為：「全世界沒有一家偉大的公司會被形容為隨和。」

擁有全球員工人數超過6萬人的LG電子公司，已成功從「韓國家電之父」的企業形象，轉型擴大為行動手機與液晶事業的IT公司，並躍升為全球知名品牌與成就非凡的亞洲數位科技領導品牌。

問題研討

1. 請討論韓國LG公司手機邁向世界前三大的夢想？
2. 請討論LG公司目前的三大專業支柱為何？其意義又為何？目前經營成就為何？
3. 請詮釋LG公司「一等經營」的意涵何在？
4. 請討論LG公司的現場主義至上與堅定執行力的意涵？
5. 請討論LG公司的TDR專案小組為何？功能為何？
6. 請討論LG公司的未來成長戰略有哪些方向？
7. 請討論LG公司2017年的願景為何？
8. 總結來看，請評論本個案的意涵有哪些？重要結論又有哪些？以及你學習到了什麼？

個案56
建構強化現場力，日本麥當勞突圍出擊

一、從繁盛到衰退的歷程

日本麥當勞是麥當勞速食店除了美國市場之外，最大的海外市場。自1971年開設第一家分店以來，成長非常順利。創辦人藤田在1980年代曾發出「巨大宇宙戰艦麥當勞號出擊」的重大宣言，大舉擴店，到2000年，店數已達3,500多家。早期的日本麥當勞充滿著創辦人藤田個人強勢與好大喜功的領導風格，其決策模式也是從上而下（top→down）的獨斷決策方式。

但到2002年以後，日本麥當勞開始出現危機。由於2001年9月，日本國內爆發狂牛症疫情，每家店的業績開始受到打擊，這艘巨大宇宙戰艦也受到重創而迷失。為了脫離困境，藤田採取大幅降價策略，但仍挽不回消費者的心。創辦人藤田在美國麥當勞總公司的壓力下，終於在2003年3月辭掉總經理職務。此時，日本麥當勞已連續2年（2002年及2003年），發生史無前例的虧損警訊。2004年2月，新任總經理原田永幸在美國總公司支持下就任，展開大規模的經營改革，希望使日本麥當勞再現往日榮景。

二、組織改革是第一炮

原田總經理到任後，首先針對營業組織部門展開大幅革新。原先的營業組織系統是：營業本部→地區本部→各店的三級制。但原田認為層級太多，有重複指揮的缺點，因此立即裁掉所有的地區本部組織，由總公司的營業本部人員直接指揮各店店長並直接溝通，且將公司重要部門的一級主管做了大幅度的調動改變。

經此變革，組織氣象煥然一新，重現了麥當勞往昔的活力與士氣。組織內部改革完成之後，原田總經理立即展開3年影響業績的關鍵策略行動，並完全以提升「現場力」為改革思考的核心。這三大現場主義改革戰略，包括了以下3項。

- 現場主義改革1：商品開發戰略

　　過去的敗筆之一，就是隨意的推出新商品。新商品過於浮濫的缺點，已在事後被證明，這些缺點主要有4項：

*1.*事實上並沒有提升營收額。

*2.*混淆現場工作人員對商品的認識，以及增加商品知識的學習訓練時間。

*3.*服務人員不知究竟要推薦顧客哪一種產品。

*4.*增加現場人員的負擔，但顧客滿意度卻未見上升。

　　總結來說，過多商品的開發與推出，被證明是失敗的策略。因此，必須改變為精準式商品開發模式。原田總經理要求改採美國總部詳細的「商品評價」導入手法，改變過去6～8週就推出一種新商品的浮濫情形，改採審慎規劃，以每年為週期，推出「戰略商品」。最近一推出即為市場接受，是以男性為目標市場的高價位漢堡即為一例。這一套商品評價導入手法，係依據顧客的性別、年齡、價格帶接受度等區別，精準地調查其需求，並設定產品的定位概念及目標客群，尋找新食材，然後經過400人次試吃會的定量調查及核心客群的定性（質化）調查結果，進行產品不斷的改善，直到所有的目標客群都說好才OK。這樣的過程，大概要費時近1年。

- 現場主義改革2：店長業務戰略

　　過去店長每天必須忙於填寫繁雜的報表及文書作業，無法抽離出來真正花時間在店面業績上，導致店長做了太多表面工夫的工作，但卻無法立即解決店內的每日業務，亦無法有助業績提升。原田總經理發現此重大缺點，立即要求改變店長的工作任務分配，必須有90%的工作時間，花費在現場第一線工作上的督導、觀察、解決及服務，以確保顧客滿意度，進而提升日益衰退的每日業績。另外並修改業績獎金制度，將店長的業績獎金與每月該店的營收額相互連結，不能等到每年才結算一次。此舉有效及時激勵店長，並且做到了立即賞罰分明的目標。

- 現場主義改革3：拓店戰略

　　日本麥當勞在拓店戰略方面，引進了美國總部的POM（Profitable Optimize Market）系統。此系統工具的用處，主要在針對新設店及既有店之移轉、關店或追加投資之效果的比較分析，希望達成該地區內新設店與既有店均有足夠的市場規模而共同生存，避免相互競爭廝殺，造成店面數增加，但實質業績卻無

等倍增加，反而發生自我蠶食的不良現象。

三、結語——全面推進「現場力」，確保業績成長

原田總經理表示，今後日本麥當勞3,800家連鎖直營店面的經營主軸核心，將集中放在3,800位店長的身上，並將充分授權，但其首要責任必須達成預定業績目標。東京總部幕僚的一切工作目標，就是將總部資源力量支援到3,800個據點第一線上，並將此成效列為幕僚的年度考核指標。原田總經理認為日本飲食市場規模高達27兆日圓，而日本麥當勞只做了4,000多億日圓，占有率仍然非常低，未來向上成長的空間仍極大。他這位新任總經理當前所要做的就是：

1.如何廣納更多優秀的業務人才。

2.激勵全體上萬名員工的工作士氣與動機。

3.加強店長的使命感。

4.建立戰略商品開發制度。

5.審慎拓展店數規模。

原田總經理認為過去二十多年來，日本麥當勞的成長均繫於藤田創辦人一人專斷的強勢領導作風，底下的人都變成聽命辦事，缺乏創新力、思考力及當家作主的決策力，導致整個日本麥當勞的生命繫於一人身上，這絕不是經營的典範。原田認為現在是到了改變的時候了。事實上，自2004年1月以來，日本麥當勞的業績已脫離過去2年連續虧損的困境，開始轉虧為盈了。

日本麥當勞的復活計畫告訴了我們，服務業要贏的2個策略觀點：一個是必須投入大量的資源在「現場力」的建構及強化上。另一個則是必須慎思影響公司發展的核心問題點究竟是什麼，然後進行必要且有魄力的組織變革、領導變革及策略計畫變革。最後，企業才能在頹敗與困頓之中，突圍及再生。

問題研討

1. 請討論日本麥當勞從繁盛到衰退的歷程爲何？

2. 原田總經理到任後的組織改革第一炮爲何？

3. 日本麥當勞以現場力提升爲改革的核心點，該公司採取了哪三大現場主義的改革戰略？爲什麼？

4. 原田新任總經理當前所要做的四項努力方針爲何？爲什麼？

5. 何謂POM系統？目的何在？

6. 總結來看，請評論本個案的意涵有哪些？重要結論又有哪些？以及你學習到了什麼？

個案57

松下公司全球化的四大試煉

經過銳意改革，松下已起死回生，確保全球卓越家電及電子品牌的地位。如今邁向新願景，松下仍須面對內外部的各種挑戰。

2006年7月7日，大坪文雄從前任總經理中村邦夫手中接下松下集團的經營棒，面對媒體專訪時，信誓旦旦地表示：「松下一定要具備世界級競爭力，並全力達成2010年全球營收突破10兆日圓、營業獲利率10%的目標。」

除了延續中村時代的成本削減政策，松下也將全力出擊。大坪文雄指出，松下已完成組織整備，並且喊出「脫胎換骨」的口號。

松下上一年度營業獲利率已回升到4.7%，但與美國奇異、南韓三星及荷蘭飛利浦等全球電子大廠相比，仍較遜色。再以總市值海外營收占比等指標來看，松下也明顯落後。松下深知，要邁向世界級卓越企業，仍待加把勁。

要達到「世界級企業」的願景，松下仍然面臨4項嚴苛的挑戰。

一、全球在地化行銷

全球各地市場不盡相同，全球在地化（global localization）成為一個重要的課題。

在美國及歐洲占有一席之地後，松下如今把目標鎖定中國大陸。2006年3月，松下在上海舉辦家電影音產品大型發表會，表明全面搶攻大陸市場的決心。松下的上海電漿電視工廠已興建完成，杭州、無錫及廣州的冰箱、冷氣機、洗衣機等工廠也加入生產行列，行銷通路及物流體系的改善，也已大功告成。

2006年度松下電漿電視大陸銷售量將可達20萬臺，攻下20%市占率。大坪文雄表示：「即使本土的TCL、長虹及海信等大廠具有競爭優勢，松下絕不能在這個1年銷售3,550萬臺電視的世界最大市場缺席。」

二、開發營收新支柱

松下面臨的第二個課題是，過度依賴電漿電視這個單一主力產品。奇異、三星、飛利浦等競爭對手，營收來源靠幾個主力產品線支撐，相較之下，松下

面臨較高的經營風險。

　　大坪文雄不諱言，松下除了傳統家電及電漿電視主力產品線外，電子零組件事業群、半導體事業群等還有努力的空間，應積極尋求營收來源的第二個、第三個支柱。但是，可以預期的是，對近幾年來在電漿電視生產設備已投入4,000億日圓的松下來說，2010年之前，電漿電視仍將是推動松下邁向「世界級企業」的動力。

三、人才全球化

　　隨著松下向全球化推進，所需的人才也必須更多元化。目前，松下旗下各公司核心圈的51個董監事，只有一個外國面孔，顯然國際化程度不足，缺乏國際視野。

　　不過，中村邦夫總經理任內已積極推動幹部年輕化及女性化政策。2006年松下拔擢部宮井真千子擔任炊飯及調理器事業部負責人。大坪文雄也體認到，松下要成為世界一流電子公司，一定要重用更多歐洲、美國、中國等重要市場的當地高階主管，以及拔擢更多年輕幹部，才能應付世界各地據點的人才需求。

四、併購勢在必行

　　由於中村邦夫任內改革有成，松下已累積1.5兆日圓現金流量，隨時可以動用。在數位電子產業結構激變以及競爭白熱化之下，要達成10%的營業獲利率，不能只靠自己力量，松下應推動併購策略，尋找適當的合作夥伴，才能加速達成這個目標。

　　2007年1月，大坪文雄照按慣例須舉辦法人說明會，報告2007～2009年的中期經營計畫，並說明如何達成營業獲利率10%，以及全球營收10兆日圓的策略執行藍圖。他強調，中期經營計畫應考慮技術、產品力及行銷販售等課題，但仍以商品力為核心。

　　大坪文雄認為，商品是松下的強項。尤其松下各地具有戰鬥力的工廠，都可以「做出好的產品」，已成為成長的動力。總公司要求任何一個研發成功的電漿電視新機型，必須可以同步在全球各地松下工廠生產裝配，並且行銷全球，以力求擴大全球市占率，以及提升獲利率。

　　除了日本，松下已相繼在臺灣、中國大陸、墨西哥、巴西、俄羅斯及歐洲等地，部署快速組裝工廠，2007年電漿電視全球銷售量預期可達700萬臺，比2006年成長2倍，2008年更將挑戰1,000萬臺。而在品牌行銷戰已全面開打的中

國大陸市場，預期2007年度營收可挑戰1兆日圓。

　　1990年代末期，松下曾陷入經營績效低落、市占率衰退的困境，經過中村邦夫的銳意改革，力挽狂瀾，已起死回生，確保Panasonic全球卓越家電及電子品牌的地位。如今要邁向「世界松下」的新願景，松下顯然仍面對各種內外部的挑戰。

問題研討

1. 請討論日本松下公司2010年的全球化願景目標為何？

2. 請討論松下公司與美國、韓國、荷蘭等一流電子大廠相比，在經營績效方面仍有哪些落後？

3. 請討論松下「全球在地行銷」的意涵為何？

4. 請討論松下面對過於仰賴單一產品的弱點何在？有何對策？

5. 請討論松下面對「人才全球化」的缺失何在？為何會有此缺失？

6. 請討論松下公司的強項為何？

7. 請討論松下總經理認為併購勢在必行的意涵為何？

8. 總結來說，從本個案中，你學到了什麼？心得為何？你有何評論及觀點？

個案 58

ZARA 玩時尚，跟時間賽跑

在超成熟的服飾市場，ZARA超速度、多樣少量、製販一體的效率化經營，終於嶄露頭角，立足歐洲，放眼全球。

來自西班牙的ZARA服飾，在歐洲竄起後，正積極在全球各地攻城掠地，建立女性服飾店連鎖經營的事業版圖。

ZARA成立於1985年，至2017年只不過短短32年歷史，卻已在歐洲27個國家及全世界65個國家，開了3,200家女性服飾連鎖店。2011年度全球營收45億歐元（約新臺幣1,600億元），獲利6.4億歐元，獲利率9.7%，比美國第一大服飾連鎖品牌GAP的6.4%還要出色。

一、去第一線了解消費趨勢

位在ZARA總公司二樓的設計中心，擁有700坪的開放空間，僱用來自20個國家不同種族的150名女性服裝設計師，平均年齡只有25歲。這群具有年輕人獨特創意與熱情的服裝設計師，經常出差到紐約、倫敦、巴黎、米蘭、東京等走在時尚尖端的大都會，去第一線了解女性服飾及配件的最新流行與消費趨勢。她們也經常在公司總部透過電話，與55個國家的總店長舉行全球即時連線電話會議，隨時掌握商品銷售狀況、顧客反應及當地流行與需求趨勢等第一現場資訊。

ZARA執行長卡斯德加諾曾表示：「掌握女性服飾的流行感、深處其中的熱情，以及了解女性對美麗的憧憬，而獨創出ZARA的商品特色，並以平實的價位，讓多數女性都能買得下手，這是ZARA近幾年來快速崛起的根本原因。」

ZARA商品從設計、試作、生產到店面銷售，平均只花三週，快則一週。位於總公司的大型設計中心，產品經理、設計師都在此一無隔間的大辦公室工作、聯絡及開會。舉凡服飾材料、縫製、試作品及完成品，都在此地溝通完成。

二、庫存量降到最低

ZARA目前在西班牙有9座自己的生產工廠,因此可以機動掌握生產速度。一般來說,設計師完成服飾設計之後,便透過IT網路,將設計資料規格傳到工廠,經過修正及試產之後,即可展開正式生產。世界各地連鎖店的訂單,經審慎合理評估後傳到工廠,將庫存量降到最低。目前大約是15〜20%,比其他服飾連鎖業者的40%低很多。

在物流配送方面,ZARA在歐盟法國、德國、義大利、西班牙等國,以卡車運送為主,約占70%的銷售量,平均兩天(48小時)即可運達連鎖店;剩下30%的銷售量,則以空運送到日本、美國、東歐等較遠的國家。儘管空運成本較高,ZARA堅持不走低成本的海運物流,主要就是為了爭取上市時間。卡斯德加諾表示,ZARA是物流成本最高的服飾製造商,但他認為值得。

三、多樣少量經營

為了讓消費者趕上最新流行的腳步,ZARA各連鎖店每週一定會有新品上市,商品上下架的替換率非常快,而且各店陳列的每件商品,通常只有5件庫存量,屬於多樣少量經營模式。

即使經常會有顧客詢問:「上週擺的那件外套沒有了嗎?」ZARA仍堅持「每週要經常有新品上市,才會吸引忠誠顧客再次購買」的經營哲學。

因此,即使熱賣而缺貨,ZARA亦不改其經營原則,而大量增產同一款式的服飾。卡斯德加諾表示:「品缺不是缺失,也不是罪惡,我們的經營原則,本來就堅守多樣少量的大原則。因為我們要每週不斷開創出更多、更新、更好、更流行與更不一樣的新款式出來。」

ZARA每年1月就開始評估、分析春夏服裝流行趨勢,7月就著手研究秋冬流行趨勢,然後在此大架構及大方向下,制定每月及每週的生產排程。通常在季節來臨兩個月前便開始生產,但產量僅占20%,等正式邁入當季,才會補足其他80%的產量。此外,亦會隨著流行的變化,每週機動改變款式設計,少量增產或例外追加生產熱賣貨。

四、完全自己生產製造

而且ZARA的生產製造完全靠自己的工廠,並不委託低成本國家代工生產。這種經營模式和美國GAP等知名服飾連鎖店大相逕庭。

ZARA近幾年來經營成功,可歸納為4個因素:

1. 龐大的設計師群，每年平均設計1萬件新款服裝上市。

2. 本身即擁有9座成衣廠，從新款企劃到生產完成出廠，最快可在一週（7天）內完成。

3. ZARA的物流管理要求達到超市生鮮食品的標準，在全世界各地生產的ZARA商品，一定要在3天內到達各店，不論是在紐約、巴黎、倫敦，還是東京、上海。

4. 要求每隔三週，店內所有品項一定要全部換新，不能讓同樣的商品擺放在店內三週以上。換言之，三週後，一定要換另一批新款式的服裝上架。

經常到巴黎、倫敦、米蘭旅遊的東方人，一定可以看到到處矗立的ZARA服飾連鎖店。在日本東京銀座、六本木等地區，最近也開了12家。

在超成熟的服飾市場，ZARA以超速度、多品項少量、製販一體的效率化經營，終於嶄露頭角，立足歐洲，放眼全球。

問題研討

1. 請討論ZARA公司的設計師組成成分為何？

2. 請討論ZARA設計師如何掌握全球服飾流行資訊？為什麼？

3. 請討論ZARA近幾年快速崛起的原因為何？

4. 請討論ZARA在物流配送作業的方式及成效為何？

5. 請討論ZARA的多樣少量經營的思維為何？

6. 請討論ZARA近年來成功的四大原因為何？

7. 請討論ZARA布局全球據點的狀況如何？請上官方網站查詢。

8. 請討論ZARA是否獲利？請上官方網站查詢。

9. 總結來看，從本個案中，你學到了什麼？心得為何？你有何評論及觀點？

個案59

亞洲二萬店，日本FamilyMart追夢

日本全家近年快速變身改革，總經理上田準有信心的表示：「讓日本便利商店走向世界的夢，是日本零售流通界最深刻期待的事，日本全家將率先擔負起這項歷史使命。」

FamilyMart（全家）在日本是僅次於7-Eleven及LAWSON的第三大連鎖便利商店，目前日本店數6,100家，距第一大7-Eleven的1萬家，仍有些距離。

但日本全家打的是泛亞洲布局策略，目前日本、韓國及臺灣總店數已突破1萬家。未來將積極變身改革，朝泛亞洲2萬家店的追夢使命邁進，企圖成為亞洲最大的便利商店跨國連鎖集團。

為此，日本全家總經理上田準2年前上任時，即展開組織、業務、成本結構、制度及員工意識五大經營改革，執行方案分四大重點。

上田認為，便利商店營運有3個原則，即「服務、品質與清潔」（service & quality cleanness; S & QC）。因此，他認為必須強化6,100家店店長的意識改革，全面啟動「接客第一」的行銷時代，並且以此創造與競爭對手7-Eleven及LAWSON的最大差異化。

一、澈底執行S & QC

提高「日商」（即每店每日平均營業額）是上田上任後首要之務，因此，積極針對店效不佳門市加強輔導。

他特別成立一支27人的「督導支援特命小組」（SV-Support），專門輔導有問題的加盟店。以每四人為一個特命小組，進駐有問題的加盟店，進行為期一週的就地輔導與支援，其中包括接客指導、店內清潔、訂貨與庫存、促銷計畫等。

事實證明，這一支由各地資深督導員調回總公司所組成的精銳部隊，的確發揮了功能。一年之後，經過輔導的加盟店來客數及每日營收額都成長了3%，向總公司頻頻反映困境的加盟店比率，如今也減少了一半。

上田表示，2011年督導支援特命小組的支援網，將進一步擴大。過去是以東京為主的東山區136家店為主，2012年將擴大到410家店，未來將擴及全日本

各店，以收更大成效。

最終的目標是，希望把平均每店營收47萬日圓，拉升到市場龍頭7-Eleven的65萬日圓水準。上田表示，日本全家把S & QC視為現場競爭力的最高方針，以邁向業界第一。

二、製販同盟開發商品

日本全家2003年度正式導入「需求鏈管理系統」（demand chain management, DCM），此系統最大的功能，就是門市商品的銷售資料，供應商隔天早上即可透過電腦連線看到，進而了解新商品及既有商品的銷售成績。

這套DCM資訊系統，還可以讓供應商看到商品在日本各地的上架情況。由於訂貨權掌握在各加盟店長手上，因應各地區環境不同，不見得所有商品會在6,100家店全部上架銷售。另外，亦可看到物流中心的庫存變動狀況，避免供應商生產過多。

導入DCM系統可以即時看到商品銷售狀況，若銷售未如預期，除了下架之外，雙方也會進行密切商談，檢討與研訂改善對策。

日本全家很重視「商談改革」，最終目標是希望透過製販同盟，創造出更具銷售力的原創商品與獨賣商品。

有鑑於便利商店的商品生命週期愈來愈短，通路必須加速不斷開發新商品，2004年日本全家與可口可樂共同開發獨賣的咖啡飲料，即有不錯的銷售佳績。日本全家目前的原創商品比率已達35%，但和日本7-Eleven的50%相較，仍得加把勁，才可能迎頭趕上。

三、全國積極展店

日本全家過去平均每年增加500店，2017年擴大為600店，採取積極擴店策略，為的就是「坐三望二」，追上第二大的LAWSON。在展店策略方面，日本全家將雙管齊下，全國拓店及都會區集中拓店策略並進，並將擴編200名展店人力。

其中，150人在東京、大阪及橫濱等大都會區拓店，以和競爭對手展開肉搏戰；另50人則在鄉鎮地區拓店，集中火力進軍四國的德島、香川、愛媛等城市。7-Eleven尚未在四國地區設店，因此競爭不如都會區般激烈。特殊商圈如醫院、大飯店、工業區、遊樂區、高速公路、學校、風景區，也是日本全家未來拓展重點。

　　日本全家拓店人員都配備一部筆記型電腦，裡面有一套「地理情報系統」（GIS），是該公司獨家開發的。這套系統提供拓店目標地點500公尺以內的家庭戶數、人口數、交通狀況、競爭店數、公司行號等訊息，供設店決策參考之用。GIS啟用後，新設店比既有店的平均日商還高出10萬日圓，顯見GIS在正確拓店功能上確實帶來成效。

四、營業組織改革

　　為了進一步提升營業績效，上田將營業區域從日本東北到九州地區，劃分為19個區塊，每一區域設地區最高主管，負責旗下的400家店，並採取每日營收業績提升的目標績效管理制度，以減低總公司直接面對6,100家店形成的無效能管理。

　　上田並訂定賞罰制度，嚴厲考核這19個地區最高主管的業務績效，啟動日本全家的戰鬥組織體制與文化。

　　上田已正式宣示，日本全家「2015年全球2萬家店」的歷史性目標，並表示這也是公司全體員工的新夢想。日本全家目前在日本有6,100家店、韓國2,500家、臺灣2,500家及泰國600家，合計逾1萬家。

　　日本全家也已在大陸上海開設近300家店，同時計畫2012年登陸美國市場，直攻7-Eleven的大本營。一旦世界網建構完成，將有助於日本全家原物料的共同採購，以及商品的共同開發及行銷上市。

　　上田深具信心的表示：「讓日本便利商店走向世界的夢，是日本零售流通界最深刻期待的事，日本全家將率先擔負起這項歷史使命。」

　　日本全家近年快速的變身改革，已對競爭者造成壓力，業界競爭愈來愈激烈，未來誰將勝出，市場拭目以待。

問題研討

1. 請討論日本FamilyMart目前全球店數為多少？請上官方網站查詢。

2. 請討論日本FamilyMart在全國如何積極展店？

3. 請討論日本FamilyMart在中國大陸的布局進展最新情況如何？請上網查詢。

4. 請討論日本FamilyMart的追夢計畫為何？

5. 請比較日本7-Eleven與日本FamilyMart兩家的基本經營數據狀況分析。請上兩家企業官方網站查詢。

6. 總結來說，從此個案中，你學到了什麼？心得為何？你又有何評論及觀點？

個案60

勵精圖治13年，佐川急便爭霸亞洲

以機車宅配起家的佐川急便，曾因兩個創業家族惡鬥，捲入政商與暴力團體勾結事件，形象跌落谷底；但在栗和田榮一領導改革下，儼然成為日本宅配市場第三勢力。

日本老字號的宅急便業者佐川急便公司，曾因不當擴充、醜聞而經營困頓，但在經營團隊改革下，在業界已有坐三望二的態勢，更積極進軍中國大陸，展現稱霸亞洲市場的強烈企圖心。

1991年，佐川急便因急速擴充，導致負債比率大增，並且向地下錢莊借款高利貸500億日圓，還爆發以5億日圓賄賂自民黨高級幹部的醜聞，當時不少人遭到起訴及刑責。佐川急便公司形象一度跌落谷底，雪上加霜的是，公司內部發生高層內鬥。

1992年內訌落幕，由共同創辦人栗和田榮一登上董事長寶座。58歲的栗和田榮一上任後，展開一連串改革行動，包括統一指揮系統、嚴格管理資金、總公司功能強化、改善送貨司機待遇與配備、再造企業文化、財務結構健全化等。在第一階段改革功成身退後，栗和田榮一揭示邁入第二階段改革期。

13年前的醜聞所產生的5,200億日圓不良債權，對佐川急便影響甚巨。總經理真鍋邦央表示，13年來，佐川急便勇於認錯，認真革新，靠每年的獲利及部分固定資產的處分，總負債已從1992年的高峰8,000億日圓驟減為3,400億日圓，營收從6,000億日圓成長為7,200億日圓，進一步縮小和大和運輸（又稱黑貓宅急便）的距離。若不計國營的業界老大日本郵政快遞公司，在業界頗有坐二望一的態勢。

真鍋邦央表示，佐川急便正推動933計畫，即三年後營收突破9,000億日圓，創歷史新高，負債續降到3,000億日圓新低水準，自有資金比率提升到30%。真鍋邦央承認，該公司的財務結構雖不如大和運輸健全，但每一年都有改善。

一、兩個成長戰略

其實，佐川急便在財務不斷改善之後，近一、二年來已有餘力推動前瞻

性的成長策略。一是中國市場投資戰略：進軍中國大陸的日本企業不下數十萬家，從業人員也有上百萬人，是一個龐大的B2B、B2C及C2C市場，商機可觀。佐川急便已在上海、北京、深圳等日商聚集的大都市設立子公司，預計3年內將擴增到80個營業據點，全方位滿足中日兩國的商品運輸及包裹宅急便服務需求。

佐川急便最近更跨足提供B2B之間的物流、倉管、進出口報關、結帳付款等全套服務。和日本先進業者相較，中國大陸本土物流業者仍落後甚多，因此日本業者擁有極大的生存空間。佐川急便在上海，每天平均配送約6,000個包裹，2011年整體營業額呈現2倍速成長，這可歸功於引進日本式嚴格的教育訓練、標準作業流程、服務水準要求，並以高薪招徠優質駕駛送貨員等。

日、中間巨大的物流運籌需求，顯然為佐川急便未來稱霸亞洲物流市場，提供了極佳機會。

佐川急便的第二個成長策略著眼於空運機隊投資。全球最大的物流業者美商UPS、DHL及FedEx之所以能稱霸，憑藉的就是強大的機隊，創造隔天全球送達的優勢。佐川急便目前向日本航空公司（JAL）租用兩架空中巴士飛機，且打算2012年起提供日本偏遠地區服務，本來從日本最北端送貨到最南端，隔天便可抵達。為此，佐川急便特別成立航空服務事業，視為未來的核心事業。

二、「與社會共生」的經營理念

栗和田榮一最近接受媒體專訪時，自責地表示：「信賴的流失，只是一剎那之間的事。但要重建消費者對企業的信賴，真的是要花好長的時間啊！佐川急便花了13年的代價，才逐漸回復到今天被大家再度接受與肯定的事實。」

栗和田榮一表示，佐川急便2012年將迎接創業55週年，今後將加速改善財務體質、提高財務資訊透明度、推動成長型經營策略、落實「與社會共生」的經營信念。該公司已參加世界自然基金會（WWF），並遵守其規定，到2017年，貨車二氧化碳排放量將減少6%，並將7,000輛貨車燃料改用天然瓦斯，以善盡環保責任。

佐川急便過去在善待員工方面並未獲得好評，如今做了諸多具體改善，包括貨車司機下班時間由深夜二點提早為晚上九點，確實推動正常休假，揚棄不人道的教育訓練，薪資制度改採績效導向，並調到業界水平，設立員工投書窗口直達總經理辦公室，各單位、各分公司新人進用標準化及制度化，成立安全投遞課，降低貨車司機事故發生率達一半，嚴格規定喝酒開車者一律解僱。

為提升作業效率及服務水準，佐川急便已全面導入小型無線信用卡刷卡

機，顧客收到貨當時完成刷卡付款，送貨司機可以立即列印發票，顧客無須再等五、六天才收到發票。現場刷卡符合日本人怕信用卡號碼被盜用的保守習性，且交易訊息可以馬上傳回總公司資訊部門，能夠完全掌握各地分公司貨物配送、貨款結清情況。

三、搶攻亞洲宅配物流市場

以機車宅配起家的佐川急便，曾因兩個創業家族惡鬥，捲入政商與暴力集團勾結的檢調事件而沉淪。如今，在經營理念正確的董事長及具有改革實權與決心的總經理帶領下，財務、組織、人事、營運及國際化等營運指標，均已明顯改善。但這花了20年的歲月。佐川急便已急起直追日本郵政快遞及大和運輸，儼然成為第三勢力。

最近，佐川急便更採取積極成長策略，亟欲稱霸以中國為核心的亞洲宅配市場，和UPS、DHL、FedEx追逐全球物流市場有所區隔。但栗和田榮一清楚，要圓這個夢、躍為第一品牌，有賴全面加強及啟動亞洲各市場的人才育成計畫，並全面強化組織作戰力。

問題研討

1. 請討論佐川急便公司在1990年代曾陷入什麼樣的經營困頓？為何會有此狀況？
2. 請討論佐川急便公司在改革之後的兩個成長戰略為何？
3. 請討論佐川急便公司「與社會共生」經營理念的涵義為何？
4. 請討論佐川急便公司如何搶攻亞洲宅配市場？以及什麼原因？
5. 請討論佐川急便公司要成為亞洲領導的物流公司還須哪些努力？
6. 總結來說，從本個案中，你學到了什麼？心得為何？你有何評論及觀點？

個案 61

高恩回籠雷諾，改革基因深植日產

高恩銳意改革日產6年，改革基因已深植內化，即使2005年5月他已改兼總經理，員工對前途仍信心滿滿。

日本產業史上，近5年來，最成功的企業反敗為勝案例，非日產汽車公司莫屬。

有「成本殺手」之稱的高恩，2005年5月升任雷諾汽車公司總經理，仍將兼任日產總經理。日產的日常營運工作，將由日籍營運長負責，以持續推動高恩的改革大業。

2000年3月至2004年3月，高恩繳出漂亮的成績單，包括營收達到7兆4,300億日圓，成長24%，全球銷售量達306萬輛，成長21%；營業利益達8,250億日圓，成長10倍，市值達5兆2,600億日圓，成長4.5倍。

高恩在6年內讓日產起死回生，甚獲各界尊敬與肯定。不過，有些人不免質疑，高恩不再專任日產總經理，日產是否能繼續邁向坦途。

一、傳達管理大計，多管齊下

日產總公司內，最可能出線的營運長人選常務董事志賀俊之，日前接受專訪時，拿出一張CD-ROM，表示這張光碟片記錄著高恩6年來的改革大計內容，包括高恩的經營哲學、經營理念、日產再生的原動力、日產二次改革計畫、工廠改善、組織變更、全球化發展、長程發展願景等。這張光碟片早在2004年秋天就已製作完成，命名為「日產經營管理之道」，發給日本總公司及海外據點的主管，希望將高恩的改革基因深植到日產每一位主管身上。因為2005年5月起，日產就要邁出自立的第一步，不能再天天仰賴高恩，而是日本人自己走出日產之路。

除了這張CD-ROM，日產還在箱根仙石原買下一間旅館，改裝為教育訓練場所，命名為「高恩學校」，作為日產培養次世代人才的搖籃。

《日經商業周刊》調查顯示，大多數日本人認為，即使高恩不再專任總經理，日產還是前景看好，日產員工的改革意識已堅定不移，產品仍具市場魅力，成本削減已獲成效。

日產名譽董事長塙義一也認為：「高恩改革的目標已非常明確，我個人並不憂心沒有高恩的日子。未來的日產仍會持續成長，成長之路是不能終止的。」

二、品管生產革新，雷諾受益

雷諾董事長兼總經理修邁茲表示，這5年多來，雷諾也以日產為師，學到很多東西，包括日本人最擅長的品質管理及生產方式革新。這兩家汽車公司過去密切合作，發揮強大綜效，未來兩家公司還會共同推動專案，共用底盤、共同開發新一代引擎、共同採購重要零組件以降低成本、銷售互相支援等。

2002年4月，高恩推動三年期「日產180」計畫，其中，「營業利益率達8%」、「高利息負債降為零」兩項目標已達成。但汽車銷售量3年內增加到100萬輛，卻無法如期達成。2005年4月，高恩推出第三階段的三年計畫「日產價值提升」，追求營收及獲利持續成長。為此，日產已投入28款新車研發。

三、正面接受問題與挑戰

高恩一向客觀、務實，當他在被媒體問到日產仍存在哪些問題時，他毫不迴避，明白點出日產未來仍須努力的方向。

(一)獲利導向不夠堅持

目前日產獲利率仍不如豐田，要朝世界一流汽車大廠的獲利率水準繼續努力。

(二)顧客導向不夠貫徹

新車開發必須符合理性與感性兼具的消費者需求，才能創造出暢銷車種。

(三)危機感不足

尤其面對市場快速變化、競爭日益激烈，隨時要有危機意識，不能稍有滿足或鬆懈。

(四)跨部門、跨公司間的合作、協調及資源整合仍嫌不足

集團的整體價值還沒有完全發揮，這是推出「價值提升」計畫的目的所在。

(五)長程願景的思考、策劃仍待努力

日產一定要做到每三年訂定一個三年發展目標、願景及計畫，貫徹執行，誓死達成目標。

四、對繼任人選提三條件

對日產營運長人選，高恩認為應具備3項基本條件：一是能夠持續締造業績成長，二是具備高度的企圖心及魅力型的領導人才，三是日本人。

高恩信心滿滿地表示：「日產再建的工程仍未完成，今後仍將證明我們的續航力道。日產改革企圖心絕對不會消失。價值提升計畫就是希望未來3年實現高水準與高成長獲利目標。」高恩表示，未來將會有40%的時間待在巴黎的雷諾總公司，約有35%的時間會回到日產汽車坐鎮，其他時間則巡視美國及中國市場。

6年來，扮演著日產「傳教士」的高恩，最大的領導特色就是喜歡到工廠現場及銷售第一線與員工直接對話、溝通，像傳教士般的殷殷教誨與鼓勵，將改革意識深植員工內心，進而產生一股勤奮向上的工作士氣。高恩也打破日本的傳統，破格拔擢女性主管及年輕幹部。最近才任命年僅43歲的幹部晉升為日產子公司總經理。

2005年5月，頗受日產人尊敬與感恩的高恩，已回籠雷諾總公司。經過6年銳意改革，日產已經成功再生，並且更加茁壯。如今，全球12萬名日產人都深信高恩留下來的「改革基因」，必將世世代代的流傳下去，永生不滅，永世不息，以再創日產新高峰。

問題研討

1. 請討論法國籍高恩執行長在改革日產汽車之後，得到什麼成功的績效？
2. 請討論高恩離開日產汽車後，如何留下他的經營改革理念？
3. 請討論何謂「高恩學校」？目的何在？
4. 請討論高恩指出日產汽車未來仍須持續努力的五大方向為何？
5. 請討論高恩對繼任CEO人選提出哪三個條件？
6. 請討論高恩「傳教士」的意涵及作為如何？
7. 總結來說，從此個案中，你學到了什麼？心得為何？你又有何評論及觀點？

個案62
揭開GE世界最強的祕密

近20年來，奇異公司（GE）每年幾乎都有令人稱奇的二位數成長佳績，並廣獲各界肯定，連續7年蟬聯《金融時報》全球最受尊敬的企業，更是道瓊工業股價指數推出109年來，唯一股價歷久不衰的公司。

2016年奇異營收1,623億美元，獲利185億美元，預計2017年獲利可突破190億美元，登上成立一百多年來的最高峰。

執行長伊梅特最近接受媒體訪問時指出：「奇異近一、二十年來保持每年二位數的連續成長紀錄，主要可以歸因為成長策略、人才與技術力。」

伊梅特一上任後便推動成長策略，他認為，即使在不確定時代中，也要具有膽識地執行加速成長策略，唯有成長，方能為30萬員工及上百萬股東創造福祉。

一、揭示願景，激勵員工努力

此外，最高經營者必須明確揭示公司的成長願景，並讓這幅願景成為員工努力的動機及追求的目標。奇異的每位員工都知道，既有事業單位每年獲利至少要成長5～8%。所以，只要奇異一看好的成長領域事業，就會不計代價，以併購或自行開發方式，全力投入。

例如，奇異近幾年來大舉進攻中國大陸，2001年，大陸營收僅8億美元；2005年將可突破52億美元，成長6.5倍之巨。中國大陸加速電力、水力基礎建設，為奇異的發電設備帶來無限商機。奇異已在當地聘僱1萬2,000名員工。2003年來，已在上海投入近1億美元，成立中國研發中心。

為了在生技市場大展宏圖，2003年奇異以27億美元買下英國一家大型生化醫藥公司，搭配既有的醫療設備事業，可收相得益彰的效果。奇異也在同年以55億美元收購德國一家大型娛樂公司。

奇異握有龐大現金流量，還有金融事業群的強大資源配合，因此擅長以併購方式，在短時間內達成擴張事業版圖的目的。奇異收購行動首先考量併購獵物所處市場是否具有成長遠景。以收購英國生化醫藥公司為例，該公司年營收30億元，但所涉及的全球市場潛力高達40億美元，奇異本身的醫藥設備事業年

營收120億美元，加上新收購的公司，年營收可大幅成長到170億美元。

二、併購擴大事業版圖

伊梅特對併購策略極為肯定，他表示：「併購可以有效擴大事業版圖及集團的經營資源綜效，並針對成長型市場推出新產品，就能擴增顧客群，帶動既有事業群加速成長。」

奇異對於人才與技術開發不遺餘力。2000年，研發費用只有22億美元，2011年已增至55億美元，而得以維繫技術領先與創新地位。

奇異美國紐約州的研究中心，研發人員高達2,500人，囊括奇異全球研發人員的七成，且成員國際化色彩濃厚。

為了進軍全球四大最具潛力的市場，除了紐約州研發總部，2003年奇異在上海、2004年在德國、印度等國，相繼成立研發中心。另外，在日本與東芝合資成立公司，投入電機科技研發。

三、重視研發，維繫創新地位

伊梅特認為基礎研發與應用研發應該並重，但他要求，基礎性研發須在5到10年內產品化、商業化及事業化，對公司營收及獲利才有所貢獻。

奇異在紐約州另設人才培育中心，有一套制度化的運作，成果斐然，吸引其他國家的跨國企業前來觀摩。前任執行長威爾許在新書《致勝》中，一再強調領導者最大的責任，就是有計畫地培養部屬，帶領他們一起成長。

伊梅特每個月會主持三次CEO講座，對儲備幹部發表談話。他認為領導幹部的養成應重視三個層面：一是能夠詮釋成長策略執行方向、方法、視野及內涵；二是能夠分析環境、技術的變化方向、內涵及因應對策等；三是能夠推動商品開發及行銷本土。

四、聯合國式的用人政策

伊梅特多次強調奇異用人多元化的企業文化。他不斷在歐洲、日本及中國市場拔擢本地人擔任高階主管，在美國本土亦有不少非洲裔及印度裔擔任高級主管，受到重用的女性亦不在少數。

「奇異的成長，除了策略正確外，可歸功於聯合國式的用人政策。美國人、歐洲人、日本人、中國人、印度人分別有他們獨特與差異化的核心專長及能力，將這些人團結在一起，就是最強大的作戰力量。」伊梅特說。

奇異由六大事業部門組成，分別是飛機引擎及能源、化學原料、醫療儀器

設備及生化產品、法人金融、電視媒體及娛樂、個人金融部門。

多年來，美國投資專家及股東一直給予奇異相當高的評價，奇異的PER（股價收益率）高達20倍，預計未來投資奇異股票，報酬率仍可望呈現倍數成長。

從「世紀經理人」威爾許手中接下經營棒子4年多來，伊梅特表現亮眼。每當有人拿他和威爾許比較，他總是莞爾的表示，這種比較沒有太大意義，因為每個執行長面對的時代環境、競爭狀況、公司資源及經營課題都不同。

展望未來，伊梅特表示：「總括來說，要有兩個不變的堅持。一是追求高成長的理念與策略；二是對人才與技術力的養成要有長期眼光，這些都是永遠不能改變的。」

這應該就是奇異成為世界最強與最頂尖企業的祕訣。

問題研討

1. 請討論美國GE公司卓越的經營績效成果有哪些？

2. 請討論為何這家百年老公司能維繫長期成功於不墜？

3. 請討論GE執行長認為最高經營者必須揭示哪些成長的願景？其原因為何？

4. 請討論GE如何透過併購以追求成長？

5. 請討論GE對研發人才重視的程度為何？其做法又為何？

6. 請討論伊梅特執行長認為領導幹部養成應重視哪三個層面？

7. 請討論GE公司「聯合國式」的用人政策為何？為什麼要採行這樣的政策？

8. 請討論GE公司的六大事業部門為何？為何在這些不同領域，GE都能成功？

9. 展望未來，伊梅特執行長認為應有三個不變的堅持為何？

10. 總結來說，從此個案中，你學到了什麼？心得為何？你又有何評論及觀點？

個案 63

韓國樂天全球策略目光精準

　　以零售流通、食品及石化等傳統產業及服務業為主軸，採用日式管理精神及韓流企業的衝勁、執行力，樂天成為亞洲傳統企業集團的典範。

　　南韓樂天集團創辦人兼董事長重光武雄，1941年跨海到日本求學。二次大戰結束後，他在東京做起口香糖小生意。1950年代南北韓戰爭結束後，經營食品略有所成的重光武雄，將盈餘匯回國內投資新事業。未料幾十年之後，重光武雄的南韓企業版圖遠勝於日本的事業，成為南韓第五大企業集團，僅次於三星、現代、LG、SK。關係企業高達41家，有6家已在首爾證券交易所掛牌。

一、併購策略加速擴張

　　2011年樂天集團總營收22.5兆韓圓（約新臺幣6,800億元），營業獲利1兆5,760億韓圓（約新臺幣390億元）。總資產從1997年的7.48億韓圓，急速膨脹至29.71兆韓圓，成長4倍。

　　1997年底南韓發生金融風暴，很多負債比例偏高的大企業及金融機構，都陷於資金周轉困難的危機，紛紛廉價求售。樂天逮住千載難逢的機會。

　　樂天財務結構健全，且經營食品、百貨、飯店等較穩定的傳統產業，當時握有可觀的現金流量，重光武雄決定利用併購策略加速擴張，大舉收購食品廠、百貨公司及石化廠，讓樂天在短短8年內躍為南韓第五大集團。

　　1997年，樂天旗下百貨公司只有5家，如今急速擴張到22家，稱霸南韓百貨業，遙遙領先排名第二的現代百貨（11家店），及第三的新世界百貨（7家店）。2005年4月，位於首都首爾市鬧區明洞商圈的樂天高級百貨公司新開張，與附近的歐美精品專賣店互相較勁。

二、跨足石化企業金雞母

　　樂天不只在傳統的食品及百貨業位居龍頭，更囊括南韓石化業第二大企業。現代石化由於盲目投資，加上經營不當，2004年被樂天和LG石化聯手買下。事實上，早在1980年代，樂天就開始跨足石化業，併購國營石化廠。如今，再將現代石化納入旗下，如虎添翼。

近一、二年，全球油價上揚，為樂天石化事業帶來極佳獲利，2004年的集團獲利占比高達56%，有如樂天集團的金雞母。重光武雄表示：「樂天當初投入石化事業，主要是想對南韓國力的提升盡一份心力。」如今，樂天已初步達成這個使命，將進一步整合旗下三家石化公司，並且積極前進中國及中東，加速擴大海外版圖。

三、積極進軍休閒產業

樂天也對進軍休閒產業展現強烈的企圖心，投入2兆韓圓（約新臺幣600億元），可容納購物中心、六星級大飯店、主題遊樂區、電影院、劇場、精品專賣店的第二個超大型商業開發計畫，正在首爾市大興土木中。並將興建一座111層、555公尺高的全球第二高觀光鐵塔。這項開發計畫一旦完成，將進一步鞏固樂天的服務業領導地位，並拉大和競爭者的距離。

除了深耕國內市場，樂天也積極拓展海外版圖，瞄準中國、俄羅斯及印度等深具成長潛力的金磚國家，透過併購加速擴張。

樂天生產的XYLITOL口香糖，已攻下大陸逾四分之一市占率，領先歐美品牌，日產量由2001年的5噸劇增到目前的20噸。

四、直銷打入當地市場

為了打入當地市場，樂天也翻新行銷手法，採取直銷方式。3年內招募500名直銷人員，每天騎著自行車將貨送到負責營業區域內的零售點。重光武雄指出，XYLITOL口香糖銷售量目前排名全球第三，但在大陸居冠。大陸市場有13億人口，成長空間無限大。「因此，我們選擇大陸做為全球市占率爭奪戰的最後決戰點。」

樂天在俄羅斯也頗有斬獲。投入3,000億韓圓（約新臺幣100億元）的韓式百貨公司，2006年在莫斯科開張。未來幾年，也打算在上海經營百貨公司、大飯店及娛樂休閒場所。

已80高齡的重光武雄語重心長的說：「雖然年輕求學及中年創業都在日本，但我畢竟流著韓國人的血，有著韓流企業的DNA，我不會忘記二、三百年前明成皇后時期，韓國受到中國（被滿清統治）、日本及蘇聯等三強弱肉強食的悲慘國運及苦難歷史。」不像三星、LG及現代，披著高科技產業的外衣，且市場幅員廣大；樂天以零售流通、食品及石化等傳統產業及服務業為主軸。重光武雄堅信，以日式管理精神，以及韓流企業的成長企圖心、衝勁、執行力和正確的全球策略規劃眼光，樂天將成為亞洲地區傳統企業集團的經營典範。

近一、二十年，南韓財團爆發不少政商勾結醜聞，樂天始終未捲入這些政治風波。輿論認為，這顯示樂天是正派經營的財團，重光武雄則是廣受韓國人尊敬的老一輩實業家。

樂天不因為身處傳統產業而畫地自限，勇敢跨國成長的故事，深值借鏡。

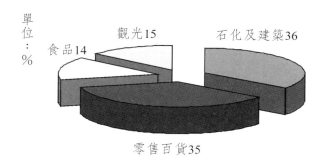

單位：%

食品14　觀光15　石化及建築36

零售百貨35

資料來源：樂天集團。

樂天集團旗下事業營收占比圖

問題研討

1. 請討論韓國樂天公司如何透過併購策略加速成長？

2. 請討論樂天公司如何進軍國際市場版圖？成就如何？

3. 請討論樂天公司爲何從不捲入政商勾結醜聞？

4. 請討論樂天公司口香糖行銷臺灣市場以來，意圖與市占率80%的美商留蘭香公司之青箭、Extra、Airwave相拚，你有何看法？成功了嗎？或仍很吃力？

5. 總結來說，從本個案中，你學到了什麼？心得爲何？你又有何評論及觀點？

個案 64

頂級尊榮精品寶格麗異軍突起

全世界知名的珠寶鑽石名牌精品寶格麗（BVLGARI），創始於1894年，已有123年歷史。寶格麗原本是義大利一家珠寶鑽石專賣店，1970年代才開始進入經營珠寶鑽石的事業。1984年以後，寶格麗創辦人之孫崔帕尼（Francesco Trapani）就任CEO後，才全面加速拓展寶格麗的全球頂級尊榮珠寶鑽石飾品及鑽錶的宏偉事業。

一、產品多樣化策略

崔帕尼接手祖父的寶格麗事業後，即以積極開展事業的企圖心，首先從產品結構充實策略著手。早期寶格麗百分之百營收來源，幾乎都是以高價珠寶鑽石首飾及配件為主。但崔帕尼執行長又積極延伸產品項目到高價鑽錶、皮包、香水、眼鏡、領帶……等不同類別的多元化產品結構。

2011年寶格麗公司營收額達9.2億歐元（約510億新臺幣），其中，珠寶鑽石飾品占40%，鑽錶占29%，香水占17.6%，皮包占10.6%，以及其他占3.1%，產品營收結構已經顯著多樣化及充實化，而不是依賴在單一化的飾品產品上。

二、打造高價與動人的產品

寶格麗的珠寶飾品及鑽錶是全球數一數二的名牌精品。崔帕尼執行長曾表示：「寶格麗今天在全球珠寶鑽石飾品有崇高與領導的市場地位，最主要是我們堅守著一個百年的傳統信念，那就是：我們一定要打造出令富裕層顧客可以深受感動與動人價值感的頂級產品，讓顧客戴上寶格麗，就有著無比的頂級尊榮的心理感受。」

寶格麗公司為了確保他們高品質的寶石安定來源，因此過去二、三年來，均與世界最大的鑽石及寶石加工廠設立合資公司。另外，亦收購鑽錶精密加工技術公司、金屬製作公司及皮革公司等。寶格麗透過併購、入股、合資等策略性手段，更加穩固了產品的高級原料來源及精密製造的技術來源，為寶格麗未來快速成長奠下厚實的根基。

三、擴大全球直營店通路行銷網

1991年時，寶格麗在全球只有13家直營專賣店，幾乎全部集中在義大利、法國、英國等地，那時候的寶格麗充其量只是一家歐洲的珠寶鑽石飾品公司而已。但是在崔帕尼執行長改變政策而積極步向全球市場後，目前寶格麗在全球已有257家直營專賣店，通路據點數成長18倍之巨。

寶格麗目前各國的營收結構占比，依序是日本最大，占27.6%，其次為歐洲地區，占24.4%，義大利本國市場占12.4%，美國占15.6%，亞洲占15%，中東富有石油國家占14%。寶格麗公司全球營收及獲利連續5年均呈現10%以上的成長率，可以說是來自於全球市場的攻城掠地所致。尤其是日本市場，更是寶格麗的海外最大市場。

展望未來的海外通路戰略，崔帕尼執行長表示：「寶格麗未來仍會持續高速成長，而最大的商機市場將是在中國。我們目前已在上海設有旗艦店，北京也有5個專賣店。未來5年，我們會在中國至少40大城市持續開出專賣店。中國有13億人口，只要有1%富裕者，即有1,000萬人的潛力市場規模，距離這個日子並不遠。」寶格麗預計由於中國市場的拓展，3年內全球直營店數將突破400家。

四、投資度假大飯店的營運策略

寶格麗公司已在印尼峇里島度假勝地設立六星級的寶格麗度假大飯店，每晚住宿費用高達3萬3,000元新臺幣，是峇里島最昂貴的房價。寶格麗的休閒度假大飯店主要是為招待全球寶格麗的VIP頂級會員顧客而設立的，此種執行手法，也提升了VIP會員的尊榮感及忠誠度。2007年底，寶格麗在最大獲利市場的日本東京銀座，完成建造11層樓的寶格麗旗艦店，裡面將有VIP俱樂部、專屬房間、好吃的義大利菜，以及舉辦各種提箱秀、展出秀等活動，大大增加與頂級富裕顧客會員的接觸及服務。

五、頂級尊榮評價的NO.1

崔帕尼執行長最近在答覆媒體專訪時，被問到寶格麗公司目前營收額僅及全球第一大精品集團LVMH的十五分之一有何看法時，他答覆說：「追求營收額全球第一，對寶格麗而言並無必要。我所在意及追求的目標是，寶格麗是否在富裕顧客群中，真正做到了他們對寶格麗頂級品質與尊榮感受NO.1的高評價。因此大力提高寶格麗品牌的prestige（頂級尊榮感），是我們唯一的追

求、信念及定位。我們永不改變。」

寶格麗為了追求這樣的頂級尊榮感，因此堅持著：高品質的產品、高流行感的設計、高級裝潢的專賣店、高級的服務人員、高級的VIP會員場所，以及高級地段的旗艦店等行銷措施。

六、璀璨美好的極品人生

寶格麗這5年來在崔帕尼執行長高度成長企圖心的領導之下，以全方位的經營策略出擊，包括產品組合的多樣化、行銷流通網據點的擴張布建、海外市場占比提升、品牌全球化知名度大躍進、與VIP會員顧客關係經營的加強，以及媒體廣告宣傳與公關活動的大量投資等，都有計畫與有目標的推展出來。寶格麗這家來自義大利百年的珠寶鑽石名牌精品公司，堅持著高品質、高價值感、高服務、高格調、高價格及頂級尊榮感的根本精神與理念，將寶格麗的富裕層顧客穩步帶向璀璨亮麗的美好極品人生。

問題研討

1. 請討論寶格麗精品公司產品多樣化的策略為何？
2. 請討論寶格麗為何要打造高價與動人的產品？
3. 請討論寶格麗如何確保原料來源？
4. 請討論寶格麗的通路策略為何？如何步向全球化市場？
5. 請討論寶格麗為何要投資度假大飯店？
6. 請討論寶格麗如何為顧客創造頂級尊榮的感受？
7. 請討論寶格麗崔帕尼執行長的經營信念及目標是什麼？為什麼是這個？
8. 總結來說，從本個案中，你學到了什麼？心得為何？你又有何評論及觀點？

> 個案65

理光（RICOH）打破成熟產業，邁向國際型企業

一、10年卓越的營運績效

在1997年正式任職日本理光（RICOH）影印機公司總經理的櫻井正光，到2011年卸任而升任董事長時，剛好是理光公司光芒綻放、業績成長迅速的14年歲月。

櫻井社長時代的營運績效成就，包括：

*1.*合併營收額：突破2兆日圓營收額，14年來成長1.6倍。

*2.*合併獲利額：2011年度達到1,343億，與日本SHARP及日立製作所相近。

*3.*海外營收比率：占全部營收額50%以上，成長了1.4倍。

*4.*獲利率：同業業界平均為5.3%，而理光卻高達8.4%。

*5.*ROE（股東權益報酬率）：達到11%，成長了1.6倍。

*6.*股價：2011年12月創下上市數十年來的最高價。

二、執行併購策略，走向國際市場

真正對理光公司產生質的變化是由於該公司在1997年開始，櫻井正光總經理大膽採取了併購策略。當時，理光公司的海外營收占比，占全部營收的比率只有30%而已，與主力競爭對手佳能（Canon）公司的70%～80%相比，簡直差太多了。

櫻井總經理為了加速擴大海外事業，決定採取收購策略。他首先針對有業務往來的四家製造影印機OEM的代工公司及銷售公司，經談判後加以合併。包括香港、美國等地四家公司的OEM客戶加以收購。2006年時，又花費875億日圓把美國IBM公司的數位印刷機事業加以收購，此收購亦包括了IBM公司優秀的1,200名人才在內。

由於收購這些海外各國影印機銷售公司後，理光的業績從1997年的1兆3,000億日圓，成長到2011年的2兆日圓，總計增加了7,000億日圓，這裡面有2,000億是日本國內成長的；另外5,000億日圓則是海外事業成長的。

目前，理光公司在全球44個國家，擁有獨資100%的44個國家的子公司，

是當今世界影印機公司中，最多海外子公司的第一大公司；而且海外營收額占比亦已超過50%了。

三、朝向IT軟體開發

理光公司下一個10年的經營策略，就是朝向「IT資訊情報解決」的服務型事業發展。

由於單一化影印機的市場已經非常成熟化了，在日本國內甚至連續2年都呈現衰退的不利現象。而現在成長的影印機，反而是結合能夠做電腦列印機功能及伺服器功能的LAN（內部資訊通訊網）功能。

理光公司近幾年來高度積極在軟體系統的設計上。例如，在2002年在美國紐約成立「軟體開發設計中心」以及其他二個城市，目前在美國軟體技術人員已有50多人，而行銷人員也有150人。

四、擁有180席客服中心，提供即時技術服務

另外，在日本總公司國內，理光也在距離秋葉原站不遠處的地方，成立一個RTS（理光科技系統）的IT服務事業。這個子公司擁有7,000人龐大的SE（system engineer，系統工程師）及CE（customer engineer，顧客工程師）。另外，還有180席客服中心的人員接受技術問題、故障問題的維修服務及技術人員派遣。

五、全國有600個地區營業所

日本理光影印機公司，在日本全國47個都道府縣設有600個地區營業所，成為一支強勁的銷售業務部隊，稱為「野武士軍團」。這600個地區營業所的業務人員，每週都必須跟前述的RTS公司人員開會，了解IT環境擴及顧客的使用意見及反應。

六、成立RTC，朝向複合機（影印機的數位化）開發

櫻井總經理在2005年時，即在神奈川縣海老名市郊外2萬5,000坪的地方，建立一個RTC（理光科技中心），將原來分散東京各地七個地方的設計、研究開發、零組件採購、商品評估及技術人員等總計2,800人，全部集中在此RTC，展開未來新型態「數位複合機」、「數位IT服務新事業」，以及改善目前多功能影印機故障率偏高的全部研發任務。

七、人才育成是下一個10年的最大用力所在

2011年度理光全球合併營收額達2.3兆日圓，獲利率亦達10%目標，此乃歷史之新高。如今，櫻井正光已升任董事長，而接任者為近藤先生。在櫻井的十四個年頭的時代，他把理光公司從一個比較日本國內市場的公司，大幅提升為國際化的大型企業。如今此擔子將交給下一任的繼位總經理近藤。他則表示，未來10年，理光是否能夠再持續過去10年光輝的成就，主要就在於以「IT服務事業」為核心的人才育成大計。人才育成是百年大計，而IT服務事業的戰略已經訂下，接下來就是全力以赴了。

問題研討

1. 請討論理光公司過去14年有哪些卓越的營運績效？這六個績效指標的意涵是什麼？請深度逐一說明之。
2. 請討論在櫻井做總經理時代，他如何帶領理光邁向國際型公司？他為何要如此做？
3. 請討論理光公司在美國成立了什麼公司？原因為何？
4. 請討論何謂RTS？為何要有此子公司？
5. 請討論何謂RTC？為何要有此子公司？
6. 請討論近藤新任總經理認為下一個10年理光大計最用力所在為何？
7. 總結來說，從此個案中，你學到了什麼？有何心得、啟發及觀點？

個案66

麗池卡爾登頂級飯店服務冠全球

一、最昂貴的房間在東京開幕營運

亞洲最昂貴的大飯店房間費，2007年3月30日正式在日本東京市的麗池卡爾登（The Ritz Carlton）大飯店上場。這家麗池連鎖大飯店在53層樓最高樓，視野最佳，處在日本舊防衛廳撤走後的Midtown新開發區。這間房間約100坪，住宿一夜要價210萬日圓（折合新臺幣約60萬元），超過目前東京市同業大飯店最高的25萬新臺幣行情，引起東京有錢人士的注目。

二、麗池大飯店的崛起

麗池卡爾登雖然成立於1905年，但在第二次世界大戰後逐漸衰敗。嚴格來講，到了1980年代，麗池卡爾登才重新取得名稱使用權，到2011年為止，麗池其實是只有30年歷史的年輕大飯店企業。麗池卡爾登目前在全球有100家據點，包括北美的42家、中南美8家、亞太28家、歐洲11家，以及中東及非洲的11家，合計全球擁有100家連鎖都會型高級大飯店。

麗池卡爾登在十多年間迅速崛起，而獲有頗佳的名聲，主要是它在美國曾經連續三個年度得到極為嚴謹的美國國家經營品質獎，且當之無愧。

三、麗池定位在為全球最富裕前5%人口服務

麗池卡爾登本身就定位在頂級大飯店，專門為全球極高所得的商務人士及貴族家庭而服務的現任麗池卡爾登美國總公司總經理西蒙·古柏（Simon F. Cooper）即表示：「麗池卡爾登長期以來，就是為全球人口前5%最富裕層人士，以及日本東京人口前1%最富裕層人士為目標客層而服務的。」

四、東京麗池轟動日本

東京麗池卡爾登大飯店是專門針對東京市最有錢富裕層1%人口為目標對象。早在東京麗池之前，在大阪市也早已設立一家麗池大飯店，專門為大阪關西地區的有錢人士服務，營運績效在關西地區位居No.1。如今，正式進攻競爭

最激烈的東京市大飯店市場,果然引起極大轟動。東京麗池在正式開業前,預約婚禮的件數已超過260件,達成了原訂的第一年目標數。而一般客房的預訂數,第一天也達到800件,狀況都很好。尤其,東京麗池也有銷售SPA俱樂部會員制,第一年年費要200萬新臺幣,訂購的人也非常踴躍。

東京麗池大飯店樓高53層樓,視野極佳,可以看到東京鐵塔及六本木。而其裝潢設施亦極為頂級奢華,但亦兼顧日本傳統的文化、藝術、宗教與風格,極具特色與差異化。

此次東京麗池的開幕,麗池總公司將原來在大阪麗池的總料理長、總經理及人資部長等幾個重要幹部調到東京來負責支援,可謂是一場精英大集結。

目前,東京麗池的顧客比率,在住宿方面,日本人約占70%,宴會及餐飲也約占65%,會員卡人數也約占70%。東京麗池的執行董事酒井光雄即表示,麗池在日本成功理由之一,即是「以日本最富裕層的1%為顧客設定。」

五、相信服務是科學的

麗池認為感動客人不是偶然的,也不能只依賴個人能力,服務是可以科學化的。例如,在麗池大飯店整理客房的清潔人員是要用計點數來衡量此人的績效。要是在某個房間被複檢出清潔後的房間仍有前一位客人掉落的毛髮時,是要被扣點數的。另外,麗池也設計一套「服務品質指數」(service quality index;簡稱SQI),從SQI指數中,可以計算出不滿意指數。

六、要做到令顧客感動的服務

麗池大飯店所以名冠全球,並不是在於其豪華裝潢與設施,而在於它的根本經營理念,就是要創造出令顧客感動的服務才行。在麗池工作的人員都會熟背麗池的第一個信條,即是:「要為客人提供快樂與感動的來店經驗及感受。」麗池的每一層樓的每一位服務人員,都要被挑選及教育訓練培養成為具有教養的、具有禮儀的及具有感性、快樂的精神與眼神,來對待每一位來店的紳士與淑女顧客們。

在一般的大飯店裡,對打電話來預約的客人,預約完成的時間大約3分鐘左右即可完成。但在麗池卻被要求在8分鐘內才能算是完成的。因為,多出來的時間,一定要問清楚及了解來電顧客的需求、偏好、住宿日、生日、職務及其他資料等,事前一定要記錄在卡片及電腦裡,才算完成程序。

七、麗池創造感動服務的四要素

麗池認為要創造感動服務不可或缺的四要素，就是：

1. 設定願景（vision）：設定麗池是「世界第一名頂級服務的大飯店提供者。」
2. 設定使命（mission）：以富裕層前5%目標顧客為主，為他們帶來高價值的服務及產品的利益。
3. 設定基礎（basic）：要不斷的培育出麗池人的工作信條、價值觀及麗池服務哲學。
4. 選擇熱情（passion）：要篩選、拔擢出具有高度服務熱情的員工，為目標顧客做出不會倦怠的感動服務。

八、接客力×情報共有

麗池除了有優質的接客力外，在情報共有方面也做得很出色。全球100個麗池大飯店的顧客資料、紀錄、個別需求、曾經抱怨事項……等，均可在電腦連線上看到，達到情報共有化的目標。不管在哪一個國家的麗池，接待同一位全球顧客，事前都可以在電腦上看到相同的資訊情報，而知道如何因應。例如，某位顧客到麗池的日子，剛好是她的生日，那麼她一定會接到麗池贈送的一束花及生日小禮物。例如，上次某位顧客抱怨枕頭太軟，希望換硬一點的；下次再來的時候，房間已經主動換上較硬的枕頭了。

麗池認為「接客力×情報共有」，一定可以清楚地探索出顧客的潛在期望與需求。

九、有滿意的員工，才有滿意的顧客

麗池的重要經營信念之一，就是相信「有滿意的員工，才有滿意的顧客」。在麗池大飯店裡，公司授權給每一位基層員工，每天有權力動用6萬元新臺幣的裁決權。

例如，在日本麗池，有客戶臨時要訂機票到哪一個國家，或要訂新幹線高鐵票到哪裡，這位員工一定可以主動拿到公司的錢，事前去為顧客處理這些事。這就是麗池給員工相當高度的「信任感」及「信賴感」。但在麗池卻從來沒有發生過舞弊的事情。在麗池工作的人，都感到無上的光榮，而且工作時相當快樂與滿意。因此，他們才有快樂的心情與自信心，去面對每天來店的國內外客人。這也是麗池成功的原因之一。

十、有滿意的員工與顧客，與業績有關聯

美國麗池總公司西蒙・古柏總經理就曾多次表示，在過去多年的統計分析，顯示顧客與員工的滿意的確與整體業績有連動性的關聯。換言之，員工滿意，就會使顧客滿意，顧客滿意，自然就使公司收益提升。因此，「員工滿意是麗池的大事情」。

十一、重視人才育成

麗池挑選人才時，都是挑選優質與熱情的，但麗池更重視的是人才的育成及人才的成長。麗池大飯店對員工的成長，有一套他們自認的公式，即是：（talent × fit × investment ＝ growth），中文意思即是：（適才適所 × 投資 ＝ 成長）。在麗池的工作環境中，為了因應全球麗池家數的不斷成長、擴張及維持一定的頂級服務品質。因此，對於人才的成長是賦予高度重視的，而且在這方面的教育訓練與培訓工作也是不斷進行的。

總結來說，西蒙・古柏表示：「大飯店產業經濟在日本東京已形成，在全球也是服務性與休閒性產業經濟的重要一環。它代表著這個國家進步的指標與否，而麗池卡爾登以頂級服務及頂級豪華設施，正帶動著全球大飯店產業經濟的快速進步與成長。」

問題研討

1. 請討論亞洲最昂貴的房間在哪一個都市？一夜要多少錢？

2. 請討論麗池卡爾登大飯店如何崛起？它的事業定位為何？為何要以此定位？

3. 請討論東京麗池大飯店新開幕後的營運狀況如何？為何會有此佳績？

4. 請討論麗池大飯店「相信服務是科學的」這句話之深度意涵？你同意嗎？

5. 請討論麗池大飯店認為一定要做到令顧客感動的服務之意涵為何？

6. 請討論麗池大飯店創造感動服務的四種要素為何？

7. 請討論何謂「接客力×情報共有」？其目的又何在？

8. 請討論為何麗池大飯店堅信「有滿足的員工，才有滿意的顧客」？如果你是麗池大飯店的CEO，你會如何讓你的員工們滿意呢？你會有哪些做法？說一說。

9. 接續第8題，請討論有滿意的員工及顧客，最後會跟什麼有關？這是大事情嗎？

10. 請討論麗池大飯店如何重視人才育成？他們自認的一套人才成長公式為何？他們為何重視人才育成？

11. 請討論何謂「大飯店產業經濟」？去過東京的人都會體會到，但東京市有2,000萬人口及高所得，你認為臺灣有條件形成Hotel Ecomomy（大飯店經濟）嗎？

12. 總結來說，從此個案中，你學到了什麼？有何心得、啟發及評論？

個案 67

世界精銳人才，集中在東京的三菱商事

一、連續4年高獲利

2016年度日本最大的三菱商事公司合併獲利額高達4,000億日圓（約1,200億新臺幣），相較2015年的3,500億獲利，創下三菱商事公司史上的最高峰。這也是連續4年來的高獲利表現。

二、人才是三菱商事獲利的根基

三菱商事公司前任社長（總經理）小島順彥認為，「人才育成」是非常重要的戰略課題及經營課題。三菱商事的員工總人數，到2016年底時，日本總公司約有6,000人，海外各國約有200個據點，總計聘用3,000名外國員工，而包括整個三菱商事集團的子公司，數量達550家之多，整個集團的員工人數則高達5萬4,000人之多。小島順彥表示，這好幾萬人才正是三菱商事公司高獲利的根基所在，因此，要有中長期計畫性地加以培育才行。

三、成立HRD（人力資源發展中心）

小島社長在2006年4月時，鑑於全球各地人才養成與培訓的重要性，指示人資部門擴大成立一個跨各公司，隸屬集團性的重要新組織單位，稱為HRD（Human Resource Development Center；三菱商事集團人力資源發展中心），把過去各公司自行培育或海外據點自行辦理的情況，加以統一。另外，還有3個重點工作：

1. 三菱商事總公司在HRD中，以對新人的育成工作為主。
2. 對日本國內的事業投資單位，HRD則對他們的高階經營者、財務長及各功能的中堅幹部的育成工作為主。
3. 對海外單位，HRD則免費對外派的日本員工之事前培訓及支援為主；另外，海外外國人的優秀各級幹部及經營層亦必須回到日本東京的HRD培訓及育成。

小島社長指示HRD的負責主管，必須「把人當成能夠活用的人來教育培訓

及養成他們；而海內外人才，不分本國人或外國人，都要一起提升水準。」

四、整個環境在改變，人才變得更重要

三菱商事公司近幾年來為什麼愈來愈重視人力資源的主題呢？有2點原因：

1. 三菱商事過去是靠商品及原物料的單純進出口買賣即可獲大利，但現在卻不是如此。

   例如，在1991年時，三菱商事靠單純全球貿易即可賺上3,000億日圓，但到2006年時，靠貿易僅能賺1,900億日圓而已，減少了快一半。而另外一半賺的是，靠集團在日本國內500多家公司及海外各據點公司的獲利賺來的。換言之，整個獲利模式及事業經營模式已有大變化了，亦即，三菱商事對各轉投資公司的經營必須更加謹慎及用心經營才可以，因為這數百家公司是獲利的一半來源。

2. 就是三菱商事也必須面對整個事業環境的全球化趨勢，不可能只銷售日本而已。因此，對於外派日本人到海外去，以及如何運用培育當地國家的重要外國人為三菱商事效命，也是一件大事。這些都是全球化人力資源管理的主軸及著力方向。因此，必須有計畫、有專責機構去統籌負責才行。

五、錢不是價值，人才才是真正的價值

小島社長在內部重要會議，很多次均指出：「三菱商事不缺錢，不缺設備，不缺物品，但仍然缺乏更好、更棒的全球化人才及具有卓越經營力的中高階人才。我們公司在全球有5.4萬人，不管日本人或外國人都要一視同仁，都要看成是三菱商事人，都要選拔、培養、歷練，及教育訓練他們成為未來三菱商事最優秀的人才。而且要把海外各國員工中，最優秀的人才集中到東京總公司。我們是一個高度開放的人才寶庫，非常歡迎美國員工、歐洲員工、亞洲員工、紐澳員工、中東員工、非洲員工，及中國或臺灣員工到東京總部來。如果能夠這樣子，我相信三菱商事會更強大、會更優秀地永續經營及高獲利。在面對時代快速變化及世界商機、新經營模式不斷改變時，我們也要快速跟著改變。但光改變沒有用，重要的是，要靠有一大群來自全球最優秀、頂尖與勤奮的全球化員工來做好這些準備及執行的工作。」

六、要培養出卓越的綜合型總經理級人才

小島社長接著表示：「過去是以錢賺錢，以此大賺錢，但現在卻不是這樣了，現在是靠人才的智慧、內涵、水準、人脈、經驗及知識來賺錢。因此，三菱商事公司面對的戰局是人才戰；面對的最佳布局是人才布局；面對的是全球化戰。而這些優良人才，除了已有的各種專業知識外，還必須培訓他們成為一個能為公司賺錢獲利的綜合型高階經營管理與卓越的領導人才才行。三菱商事在全球5萬4,000人的網絡中，不乏100種以上的專業人才，但卻缺乏能夠有效能、有效率及正確領導出一個卓越公司的總經理人才或高階人才。這就是HRD的首要及最大任務，也是維繫三菱商事公司是否能夠繼續經營100年下去的最核心關鍵因素。」

看來，三菱商事這家日本及全球最大的總合商社，的確抓住他們長遠成長與卓越績效的關鍵點所在。

問題研討

1. 請討論三菱商事公司有多少驚人的獲利績效？
2. 請討論三菱商事小島順彥社長認為什麼才是該公司獲利的根基？
3. 請討論小島社長下令成立HRD人資單位，這是什麼單位？他為何要如此做？此單位的工作重點何在？
4. 請討論三菱商事公司重視人才的二大原因為何？
5. 請你深度詮釋小島社長說的這句話：「錢不是價值，人才才是真正的價值」之意涵？
6. 請你討論小島社長想要培養出什麼樣的人才，才是最需要的？
7. 總結來說，從此個案中，你學到了什麼？有何心得、啟發及評論？

個案 68

品質、技術與品牌升級：施華洛世奇風華再現

一、施華洛世奇第五代掌門人使該品牌交出好成績

(一) 贊助活動

娜佳（Nadja）儘可能把品牌朝向有鎂光燈的地方推展。例如，奧斯卡頒獎典禮，舞臺上的大片水晶背景屏幕，即是由施華洛世奇（Swarovski）提供。搭上奧斯卡的光環，這條新聞即攻下主要媒體的版面。另外，該公司也贊助各地的「時裝週」或「派對」，不斷把品牌推向名人與時尚圈。

(二) 接受媒體採訪，使自己成為公司最佳代言人

娜佳在歐美社交圈都很活躍，她懂得借用自己的名氣拉抬品牌，成為公司最佳代言人。例如，她接受雜誌社到她的倫敦住所採訪，並讓其參觀住所，照片登上版面，到處都是水晶裝飾，等於免費打廣告。

(三) 在紐約設立「水晶展示中心」

娜佳在紐約設立水晶展示中心，並邀請時尚、珠寶、以及建築師等上門，讓他們以水晶為素材玩創意。此展示中心的珠寶部門營收，從原本的140萬美元，躍增到300萬美元。

(四) 借助設計師玩創意

迪奧（Dior）及香奈兒（Chanel）的新裝發表，都用到該公司的水晶，亞曼尼特製的水晶布料，也出現在秋冬的服飾上。施華洛世奇的水晶綴上了愈來愈多高價的鞋子、服飾及配件上。過去，與時尚相關的產品只占營收三成，現在則增加到七成。

二、百年技術經驗與品質是最大資產

*1.*施華洛世奇總部位在奧地利阿爾卑斯的偏僻小鎮萊頓斯，鎮上住了8,000

人，其中6,000人是該公司員工。該公司的技術性生產部門是禁止被採訪的。而且員工的製作流程，每個人都只能知道一部分而已。

2.守住品質與技術是施華洛世奇的傳家寶。

三、Swarovski的關鍵再生因素

1.守住品質。

2.可得創新的研發技術與創新設計。

3.再套上品牌升級的新外衣，終於使百年名店施華洛世奇展現品牌新生命。

四、娜佳的經營績效

1.過去7年來，該公司營收三級跳，已達27億美元。

2.全球零售據點成長1倍，達600家店。

3.品牌形象再提升，成為全球最知名水晶品牌。

問題研討

1. 請討論施華洛世奇第五代家族掌門人娜佳如何使該品牌交出好成績？她做了哪些行銷活動？

2. 請討論什麼是施華洛世奇公司永續經營的最大資產？為什麼？

3. 請上施華洛世奇全球最大水晶產品製造及品牌公司的官方網站，了解及說明一下該公司的發展歷程為何？

4. 請討論施華洛世奇公司及品牌能夠再生的關鍵因素為何？

5. 總結來看，這家位於歐洲瑞士的水晶產品製造公司，對於此百年店品牌能夠風華再現，你從此個案中，學到了什麼？有何心得及觀點？

個案 69

無印良品（MUJI）復活的一千天戰爭

1990年代後半期，日本無印良品（MUJI）忽然間迅速崛起，吸引很多日本年輕MUJI迷。

無印神話，一度失墜

但之後由於擴張策略不當，加上其他諸多原因，使2001年比2000年的營業獲利大減52%，陷入危機。當時，有媒體形容「無印神話終結了」。

此故事緣起於2001年1月，當時受到業績惡化，有賀馨前總經理突然發表退任聲明，由松井忠三繼任。松井總經理奉命要挽救無印良品，就任後未休息一天，即赴各地門市店視察，要追出業績及獲利大幅下滑的真相。後來，發覺到主要是因為服飾品缺乏新商品上市，使業績掉了67%，並導致庫存量大增，顧客不斷離開，陷入了如此的惡性循環。

一、成立「業務改革小組」

松井總經理看到位在新潟物流中心堆積如山的服飾過期庫存品，經過長考後，下令燒掉這38億日圓的庫存品，下定決心與過去訣別，重新再出發。

2001年下半年，他向外招聘了二、三位零售服飾店營運退休資深專家，並會同內部高階主管，組成10人小組的「業務改革小組」。

第一步改革下手處，先從服飾衣料品的開發、採購及銷售這個環節著手。過去的做法，都是由商品採購人員（buyer）一人獨自處理及管理，相關的規劃及控管過程，幾乎沒人知道，業務透明度非常低。如今，松井總經理正式下令，今後所有的商品開發及採購，均必須使業務透明化、可見化，並依照新的標準作業準則處理，包括什麼時候應進多少數量的貨，以及庫存標準數量應控制在多少等，均不得任意而為。這些新措施無異是拔掉了商品開發採購人員的自主權，受到他們激烈的抵抗，但松井總經理還是堅定支持新做法，壓制了這些採購人員的反彈。大概經過一年後，到2002年時，服飾衣料品的不當庫存數已減少二成了。

松井總經理第二步對策是引進外部專家人才的策略性建議。例如，他找了

一位曾經擔任過同業總經理的藤原秀珍擔任外部獨立董事，又從其他公司招聘了品質管制及商品專家等。

松井總經理後來的經營深受藤原獨立董事的影響，採取了一系列的改革行動，包括：

1. 要徹底的採取低成本經營，撙節任何可以省下來的不當支出項目。包括前述的不當庫存品、人力成本及管銷費用。
2. 立即關掉海外不賺錢的直營店，包括法國店及義大利店，使虧損降低。
3. 國內長期不賺錢的店，也立即收掉，減少虧損。
4. 對於商品開發設計應該隨著四季的季節感，而彈性因應與形成特色。

從2002年到2003年的2年，無印良品的營收額已從2001年的低檔逐漸回升，情況好轉了，但是仍然無法有效提高獲利。

二、強化商品設計企劃能力

真正使無印良品營收及獲利復活增加，松井總經理知道關鍵在於「商品力」強化這一點上。

2003年7月，過去一直沒有自己設計中心的無印良品，正式成立「企劃設計室」，專責服飾品及雜貨生活品開發設計的重責大任。松井並聘請了幾位日本知名的設計師，且與外部設計公司合作，一步一步的建立起自己的核心專業部門。到現在，大部分無印良品的商品都是由該公司的設計部門從圖面設計到製成樣品，然後委託日本或海外工廠代工製造而成的。例如，在生活雜貨品項方面，從2004年的3,000個總品項增加到2007年的6,000個品項之多。經過近3年的努力再努力，無印良品的自主設計研發能力加強了，商品力也得到了提升。

另外，無印良品從2000年起，也開始打出新的品牌形象，把無印良品從感性轉向使消費者得到理性滿足的品牌。事實上，從1999年，日本無印良品顧客群的平均年齡為24.8歲，到2007年時已上升到32歲，無印良品不再只是年輕族群去的地方，家庭婦女顧客族群也不少。

不過，松井的改革還少了最後的一環，那就是直營門市的革新。從事流通事業的重點，仍在於與顧客接觸。松井認為門市店的經營，成效決定於是否有最強的店長。因此，他親自重新挑選、安排、培訓及巡店，意在為店長打強心針，激勵他們在第一線的作戰士氣。另外，總公司也提供自動化訂單資訊系統、PUS情報分析報告、舉辦各種全國性行銷販促活動、店面改裝、陳列架變化以及商品不斷推陳出新等支援行動。

到2004年2月時，松井的改革大業算是初步完成，但這已經歷時3年、

1,000天的日子了。

三、改革沒有終止的一天，新MUJI再出發

即使到現在，無印良品雖然業績及獲利均已步向正軌，而且每年都有二位數的成長，看來已經復活再生了。不過，松井總經理仍然持續自2001年以來的各項改革。包括投入設計比較高單價的生活雜貨品、陳列設備的升級、店面裝潢豪華感的提升以及世界品牌形象的再強化等。

2007年夏天，無印良品正式進軍美國市場，在紐約開出美國第一號店，在歐洲及亞洲地區也要加速擴張，松井充滿自信地表示，這是「新MUJI」與「世界MUJI」的再出發。

四、改革信念：要讓業務看得見

松井忠三總經理總結他六、七年來的改革心得時，他自始至終都堅持著2項核心信念：

1.改革，一定要善於借用外部專家的智慧及經驗，如此可以加速改革的速度及正確性。

2.改革，一定要讓全部的營運與業務可視化（看得見）及標準化。包括從商品研發、設計企劃、代工生產、物流配送、訂貨、銷貨、結帳及庫存等一連串過程，不應該有被掩蓋住的地方，一旦所有的作業及所有的人都可視化、科學化及標準化後，一切就會步上正軌。

松井總經理未來還有一個挑戰目標還沒有完成，此即整體費用率已從2001年最高的34.3%，下降到31.8%，最終目標是控制到30%。如此，即可提高獲利率，澈底完成無印良品的改革大業，並完全的復活再生，全面提升MUJI的國際化競爭力。

MUJI從開發到銷售的流程

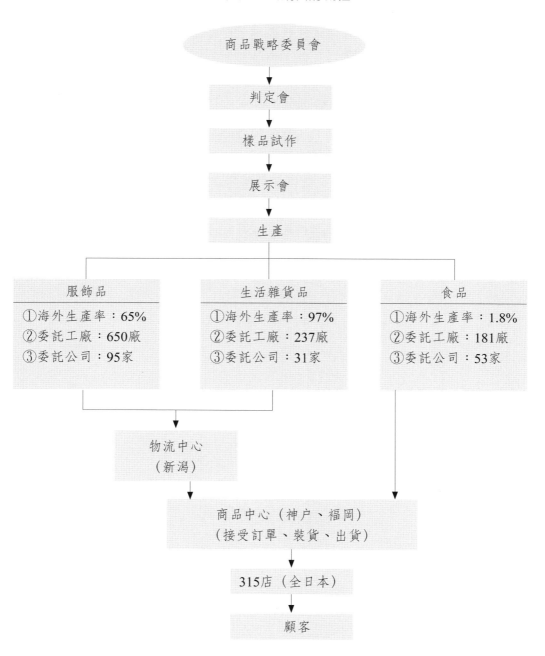

問題研討

1. 請討論無印良品在2001年陷入何種危機？爲什麼？

2. 請討論松井忠三接任總經理後做了哪些事？他又成立什麼樣的組織？

3. 請討論松井總經理的第一步改革爲何？爲何要從此下手？

4. 請討論松井總經理的第二步改革爲何？內容爲何？爲何要如此？

5. 請討論松井總經理如何強化無印良品的商品力？

6. 請討論松井總經理最後一步的改革爲何？

7. 請討論松井的持續改革內容爲何？什麼是「新MUJI」及「世界MUJI」？

8. 請討論松井總經理六、七年來的改革心得有哪二項核心信念？

9. 請討論松井總經理仍未完成的未來挑戰目標爲何？爲何要做此事？

10. 總結來説，從此個案中，你學到了什麼？有何心得、啓發及評論？

個案 70

荷商飛利浦的轉型勝機

一、歐洲最老牌的電機公司

從1891年生產電燈泡開始，迄今具有126年之久的歐洲知名電機公司——荷蘭飛利浦電機公司，過去曾是一家綜合型電機公司的全球代表公司之一，從電燈泡，到生活家電、半導體、照明設備、醫療設備……等，幾乎都有參與。

二、曾面臨生死存亡經營危機，事業模式激烈轉變

在2002年度時，由於全球IT產業不景氣，使飛利浦公司產生了約30億歐元（折合新臺幣約1,300億元）的虧損，而且連續在2001年及2002年均為經營虧損。此時的飛利浦可以說面對著生死存亡的高度危機。但是為什麼到2005年時，即4年之後，飛利浦卻可反敗為勝，轉虧為盈，當年度的合併全球營收額達380億歐元，而獲利約36億歐元，已經轉回到正常營運的狀況，其2005年獲利績效，是日本松下、日立及東芝等三家大公司的總和。

主要原因是，飛利浦總經理古拉伊斯坦利採取了2項快速且激烈的策略轉型的抉擇改變，包括：

1.由於飛利浦長期以來在半導體、精密零組件及AV（DVD）等產品上，失掉了競爭力，並沒有獲利賺錢，因此，決定將此事業撤退。

2.對於有競爭力且有成長及獲利保障的醫療設備、照明及一般生活家電產品等三大類產品，為未來持續投入的主軸產品源。

從1982年起，飛利浦與當時的日本SONY公司共同推出CD產品的商品化，1996年共同制定DVD的規格化，此AV事業，在過去一、二十年來，對飛利浦公司而言，曾經有輝煌的成就、占有率及獲利。

但到了2002年8月，飛利浦逐漸被競爭對手趕上，當時飛利浦把全球9個AV事業工廠賣給美國的一家電子代工公司，使飛利浦的AV事業部員工從4萬人一下子刪減到1萬6,000人。另外，小型液晶面板專業電視零組件工廠也賣掉，與韓國LG電子合資的液晶面板持股股份也降低比例。

此一系列從數位化產品撤退的策略，主要原因是飛利浦認為這方面的事業

全球供過於求，大廠商彼此間的過度激烈競爭，以及陷入低價格戰，對飛利浦並無勝算，會經營得很辛苦，導致連續2年的大虧損。當然，從數位事業的大撤退，並沒完全退出此事業領域，只是大幅降低及減少這方面的持續擴大投資及不當成主力產品源來經營。

以2005年為例，各產品源為飛利浦公司帶來的獲利，依序為：

*1.*醫療機器：賺6.8億歐元，居第一位。

*2.*照明事業：賺5億歐元，居第二位。

*3.*AV事業：賺4.5億歐元，居第三位。

*4.*生活家電：賺3.8億歐元，居第四位。

*5.*半導體：賺3億歐元，居第五位。

三、未來火力集中在具成長性的醫療機器事業

根據調查顯示，2005年世界醫療精密機器的產值達1兆7,000億日圓，每年平均成長率都有5.4%，尤其以畫面顯像的診斷機器為最大。根據美國摩根投顧公司的調查報告顯示，目前全球第一大精密醫療設備公司為美國的奇異（GE）公司，占有率達34%，第二位為德國的西門子，占有率為24%，第三位就是荷蘭的飛利浦，市占率為20%。而且摩根投顧公司認為精密醫療市場是一個「成長性」的市場，而不是一個「成熟性」的市場，這也是飛利浦為何要策略轉型的原因。在2005年度，飛利浦的醫療設備營收額達63.4億歐元，獲利約6.8億歐元，是屬於高收益的行業之一。而飛利浦在強化醫療事業的策略性做法，就是採取收購。只要是飛利浦公司沒有的重要醫療技術或醫療設備商品，都是飛利浦收購的對象，過去幾年，飛利浦在日本、英國、美國等國陸續收購了電腦斷層掃描（CT）、X光、超音波等十多家大大小小的公司。此舉大幅提升了飛利浦的核心競爭力，同時，也成為它未來持續成長的原動力。

四、高收益LED照明也急速成長

最近，另外一塊成長事業的領域，就是LED（發光體）照明用的設備。LED具有省電、長壽命的優點，因此在汽車的電燈、廣告燈……等使用上愈來愈多，而飛利浦在這方面的技術本來就很不錯。過去5年來，此事業部門每年平均都有27%的高成長，而獲利率竟高達26%之多。未來飛利浦將持續增加這方面的研發費用，例如，UV紫外線殺菌燈的研發等，都是當前迫切需求的。

五、新興國家市場商機龐大

雖然飛利浦縮小了在AV及半導體事業發展，但醫療機器、照明設備及一般生活家電品（例如，刮鬍刀等），在落後國家、新興國家市場的需求及成長商機仍然非常龐大。包括中國13億人口、印度11億人口、中南美洲、中東，甚至是非洲市場等，這些至少30億以上的人口，都是飛利浦公司到2020年努力尋求營收及獲利成長的最佳市場。

六、做正確策略性抉擇的重要性

總結來說，飛利浦這家歐洲名門電機公司，在幾年之間快速激烈的轉變其經營策略方向與事業主軸，透過收購及經營資產的聚焦集中，使飛利浦能夠穩固獲利及成長，擺脫過去的困境，這說明了企業做出正確策略性抉擇的重要性。

問題研討

1. 請先上飛利浦官方網站了解這家一百多年的老品牌企業狀況及沿革為何？

2. 請討論2001年及2002年飛利浦公司遇到什麼經營危機？該公司採取了什麼樣立即性的因應對策呢？

3. （續上題）為何採此二大策略的轉型？其內容為何？

4. 飛利浦公司認為哪些國家市場商機仍然龐大？

5. 為什麼說：「做出正確策略性抉擇的重要性」，請討論此話之深度意涵何在？為什麼有些衰敗、或過去成功但現在沒落的公司會如此？

6. 總結來說，從此個案中，你學到了什麼？有何心得、啓發及評論？

個案 71
韓國三星的人才經營

一、創辦人「人才第一」的經營理念

　　全球前三大之一的電子集團韓國三星電子公司，歷年來經營理念的第一條就是「人才第一」，這是已故的創業榮譽董事長李秉喆親手書寫下來，並指示要永遠當作三星公司的最神聖指標。後繼董事長，亦即他的兒子李健熙日後也堅持此方針。

　　三星電子副董事長兼執行長尹鐘龍也表示：「人才的確是最重要的，一是要採用最高素質的人才，給他們最好的福利待遇、培訓及成長機會，這樣公司才會有卓越優秀的人才，代代接棒，企業就能永續經營與基業長青。」

　　三星電子公司2011年度整體獲利總額達3,300億新臺幣，創下三星歷史新高紀錄。三星電子集團近十多年來急速成長的原因何在？除了在1993年由當時李健熙董事長提出「高品質」與「創新」兩個「新經營」主張的重大方針之外，主要還是三星電子匯聚了全韓國優秀的理工電子人才及海外經營管理人才。此外，三星的企業文化也很正派經營，在組織中很少有派系存在，如果有，馬上就會被澈底排除。對於每個員工的考核評價也非常明確，並且與個人報酬所得緊密相連結，其公正、客觀與公開的制度化做法，讓每個員工都心服口服。

二、海外市場人才派遣非常重要

　　韓國三星電子公司營收額85%來自海外市場，獲利90%也來自海外市場，韓國本身4,500萬人口的市場規模還是小得很。因此，出口經營及布局全球的當地化經營，就顯得很重要了。

　　到2011年底止，三星電子派遣赴海外市場的韓國員工，已高達3,600名之多，在亞洲各國僅次於日本。

　　其中，在中國地區派遣人數達2,000人，是最多的地區；日本有600人，美國地區有500多人，歐洲有450多人，東南亞有350多人，中南美有250人，東歐100多人，中東60多人，俄羅斯也有180多人等。

　　三星員工以被派遣赴美國、歐洲、日本及中國等四個地區較受到喜歡，尤其希望到中國地區的，甚至超過日本。因為三星電子設在中國有高達32個大工廠，每個工廠出口外銷到海外的電子產品，為三星公司創造出很大的獲利貢獻。因此，現在不少韓國三星人都積極學習中國話，爭取赴中國地區就任發展。韓國三星電子對海外市場國家的重要性歸類為3種：

　　第一種是日本、美國及歐洲等先進國家。

　　第二種是四個「戰略國家」，包括中國、印度、俄羅斯及巴西等四個極多人口的急成長市場。

　　第三種是七個「重心國家」，包括也在迅速成長的法國、義大利等國家。

三、成立「人力開發院」，統籌人才培育

　　三星電子公司在韓國首爾市市郊外不遠的靠山邊處，建設了一座宏偉的人力開發院。大樓入門處有四根巨大的石柱支撐，而正面玄關入口處也非常莊嚴，目前此處設有可以容納500名員工夜晚住宿的空間設備。

　　「人力開發院」的申泰均副院長表示，此院已成為「二十一世紀全球三星人才養成大學」之所在。目前，這裡是三星集團25家大公司，及全球20萬名員工的共同教育訓練集中場所。任何新進員工都要在這裡度過26天的集中住宿研修。包括上各種課程、分組研討活動、戶外參觀活動、體驗活動……等，以完全了解三星的歷史、傳統、經營哲學、全球事業版圖、各重點公司及未來前景……等。

　　此外，在這裡，還有各種專業課程，包括：

*1.*派駐海外專業課程。

*2.*海外當地外國人回韓國總部受訓課程。

*3.*晉升基層主管培訓課程。

*4.*晉升中層主管培訓課程。

*5.*晉升高層主管培訓課程。

*6.*各專長功能精進課程。

*7.*其他多達50種以上課程。

　　申泰均副院長表示，在三星全球化發展中，人才的國際觀與國際化經營能力的培養是最重要的，也是今日三星電子成功勝利的根本原因。他又表示，3,600多名派赴全球40多個國家的三星人，都曾在這裡訓練，而40多個國家的當地外國受聘主管人員，也都曾回到這邊接受三星文化的訓練。

　　申副院長也表示，在三星公司要晉升為課長、副理、經理、協理、副總經

理，甚至是總經理的各層級主管，也都要經過這裡的培訓課程結業才可以正式晉升。這裡可以說是具有最多文化、最國際化及最多層級化的培訓各專業人才之核心所在。

四、學習中國話，蔚為潮流

目前，三星電子公司在中國已設有32個大型工廠，44個銷售公司及6個技術開發研究所。在海外的7萬名員工中，就有5萬名員工集中在中國地區。因此，學習中國話及被派赴中國地區，是三星電子公司當前最積極培養儲備幹部的重點所在。此外，三星電子公司在中國也與北京大學進行各種EMBA課程及主題講座的產學合作，成效良好。

五、一個非凡的天才，可以養幾萬人

過去李健熙董事長曾經講過：「二十一世紀一個非凡的研發人才，如果開發出一個創新的產品，那將可以養好幾萬名工廠人員。」由此可知人才的重要性。

三星集團中的幾個公司重要負責人，也對人才有如下的詮釋：

1.三星電子公司副董事長兼CEO尹鐘龍表示：「變化，是人才創造出來的。」

2.三星半導體公司總經理表示：「人才員工若能動起來，市場績效就能動起來。」

3.三星電子技術副理表示：「人才要朝創意型大轉換。」

4.三星LCD公司總經理表示：「技術與人才是三星公司的生命。」

三星「人力開發院」的每一間上課教室內，都懸掛著創辦人「人才第一」的宣傳板，時刻提醒著每一個受訓的三星人。另外，在「人力開發院」裡，也有一座特別設立的「創新館」，代表著三星電子公司對技術創新及產品創新的高度重視。

三星電子公司及其整個集團自1993年以來，花費不過十多年時間，即成為全球非常知名的手機、半導體、液晶電視機、液晶面板……等電子產品之知名品牌經營公司，其核心因素之所在，即在：「人才、技術與創新」。而「人才經營」又是這三者核心中的核心，三星電子副董事長尹鐘龍做出這樣的總結論。

問題研討

1. 請討論三星電子公司創辦人「人才第一」經營理念的意涵？

2. 爲什麼三星電子海外市場人才派遣非常重要？

3. 請討論三星電子成立「人力開發院」之目的何在？有哪些課程？重要性爲何？

4. 請討論爲何在三星電子公司學習中國話蔚爲潮流？

5. 請討論三星集團幾位高階主管對人才的看法爲何？

6. 請討論三星電子公司近十年來急速成長的三大核心因素何在？爲何是此三大因素？

7. 總結來說，從此個案中，你學到了什麼？有何心得、啓發及評論？

個案 72

資生堂行銷中國成功之道

一、創下連續4年高成長佳績

日本資生堂在中國的營收額，從2004年的200億日圓，一路成長到2011年的1,200億日圓，7年來，平均年成長率均超過50%，營收額更成長6倍。

在1994年時，資生堂以中國當地製造及當地行銷的品牌AUPRES，當時在百貨公司專櫃成為暢銷的第一品牌，並打下資生堂遠征中國市場的堅實基礎。

2001年後，由於中國加入WTO世貿組織，外資化妝保養品牌大舉進入中國市場，整個市場競爭加劇，而且通路亦更加多元化，從百貨公司、藥妝店、量販店、超市到個人專賣店等，均可輕易買到各式各樣品牌的化妝保養品。

資生堂的品牌名稱，起源自《易經》中的「萬物資生」，頗受中國消費者的歡迎。經中國統計局統計，中國都市化人口的中間所得人口之女性，大約有1億人，遠比日本的5,000萬女性市場更大，這也就是資生堂為何在1990年代初期，即到北京設立在地工廠，並展開在地行銷的工作。

二、通路經營能力有一套

資生堂目前在中國各大百貨公司設有專櫃800家店，再加上個人連鎖店2,760店，合計超過3,560店，其通路規模數及密集度算是居於領先地位的，這對資生堂營收的成長，奠定穩固的基礎。資生堂更將整個通路據點，設定了5,000店的挑戰目標。

日本資生堂自1943年創業以來，即逐步演化及強化其行銷通路經營的一套Know How（祕訣、制度）。包括：商品販售、商品知識、美容技術、店鋪設計、店鋪營運、行銷宣傳及產品組合等，均有一套制度、辦法、規則、要求標準及設計規格。這一套Know How，資生堂都要教給加盟的個人專賣店之店主、老闆娘們，而其原則目標，即在追求雙方的共存共榮。只要通路愈強，資生堂的產品銷售管道就會愈來愈多及愈好。

三、在中國經營致勝的4個核心經營概念

資生堂公司總結在中國市場經營十多年的心得及經驗，想要經營致勝，大概要擁有4個核心概念才行：

(一) 要有正規產品

在中國市場不能賣假貨、也不能賣品質低劣的商品，一定要有高品質、要有正記商標、要有信用、要優質化，如此正派、正規經營，久了就會得到口碑、肯定及忠誠度。

(二) 要有親近感

化妝保養品除了少數開架式自由拿取外，大部分仍要靠美容顧問師、彩妝師的親切說明教導及解惑，必須讓消費者感到親切感、希望感及好感度。

(三) 要有誠意感

中國消費者買東西除了要有親切感外，也要有誠意感，誠意就是真心為消費者的皮膚好，為消費者裝扮得更加青春美麗，要真心誠意為消費者付出，這種真心誠意要能讓消費者感受到。

(四) 要具有皮膚保養的真正專家

美容顧問師或技術師必須具備充分的美妝、保養、護膚、生化及產品等多方面知識，必須展現出是一個可以為消費者解決煩惱或創造美麗不衰老的專家才行。

以上這些在資生堂公司培訓手冊「資生堂Beauty Way」（資生堂美容之道）中，都有講解得很清礎。

四、今後努力的方向與策略

資生堂中國事業部長高森龍臣表示，今後對中國化妝保養市場的高速成長，仍抱持高度的樂觀信心。他認為資生堂今後在中國市場的行銷策略與經營方向，應該把握以下幾點：

(一) 持續深化消費者的需求研究及洞察

過去資生堂在這方面已累積了不少的市調結果及數據資料庫，今後仍將持續下去。

(二) 認清中國各地區、各省市的差異化，而施展不太相同的行銷操作方法及內容

資生堂了解到中國有31個省、直轄市、自治區及2個特別行政區等。但各地區、各省市的天氣、膚種、消費思想、價值觀、社會風俗……等都不盡相同，故不能有全國統一化的做法，一定要加以區隔化及細分化，採取差異行銷。

(三) 持續擴大全國通路據點

百貨公司專櫃及個人專門店仍是資生堂業績來源的二大支柱，未來的據點數，將從現在的3,500家店，邁向5,000家店，最終2015年希望突破10,000家店。屆時，將是最強通路體系的第一品牌化妝保養品公司。

(四) 加速擴大經常購買的會員人數

現在，中國資生堂每月經常性回購的會員人數，大約有340萬人，未來將朝每年成長20%，希望達成500萬新會員。

(五) 持續深化品牌力

資生堂發覺到中國消費者仍高度重視名牌或有品牌的產品。資生堂在日本、在全球早已很有名，在中國當然也不例外，但品牌力的深耕是不能停留一刻的，未來，資生堂仍要持續在廣告及公關報導方面，加強打造及深耕公司品牌及其產品系列品牌，並做到品牌高級化及高檔品牌的設定目標。

(六) 提升服務品質及反應力

資生堂已在中國當地設立客服中心（call-center），接受來自中國31個省市地區消費者的抱怨、疑問或意見的表達。服務品質的好壞及立即解決能力的快與慢，也直接影響到對資生堂這個品牌及好或不好的感受與評價。未來的資生堂將加強服務力的展現。

(七) 建立顧客資料庫，推動CRM

目前資生堂全中國已有375萬名常客，未來將更成長到500萬名，這些巨大顧客資料庫名單將輸入到CRM（顧客關係管理）系統，然後加以分級處理及分級對待，找出特優良及優良級的好顧客，給予特別回饋優惠，真正做好對優良、忠誠度高客戶的真心對待。

(八) 推出日本研發上市，全球同步行銷上市的產品規劃

資生堂近年來已測試過安耐曬、美人心機……等全球同步行銷上市的產品規劃與執行，都帶來不錯的成果；並且由日本總公司提供具有高吸引力的日本拍攝廣告片，在全球各國播放，達到全球行銷資源平臺的共同效益。

(九) 創造好企業公民形象

最後，資生堂也注意到近年來CSR（企業社會責任）的盛行，也積極在中國推展社會公益活動及社會回饋工作，希望創造好企業公民（corporate citizen）形象，並博得中國人民對資生堂公司的好感度。

五、結語：提升中國女性之美

資生堂中國事業部長高森龍臣誠摯的表示：「資生堂真心希望為中國女性之美做出貢獻，並希望中國整體美的意識可以全面向上提升。唯有秉持此種經營理念，才可確保資生堂在中國巨大市場的永遠成長之道。」

問題研討

1. 請討論資生堂在中國市場目前的現況為何？
2. 請討論資生堂通路經營能力的狀況為何？
3. 請討論資生堂在中國市場經營致勝的4個核心經營概念為何？為何是這4個？
4. 請討論資生堂今後在中國市場努力的方向及策略為何？
5. 請討論「提升中國女性之美」此句話之意涵為何？
6. 總結來說，從此個案中，你學到了什麼？你有何心得、觀點及評論？

個案 73

日本UNIQLO（優衣庫）平價服飾成功經營祕訣與柳井正社長的經營理念

一、全球第四大平價服飾集團快速崛起

東京最貴的商業地段六本木中心點，日本首富柳井正在他31樓的辦公室向外眺望；天氣晴朗時，從這兒能看到日本第一高峰富士山。

38年前，他只是日本本州農業區山口縣的小西裝店老闆；如今，他與家人因持有UNIQLO（中譯「優衣庫」）控股公司迅銷集團（Fast Retailing）過半股權，以身價約76億美元（約合新臺幣2,400億元），擠下任天堂創辦人山內溥，連續2年榮登日本首富。

近10年日本經濟停滯，日本服飾零售類銷售總額縮水近四成，但UNIQLO營收卻10年成長5倍，成為全球第四大平價服裝集團，僅次於ZARA、H&M、GAP。以市值計則為全球第三，勝過GAP。

2008年金融海嘯後，2009年UNIQLO營收逆勢成長近一成七，增幅超越ZARA和H&M。《日經》（*Nikkei Business*）形容柳井正是「不景氣中唯一的『獨勝』」。同年，日本產業能率大學舉辦年度最佳社長票選活動，連續2年，他被五百多位社長（總經理）選為「最佳社長」，勝過豐田（TOYOTA）社長豐田章男。

不過，站在能眺望富士山的高度，他評價自己：「我只給自己打70分。」「70分只是及格，我的目標是100分，但我永遠看不到100分的樣子！」

二、刊登廣告徵求批評，上萬封信罵出好品質

一次徵求批評的舉動在業界引發話題。1995年，UNIQLO業績正好，他卻在媒體刊登「誰能講出UNIQLO壞話，我就給他100萬。」UNIQLO全球溝通部部長真嶋英郎解釋，日本人很少直接反映意見，必須設計誘因，才能得知顧客真正心聲。

結果，批評信如雪片般飛來，1萬封回信多數指向品質問題：「洗了兩回腋下就破了」、「T-shirt洗一次領口都鬆掉，爛死了」、「樣式是歐巴桑才會

穿的吧！」UNIQLO最後選出批評最透澈的客戶奉送100萬日圓。

這些批評讓他知道UNIQLO產品不夠水準。看業績彷彿成功，看品質卻是失敗。而從小摸著西裝料長大的柳井正，很難容忍自身品牌被視為品質不佳，他決心做到「便宜且品質好」。

「面對失敗，或把它丟到一邊，全看經營者，」他說：「每個人都討厭失敗，如果你把它蓋上蓋子埋葬，你只會重複同一種失敗。失敗不只讓你受傷，失敗一定會蘊含下一次成功的芽，一邊思考一邊修正，才不會有致命的失敗。」

三、經營成功三祕訣

・祕訣一：低價與高品質

在製造端，UNIQLO推出「匠計畫」，邀請一群年資二、三十年的紡織業老師傅，組成「Tashumi Team」，這群具有日本工匠精神的師傅，成為UNIQLO支援與監督70家供應商最重要的「智囊」。1999年起，這批師傅長駐中國工廠，擔任技術指導。

黃偉基指出，雖然紡織已採取自動化生產，然而，製造過程仍有太多無法控制的因素，例如，染料與溼度、溫度有關，同一批物料在天氣改變時，染出的顏色可能有差異；棉花不同產地的蛋白含量不同，給它的呼吸時間不一。一個小細節的差異，就會影響製造結果，影響成本。

這些日本師傅的角色，就像是汽車廠對協力廠商提供的技術指導。八〇年代後，UNIQLO為了創造成本優勢，大量外包中國，如果沒有日本這些老師傅移轉經驗、現場指導，它就不可能深度掌握生產。

・祕訣二：快速反映市場

UNIQLO對快速反映市場也下了很大工夫。以客戶意見為例，在距離柳井正老家15分鐘車程的山口縣，有塊占地近3萬坪的UNIQLO管理基地，裡面有兩百多名call center（客服中心）人員，他們是蒐集顧客意見的情報員。每個人戴耳機，口中一面應答，一面在鍵盤上飛打，把顧客意見每個字都打下來。

UNIQLO平均每日收到來自客服中心、店家、網路郵件的反映意見達1,000則，按公司內規，凡是店員、總機、客服人員接到顧客反映，都要「立即」記錄、上傳系統，顧客以電子郵件表達意見也同步匯入。每則客戶意見都公布在內部網路上，只要打上員工密碼，就可以看到近期所有內容。

每天由客服中心主管匯總客戶意見，下班前製成分類表格送交負責的單位，例如抱怨哪個店鋪就送哪個店鋪，抱怨設計就送設計部門；這些分類表格的所有內容，每名員工也能看到。

至於誰來追蹤客戶意見有無處理？答案是最核心的部門「商品策略」，來自顧客以及店長（即「超級店長制＋大量複製柳井正」）的意見，讓該部門的統整設計、銷售、行銷，有更清楚的依據。

根據UNIQLO主管說法，全公司最常看顧客意見、看最仔細的，「應該就是柳井正社長了」。

・祕訣三：簡單創造流行

「no name」、「timeless」的好處是，許多款式可以跨季、跨年銷售，而且不分男女老少通吃，混搭性高。品牌價值既來自於實穿，品質便成為最高要求，而非流行。

甚至為了打造價值感，與世界級設計師合作時，也尋找以極簡美學聞名於世的Jill Sander操刀。

品牌主張反映到商品線，ZARA一年推出超過兩萬種服飾，UNIQLO品項大約只有十分之一。品項相對簡單，它面對外包製造商時，得以用經濟規模取得價格優勢，並有利庫存管理。

四、安定保守是企業的一種病，換掉總經理，重掌兵符

2001年UNIQLO首次進軍海外倫敦設點，並號稱3年內海外展店50間，但計畫並不順遂。

這次他革新的是自己。他思考，自己年過半百，應讓優秀年輕人接棒，讓UNIQLO更有競爭性，於是56歲的他辭去社長（總經理），交棒給39歲的玉塚元一，自己擔任會長（董事長），退居第二線。

然而，玉塚接手後，不但營收未見明顯成長，獲利也開始下滑。2001年，UNIQLO營收差點趕上ZARA，與H&M也非常接近，其後差距愈來愈大，UNIQLO雖是日本大型平價服裝品牌營收第一名，但距離世界第一的目標，卻愈來愈遠。

海外據點也不見起色，2003年關掉倫敦16家店，只保留5家位於都市中心的店。雖然2003至2005年UNIQLO材質推陳出新，包括喀什米爾輕毛衣、Heat-tech保暖衣，都大受歡迎，但營收獲利卻原地打轉。

忍到2005年，他以董事長身分參加全球店長大會，當場心中警鈴大響，決

定換下玉塚，重回總座掌舵。

店長大會上，有些想把UNIQLO當跳板的店長上臺發言：「未來成為政治家也不錯」，「希望退休後可以做想做的工作」……，臺下的柳井正一臉鐵青，心想：「我們的店長怎麼都抱持受薪階級的想法？為何對銷售沒有追求極致的熱情？」

他檢討，UNIQLO的價格與品質受到肯定，營收卻與ZARA、H&M愈差愈遠，癥結在於「安定志向這種病」。

當接班人認為事業已經成功，便缺乏自我批評、勇於嘗試、接受失敗的勇氣。2009年，柳井正在《成功一日可以丟棄》這本書中，分析當年他重回舞臺的想法：

「也許跟世間一般的看法完全相反，年輕的玉塚是安定派，我是激進派，玉塚所做的確實很踏實，但我們是要在全球活動的企業，他這樣會危及公司革新，我不想讓UNIQLO成為一間普通的公司。」「我不管在營業額急減時，還是UNIQLO變有名的時期，都認為應該要挑戰。」

柳井正有一套三年理論。公司每三年一定會遇到成長瓶頸，用同一套邏輯無法成功，必須改變模式。他堅信所謂成功，就是變得保守，「成功之時，就是失敗的起點。」

五、實力、能力至上，高階主管不求成長，也會被降級

回任後，柳井正展開一連串組織改革，最令業界驚訝的有兩點：一、每年和高階經理人簽約，業績和獎金連動，業績未符合者降級減薪。二、2008年他把一批執行役員（社長以下最高階主管）降成部長。

在日本，主管通常升了就不會降。真嶋英郎分析：「社長（柳井正）採取實力主義，就像日本相撲選手一樣，有橫綱、大關、關脅這些等級，比賽成績好就往上升，差就往下降，他雖嚴格，但動機是很單純的。」

翻開UNIQLO執行役員名單，2009年，21名執行役員中，因離職或汰換，已讓7個人的名字消失。

不成長就淘汰的做法，被日本媒體形容為「非情（冷酷不通情理）」。

他用父親對待他的方式對待員工，堅信嚴格使人成長。位於山口縣柳井正老家15分鐘車程，UNIQLO擁有占地2萬8,000坪的客服中心、訓練中心、管理部門以及倉庫。客服中心入門處掛著一幅引自微軟創辦人比爾‧蓋茲（Bill Gates）的話：「不會游泳的人，就讓他沉到水底吧。」

六、追求高品質

如何提高品質？過去日本成衣業都是透過商社買賣，而品質和價格都由商社決定，優點是品牌商不必承擔庫存風險；但柳井正決定全面跳過中間商，直接赴中國挑選製造商，此舉引起商社反彈，並讓UNIQLO暴露在高庫存的風險中。

如何降低風險？柳井正用兩個方案因應，其一，以基本款為主，贏在素材與機能而非流行感，不求款多，卻要大賣；其二，全部開直營店，透過店長迅速掌握顧客需求，並精確運用客服中心即時反映市場資訊。

品質的第一戰是刷毛外套（Fleece）。當年一件刷毛外套約5,000日圓起跳，限登山時穿，顏色只有藍、紅色系，柳井正希望把它的價格與使用都大眾化。

剛開始研發時，布料不保溼、光澤度不好，直到柳井正率一級主管赴日本纖維大廠「東麗」公司請求合作，取得原料後到印尼紡紗、中國縫製，把Fleece做得薄一些，降低成本仍足夠應付都市的寒冷，價格壓低到1,900日圓，並發展各式亮麗顏色。

同時，他一改過去在郊區開店，轉向市中心。1998年，Fleece刷毛外套在原宿店試水溫，首賣當日，一早他站在店前躊躇著：「會不會賣啊？有沒有人來啊？」隨著時間推移，地鐵站裡湧出人潮，往原宿店走。當天原宿店外大排長龍，他看到顧客走進店裡摸了摸外套，臉上露出驚訝的表情。

一雪賣爛貨的恥辱，從1萬封抱怨信的失敗中，他挖掘出成功的芽。

當年，Fleece熱賣200萬件，3年總共賣出近3,650萬件。店鋪也在3年內由300多家突破500家，打響UNIQLO便宜又品質好的名號。

七、開會不發言者，下次可以不用來了

《日經》訪問曾經在UNIQLO的員工說：「我從沒看過UNIQLO有鬆懈的時候。」柳井正會不定時到店鋪勘查，在每週經營會議上，若哪位店長沒有意見，柳井正會說：「你下次可以不用來了。」他看每一份客服中心彙整的顧客意見報告，檢視每件商品的企劃案，每樣商品開發都需他拍板定案。

八、20年後要達到世界第一，但接班人卻難尋

2010年3月，柳井正在董事會與高階主管會議室牆上，掛起「世界第一」的大幅書法，旁邊則是擁有百年歷史的古全球地圖，明確宣示UNIQLO的目

標。

　　會議室外的長廊，掛著2010年度方針「民族大移動」，即「人才全球化」。要走向世界第一，必須要有一批能全球移動的國際人才，隨時能到中國、法國等地走馬上任。

　　柳井正期望，「20年內，UNIQLO營收5兆日圓，達到世界第一，」但UNIQLO目前的營收，僅ZARA、H&M的一半，要追上它們，必須大舉展店或購併才行，這牽涉到UNIQLO的跨國管理能量是否到位。

　　為鼓勵可能的接班人，柳井正再次打破日本傳統做法，公開宣布將傳賢不傳子，4年後、65歲的他會將總座交出，且絕非給自己的兩個兒子。

　　不過，《經濟學人》（The Economist）明白點出：「他（柳井正）可能是公司的問題之一，要找到跟他一樣聰明的策略者和不可思議的流行敏銳度，相當困難。」「對於細節的掌控，讓很多優秀的經理人離開公司，讓計畫交棒的柳井正幾乎沒有接任者。」

　　時間一分一秒逼近，他如何在4年內培養出足以攀登上「世界第一」的接班團隊？將是這位自評70分的企業CEO，追求100分過程中，最大的挑戰。

問題研討

1. 為什麼柳井正社長只給自己打70分而已？
2. 柳井正社長為何要刊登廣告徵求對UNIQLO產品的批評？
3. 何謂UNIQLO的「匠計畫」？為何要如此？
4. UNIQLO公司如何掌握市場資訊並加以快速反應？做法如何？
5. UNIQLO的品項為何要採取簡單策略？而ZARA卻相反，請你比較此二種不同模式？
6. 柳井正社長為何要換掉玉塚社長，自己回鍋擔任？
7. 在UNIQLO公司高階主管有時候也會被降級，為什麼？你的看法如何？
8. UNIQLO如何提高品質？
9. 柳井正社長為何說凡是開會不講話的店長，下次可以不用來了？
10. 柳井正宣示UNIQLO目標為20年後要達到世界第一？你認為做得到嗎？
11. 柳井正未來容易找到接班人嗎？未來柳井正一旦離開人世間，UNIQLO公司將會如何？

個案 74

世界最強Baby企業：嬌聯永保成長經營之道

嬌聯（Unicharm）公司是日本女性及嬰兒生理用品市占率第一名的優良公司。其2011年度在日本的市占率高達42%，遠比大公司如花王的28%及P&G的14%都要高出很多。連P&G日本公司總經理也不得不佩服嬌聯公司，並稱該公司是女性及嬰兒生理用品最強的公司之一。即使面對著少子化及成熟市場的兩大不利環境，嬌聯公司仍能保持年年成長的佳績。

一、商品開發：持續性地觀察顧客

最近，嬌聯公司開發出「超吸汗力」、「超睡眠力」的嬰兒紙尿褲產品，其每片零售價格比其他品牌還高出30%，但在市場上仍成為暢銷品。面對日本少子化以及同業價格競爭非常激烈的狀況下，母嬰寧公司的市占率仍能保持在近50%之高，確實難得。

該公司國內行銷事業部副總經理池田浩和就表示：「即使面對成熟市場，我們仍然有新商品提案及上市行銷的空間存在。」嬌聯公司相信市場即使面臨著成熟飽和階段，但顧客的潛在需求仍然可以被挖掘出來，不少獨特良好的創意仍然可以被開發。

嬌聯公司的商品開發力超強，有兩個重要關鍵。首先是商品開發部人員採取了「跟隨行動主義」，他們只要提出創意（idea）新商品計畫構想之後，即會「持續性」及「貼身跟隨」地去觀察被列為實驗對象的顧客。這在嬌聯公司稱為「行動主義」，尤其在時間耗費上，商開人員每週上班時間中，規定至少要花費一半的時間去做顧客觀察。而且是「持續性」的，以及家庭貼近觀察，然後做記錄，並拿回公司與技術研發人員再次討論，如何進一步改善不織布材料的超級吸汗、抗菌功能性及品質性。甚至嬌聯公司也在工廠內設置一間嬰兒室，跟幾位做長期觀察的顧客約好，在白天8個小時上班時間中，聘請保姆幫她們免費照顧嬰兒，然後就近觀察嬰兒的生理習性，並把新的試作品作為試驗性，然後分析試作品的成效如何，作為反省與完美改善的基礎。

其次是嬌聯公司也有一個強而有力的技術研發部隊做支援，此部門稱為「生活科學研究所」。該所所長宮澤清表示：「當商品開發人員提出『行動

計畫書』」之後，即成為我們每一個研發技術人員的計畫。大家必須共同、立即且全力地支持這個行動計畫。」而且，此種行動計畫，在嬌聯公司是以「每週」為進度討論的。因此，具有時間的急迫性與壓力感。一般而言，其他廠商開發出一個新創意生理商品，包括創意構想、不織布技術革新、設備升級更換、試作品的試驗、消費者的試穿觀察……等過程，幾乎要1～2年才會完成，但在嬌聯公司半年時間就做到了。

二、導入SAPS行動改善經營

早在幾年前，嬌聯公司在管理與領導層面，就導入了高原豪久總經理所提出的「SAPS」經營模式。亦即，高原總經理以每一週為一個單位，每週一早上8點開始，即舉行全球性的SAPS會議。所謂「SAPS」，即是指：Schedule（S）——要求各單位提出重要課題及策略明確化，並跟著訂出具體的計畫作為。Action（A）——則指每週執行的狀況與進度如何。Performance（P）——則指針對上述課題計畫與目標是否能達成、達成率多少以及為何不能達成的原因說明。Schedule（S）——最後，則是指反省、檢討、調整、改變及因應對策的提出。「S-A-P-S」每週一次的經營會議，在母嬰寧公司被視為最重要的會議，而且開會時的氣氛非常緊張及嚴肅。至於在海外地區的子公司，也是在此會議上，利用電視視訊畫面同步或提前、延後開始。在此會議中，高原總經理會提出嚴厲的詢問及追蹤成果；各部門及各中高階主管是很難混過去的。此每週一次會議，計有各單位50多位中高階主管出席。「S-A-P-S經營」已成為嬌聯公司經營文化的最重要一環。

三、積極拓展海外市場，提高海外占比

2006年度嬌聯公司的海外營業額達690億日圓（約207億臺幣），占全公司的31%。而海外營收額亦是逐年快速成長，2006年度比2005年度就成長了27%。尤其，在亞洲地區成長率更高。目前，嬌聯在亞洲的泰國、臺灣、印尼及中國大陸等地，均設有子公司及當地工廠。未來，將計畫拓展印度、中東及歐洲等各國新市場，並運用收購策略及策略聯盟合作方式，以加速拓展海外市場。

目前，嬌聯公司在生理用品領域的全球市占率大約6%，高原總經理的目標是挑戰10%。看來還有長遠的路要走，而海外市場成長的空間亦還很大。對於嬌聯海外經營的模式，高原總經理提出四個重點方向：

(一) 一定要導入「S-A-P-S」經營理念及「行動主義」。該公司已翻譯成

各國語言，要求各該國員工必須熟讀這些S-A-P-S經營語錄、經營表格撰寫與經營精神。務必做到全球標準化的經營準則。

(二) 每週SAPS經營會議與行動計畫主義是嬌聯的核心價值觀。海外各地員工或領導主管的「價值觀」如果與此不合，則不能採用。價值觀共有化是母嬰寧根本原則。

(三) 至於行銷與市場面，則採取「在地行銷」模式，入境隨俗，要機動性的符合各國、各地區的行銷特色與市場環境需求。

(四) 在產品力與技術研發方面，母嬰寧日本總公司都很強，一定會有效支援各國子公司的營運開展。

四、世界最強的Baby企業

嬌聯公司在日本或在全世界，都被視為「世界最強的Baby（嬰兒）企業」。高原豪久總經理深具信心地表示：「嬌聯跟全球性大企業，諸如P&G等公司相比，距離還很遙遠。而且全球化的發展空間也還很大，我們必須持續性且加速度地擴張海外事業版圖。除了做到目前日本第一之外，更要朝著全世界生理用品第三大製造廠及全球市占率10%的未來挑戰目標，全面進攻。」

問題研討

1. 請討論嬌聯公司在日本市場的市占率為多少？為何像P&G全球大廠的幫寶適紙尿褲都拚不過該公司？

2. 請討論嬌聯公司在商品開發上的做法為何？為何要如此做？

3. 請討論何謂S-A-P-S經營？此模式有何特色之處？

4. 請討論嬌聯公司目前海外營收占比為多少？該公司為何要加速拓展海外市場？

5. 請討論嬌聯公司高原總經理對海外經營的四個重點方向為何？為何要如此？

6. 請討論「世界最強的Baby企業」此句話之意涵為何？嬌聯公司的未來挑戰目標為何？

7. 總結來說，從此個案中，你學到了什麼？你有何心得、啟發及觀點？

個案 75

嬌生永續成長的經營戰略

一、經營績效超優良

美國知名且形象優良的嬌生公司（Johnson & Johnson）2011年度全球合併營收額達到500億美元，這是該公司從1932年以來，連續80年營收成長的輝煌紀錄，而且合併獲利額也高達121億美元，創下24年連續獲利成長佳績。

嬌生公司具有三大事業群平衡性的營收結構，包括：醫藥品占41%，醫療機器及診斷藥占35%，以及一般日用消費品與健康相關商品占24%。

二、永遠不變的四大經營理念信條

這家在全球擁有250家子公司的跨國大企業，究竟有何祕訣能夠持續營收額及獲利額的雙雙成長呢？嬌生公司董事長威廉·威爾登（William C. Weldon）即表示，這主要根基於嬌生長期以來即堅守的四大經營信條與四大經營戰略。

嬌生公司自創辦人時代以來，即堅持著下列的四條經營理念：

(一) 以全球人類的健康管理為根本的事業經營主軸

嬌生公司要求全球57個國家、250個以上在地子公司的高階負責人，必須深刻掌握該國與該地區消費者對其健康概念與需求的透徹了解及洞察。並將全球各國的科學技術廣泛蒐集，且應用到新產品的開發及新事業範疇的開拓。

(二) 運用長期的觀點來經營事業

嬌生公司不完全只重視今年度或短期二、三年經營目標的達成。相反地，嬌生比較強調的是，長期經營觀點與短期經營現況的相互平衡及同等重視。嬌生公司高層尤其重視未來世代在科學技術、生化科技、社會環境演變情況的預測、洞察分析與判斷，這些反而來得更為重要，這也是為什麼嬌生公司多年來，年年均能保持成長的最大核心所在。

(三) 子公司及分權化經營的貫徹

嬌生公司長久以來，即秉持著各子公司必須像新創業公司一樣，由總公司給予全部的權力及資源，然後要求各子公司自力更生與獨立營運，之後產生獲利，且自己能活得下去。目前，嬌生在美國及全球各地子公司高達250家，即是採取此種授權、分權及績效目標達成的經營原則。

(四) 人才與價值

嬌生公司七、八十年來，始終堅持著唯有優秀的好人才，才能帶來創新的技術及創新的產品，然後公司才有價值可言。因此，嬌生一向就是秉持要聘僱最優秀人才的基本價值觀。

三、正確有效的四大經營戰略

另外，威廉‧威爾登董事長對近年來嬌生的經營戰略布局，則是強調著：

(一) 持續加碼健康管理事業版圖的競爭優勢策略

嬌生公司76%的營收及獲利，可說是來自健康、醫療事業及產品。因此，對於現有事業的高成長契機，以及未來有十足潛力的新事業商機，嬌生都大膽地持續加碼投資下去，企圖在這個既有領先的事業領域中，繼續保持領先優勢。

(二) 加速對新興國家成長市場的拓展與開發策略

嬌生除了目前在57個國家開展業務之外，特別是對新興巨大潛力國家市場，包括中國、印度、巴西、俄羅斯、墨西哥等國家，寄予特別的希望及力量投入。因為這些國家在醫藥品及醫療設備上，正是有極大的成長需求存在，也是百年難得一見的大商機。

(三) 技術融合策略

嬌生公司龐大的研發部門，擁有內科醫學、生化、藥品、精密儀器等科研人才與不同的技術領域，嬌生都能有效地加以融合，使它們發揮更大的綜效，而開發出創新的新產品及治療方法。

(四) 領導人才的育成策略

嬌生過去的優良績效，就是根源於全球優秀的各種專業人才及領導幹部

群。今後，嬌生公司更重視各階層領導人才的培訓及養成工作。威爾登董事長認為，唯有世世代代都有很強的領導團隊及管理團隊，嬌生才會生生不息且走在正確的方向上。

四、對未來成長領域的深入探索

威爾登董事長評估世界健康管理的市場規模高達4兆美元，而嬌生所占的比率僅有1.5%，未來成長的空間有無限大，絕不可能有成長極限之說。威爾登董事長深刻表示：「我現在在做的事情，就是要看到5年後、10年後、20年後有哪些新事業可以浮現出來，而成為能夠獲利賺錢的新事業版圖。」此外，嬌生全球分權化與權力下授給各地區、各國家子公司，最重要的就是要更加接近顧客，更快洞察出他們未來性的需求在哪裡，然後儘快創新以滿足他們。

以上四條經營理念的堅守，以及四大經營戰略的方針，正是嬌生公司基業長青、百年不墜、聲譽卓著以及不斷成長的原動力所在。

問題研討

1. 請討論嬌生公司超優良的經營績效為何？
2. 請討論嬌生公司永遠不變的四大經營理念信條之內涵為何？
3. 請討論嬌生公司當前的四大經營策略內涵為何？
4. 請討論嬌生公司為何要對未來成長領域深入探索？
5. 總結來說，從此個案中，你學到了什麼？你有何心得、觀點及評論？

個案76

H&M：全球第三大服飾公司成功的經營祕訣

　　成立於1947年，在全球30個國家設有1,600家直營店，從生產到店面銷售均有涉入，幾乎在歐洲、北美洲及亞洲都可看到它的服飾店面，這就是具有全球品牌知名度的「H&M」瑞典大型服飾公司，它的總部位於瑞典首都的斯德哥爾摩。

一、優良的經營績效

　　瑞典H&M服飾公司擁有極為優良的經營績效，它的公司價值（corporate value）亦屬世界第一。

　　H&M公司的2011年營業額達到1兆6,000億日圓，居世界第三位。僅次於美國GAP服飾公司的1.8兆日圓及西班牙ZARA服飾公司的1.2兆日圓。在獲利方面，H&M公司也有3,000億日圓，領先GAP公司的1,457億日圓及ZARA公司的2,618億日圓。在公司總市值方面，H&M公司亦高達3兆9,000億日圓，領先ZARA的3.1兆日圓及GAP的1.5兆日圓。

　　H&M服飾公司的毛利率達到60%，獲利率為23.5%，遙遙領先ZARA及GAP兩家公司，此顯示出H&M公司獲利績效之佳。

二、高回轉率

　　H&M公司從服飾設計、製造生產到店鋪上架銷售，大概都被控制在3週（即21天）內完成，速度相當快。H&M公司每年大約生產50萬個品項商品，在斯德哥爾摩總公司即有100位設計師，他們每天都在思考如何創新商品。

　　H&M商品的特色之一，即是便宜。然後再加上流行尖端與品項齊全，使得該公司的商品的cycle（循環）加速，這都是價格+流行雙因素所產生的。

　　H&M公司除了自己擁有工廠之外，也向外委託代工生產，這些OEM協力工廠大概有700家之多，每年生產50萬個品項，平均每天即有1,300項的新商品產生出來。這700家協力工廠，有三分之二在亞洲，而其中又有一半位在中國。H&M公司在全球設有20個製造監督辦公室，負責控管各OEM工廠的生產狀況、產品品質及大量生產。

由於H&M公司採取多品種及大量生產的體制，使高回轉銷售成真，且能常保服飾產品的鮮度。

三、可以看到商店每天都有變化

H&M公司的店面，每天、每小時均有新商品抵達、新商品上架陳列，以及銷售。這都源自於H&M公司的設計師們，能夠快速地因應環境變化，掌握時效，選擇必要性設計趨勢，然後快速設計出款式，並進行製造、物流及到貨上架。H&M直營店面每天都有新貨到，因此，會讓消費者以為店內經常變化，而不會有過時的陳舊感受。

四、商品暢銷的根源

H&M滯銷品及過季庫存量很少，這主要是源自於該公司有很強的商品設計開發團隊（design team）。在總公司6樓，有100人的優秀設計師團隊，為每天新服飾的產生而用心努力工作。他們每天會定期跟全球各分公司及直營店面店經理們，透過電話及視訊詳細討論當地的銷售資料、流行趨勢、需求狀況及相關建議。

這些設計師們除了設計工作之外，他們也有幕僚團隊們負責對全球700家協力工廠下單，以及相關的預算管理。

這群由歐洲人、美國人及亞洲人等所組成的聯合國軍團，可以說是H&M公司快速成長的最起始功勞部門。

• 物流

如何使全球700家協力工廠的50萬個服飾品項，能夠順暢地抵達全球1,600家直營店上架銷售，是一門大工程，這必須仰賴精密的IT資訊系統指揮，以及各地區物流系統與廠商的支援才行。H&M公司在歐洲、北美洲及亞洲，設有10個據點的大型物流中心，這些巨大物流中心的坪數，每間都高達3.6萬坪之大。例如，在德國漢布魯克的大型物流中心，就負責供應給德國、波蘭及義大利的460個店使用。

五、POS系統的單品管理

H&M的店面都有POS系統的單品管理，從商品名稱、色彩及尺寸等，均能詳細掌握每月的最新銷售情況。而這些POS data（資料）情報也成為讓總公司的設計師群及高階決策者了解到哪些產品賣得好或不好的第一手情報來源。

六、設計、製造、物流、銷售的支撐四要點

H&M服飾公司的成功，綜合來說，可歸納為下列四要點的經營成功，包括：

(一) 設計

掌握各國流行與時尚趨勢，能夠滿足消費者的設計感。

(二) 製造

利用中國及亞洲地區廉價的成衣代工廠，在專人監管下，能夠以低成本做出好品質的服飾實品。

(三) 物流

利用全球海空運及各國快遞物流系統，再加上10個巨型的物流中心轉運點，以便快速地將商品送抵各國門市店面。

(四) 銷售

H&M擁有各國設立的直營子公司或代理公司，能夠以優良品牌形象，做好當地的在地行銷工作，使商品能夠銷售出去。

總結來說，H&M服飾公司源於北歐瑞典，但卻能運用全球性資源，而使營運面向擴及全球，成為跨全球30個國家行銷的第三大服飾品牌跨國大企業。

問題研討

1. 請討論H&M公司的優良經營績效為何？
2. 請討論H&M公司的商品為何能夠有高回轉率？
3. 請討論為何每天在H&M店面都可以看到變化？
4. 請討論H&M商品暢銷的根源為何？
5. 請討論H&M公司的物流體系為何？
6. 請討論H&M公司的POS單品管理系統為何？
7. 請分析H&M成功的支撐四要點為何？
8. 總結來說，從此個案中，你學到了什麼？你有何心得、評論及觀點？

個案 77

Panasonic GP3計畫

一、海外營收占比要提高

日本Panasonic（原來的松下公司）2016年國內營收占比為51%，而海外占比為49%，大概為一比一的狀況。但該公司鑑於日本國內市場已趨於成熟飽和，而全球市場的成長空間無限，因此，擬定出新政策，預計2020年時，海外營收占比要達60%，而國內占比僅40%的營收結構須做大調整。

在此政策的督促下，海外擴大銷售目標，在北美洲及歐洲將增加3,100億日圓；亞洲及中國地區將增加3,400億日圓；另外，新興開發中國家則將增加2,000億日圓的營收業績目標。

二、GP3計畫目標：2020年營收及目標挑戰10兆日圓

Panasonic公司在2011年1月，由大坪文雄總經理發布3年中期經營計畫，簡稱為GP3計畫。

GP3計畫的經營目標主要有二大項；第一大項是預計到2020年營收目標將要達到10兆日圓，同時，ROE（股東權益報酬率）則將達到10%的較高水準目標。

Panasonic的2016年全球營收額僅為9兆1,000億，預計將再增加9,000億日圓的擴增目標。

三、GP3計畫的具體改革內容

大坪文雄總經理一向以追求「成長路線」為要求，尤其面臨激烈競爭市場，成長更是要有各種策略及手法。

GP3計畫主要的重點有幾項：

(一) 海外市場的加速拓展

包括中歐、東歐市場，尤其在匈牙利布達佩斯、捷克的布拉格均開始設立新銷售公司，希望攻進中、東歐市場。另外，在BRIC金磚四國市場，均可望

有倍數成長的市場，對於既有的北美市場，則更是兵家必爭之地。Panasonic要實現10兆日圓的營業目標，必須在這幾塊大市場下苦功，集結全球各國優秀人才，展開強勢行銷攻勢與優質的售後服務市場。

(二) 要成立V型（逆轉勝）新創產品事業本部

V型（逆轉勝）產品的創新，大坪文雄總經理要求Panasonic總公司各事業單位及新單位，必須多多傾聽海外各公司的第一線意見與資訊情報，他們經常利用電話及視訊展開研討會議，希望掌握良好先機，並且研發出真正能夠叫好又叫座的V型產品。例如，車用影像及發聲以防事故的新產品……等，都在設想評估內。

大坪文雄總經理表示：「產品開發一定要有5年的先見與先知才行。尤其，一個創新及上市成功的好產品，從行銷研究、開發、設計、產品企劃、採購、製造、品牌到售後服務等，一連串的緊密良好配合，必須集結大家的智慧與創新才會成功。例如，過去像蘋果公司的iPod、iPhone等都是V型產品的代表作，也是成長率的根源所在。」

(三) 要持續加強產品的「成本降低」行動（cost down）

大坪文雄總經理對既有產品的持續性成本下降要求，仍是不放鬆的。他提出：「公司成本降低是每天、每個人必須存在的意識。包括財務面的資金成本降低、物流面的配送成本降低、製造面的生產組裝成本下降、原物料與零組件的採購成本下降，以及研發面的共通與標準化零組件設計規劃到幕僚人員的費用控制等，無一不是可以努力下降的。這方面的空間依然很大。」

(四) 要求全面提升全球物流運籌的效率及資訊科技（IT）的生產效率

Panasonic在面對海外的生產、物流、銷售據點的複雜化及多據點化時，如何有效率、有效能地提升IT與物流成果，確是一項重心。Panasonic主力產品之一的液晶（平面）電視機，在37吋以上產品的全球市占率，韓國三星市占率第一，為14.6%；Panasonic居第二，為14.1%；韓國LG居第三，為12.4%；SONY為10%；飛利浦為10%；SHARP為5.8%；日立為3.8%，東芝為3.8%……等。

大坪文雄總經理日前表示：「液晶平面電視已到了高速成長期，全球各國均是如此。此市場商機乃是百年難得一見，Panasonic將再加把勁，努力邁向這領域的第一品牌為我的最大挑戰使命。」

問題研討

1. 請討論Panasonic國內外營收占比的現在及未來？此有何涵義？

2. 請討論Panasonic公司GP3計畫目標爲何？

3. 請討論Panasonic公司GP3計畫的具體改革內容四大項目爲何？爲何要做這些改革？

4. 總結來說，從此個案中，你學到了什麼？你有何心得、觀點及評論？

個案 78

日本麥當勞業績回春行銷術

日本麥當勞每年來客數超過14億人次,相當於平均每人每年來店數達10次。日本麥當勞在2001～2003年之間,曾面臨業績下滑的事業危機,但在2004年5月,原田泳幸臨危受命擔任董事長兼總經理後,自2004年起,到2011年止,業績已快速回升。原田泳幸被視為成功挽救日本麥當勞這一艘危機大船的領導總舵手。

一、檢討業績下滑原因

原田總經理上任後,即快速展開業績下降的原因檢討,發現有幾點缺失:(1)拓店太快。當時在各項條件與資源都不是很穩固與完備之下,貿然展店,平均每年淨增加300店,速度衝太快了。(2)當時,具備合格的新店長人才也顯得培訓不足,領導新店作戰能力嚴重缺乏。(3)當時,不少舊店的改裝速度過慢,顧客享受餐飲的美好感受不足。(4)過去長期以來,一直以QSC(品質、服務及清潔)為訴求的定位與特色,亦逐漸劣質化。(5)美國進口牛肉發生問題。(6)行銷4P組合策略都顯有失當之處。

• 展開各項行銷改革

原田總經理在了解及掌握上述業績下滑原因後,即展開各項解決對策。包括展店速度放慢、加強合格店長的培訓計畫、舊店的改裝、現場服務的改進……等諸多措施。除了上述對策因應之外,原田總經理設定了每年度的策略性目標,包括:

1.2004年度以「挽留住既有顧客」為總目標。

2.2005年～2006年度以「獲得新顧客」為總目標。

3.2007年度以提升「顧客來店頻率」為總目標。

四年下來,在原田總經理及公司全員的齊心努力下,這些目標都逐一達成了。

在這幾年間,日本麥當勞連續推出低價100日圓漢堡,頗為暢銷,加上採用24小時的營業時間、店面大幅改裝、店面可以使用電子錢包結帳、McCafe

咖啡分店新推出，以及消費者在開車時就可以先預約訂購，等車子到店面時，即可以立即取貨等諸多便利性的措施，使得麥當勞QSC（品質、服務、清潔）的基本訴求與展現，獲得現場顧客實質感受的提升。另外，在新產品的開發方面，除了長年性速食產品外，日本麥當勞也推出「季節限定」的創新產品，做為消費者在不同季節的多樣化選擇。

原田總經理首要重大責任，當然要使營收業績得到回升，他曾表示，上任4年來，他從戰略面及戰術面來看待如何達成這個挑戰任務。

*1.*在戰略面，他強調：

‧在2004年～2011年間：要以QSC+V（value）這兩件事為基柱戰略，一定要固守住「QSC（品質、服務、清潔）+V（價值創造）」的根本重大目標才行。這個基柱一旦鬆動或劣質化，就什麼都沒了。

‧在2006年～2007年間：改採取積極攻勢戰略，包括推出100日圓漢堡、24小時營業等。

‧在2008年起：採取深化各種營運活動及行銷4P組合的創新行動。

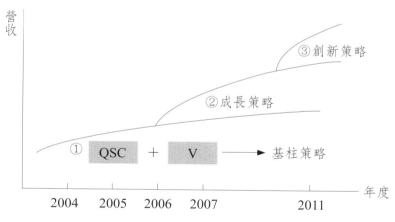

圖1：日本麥當勞2004～2011年營收回升的三階段營運策略

*2.*在戰術面，他則強調：

營收業績達成或提升的公式是：來店數×客單價，因此行銷組合戰術計畫就是要想辦法提升來店數及提高客單價。所以，在這幾年來，麥當勞也不斷地推出各種行銷活動，例如贈送免費咖啡券、期間限定銷售新產品、推出新話題產品、喚起顧客早餐／午餐／輕食的需求性。另外，除了100日圓低價漢堡外，也推出三、四百日圓的高價格漢堡，希望能以兩極化價格的漢堡來迎合顧客的需要。

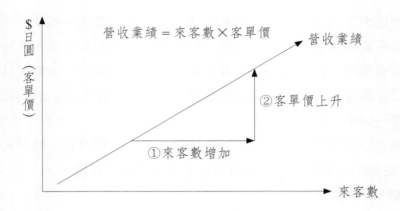

二、全方位提升「現場力」

在被問到為何近幾年日本麥當勞能夠轉敗為勝的本質原因時，原田總經理表示：「成長的關鍵所在，仍在於現場力。一定要使各門市店現場人員及店長的作戰意識、作戰能力得到提升才可以。尤其，優質店長的人才團隊，更是現場力的核心所在。」

另外，原田總經理也強調總公司思考的能量及來源，一定要貼近現場才行。而總公司對各門市店現場的經營與管理，原田總經理提出三個重點：

1. 現場的「執行力」落實程度。
2. 要讓現場人員及店長了解總公司的「戰略」是什麼。
3. 要全面加強互動溝通。特別是總公司各項戰略及門市店有效執行的互動雙向與面對面的溝通、討論。

原田總經理認為只要能做好這三項事情，任何計畫就比較容易成功，各店也就能獲利賺錢。反之，如果有一環做不好，門市店就可能虧錢。對於從經營高層到門市店的傳達及溝通做法，除了面對面召開會議之外，原田總經理也改變組織體系，成立一個「門市店指導小組」，專責統一對各門市店的總窗口，以收權責統一之效。這與過去由營運部、販促部及物流部，各自面對門市店的多元窗口，有了重大的改變。

三、改革形成良性循環

自2004年起，日本麥當勞經過一連串的組織、營運及行銷大改革之後，營收已止跌回升，員工士氣也跟著上揚；各個門市店的經營水準不斷獲得強化提升，顧客來店的滿意度及來客數也跟著上升；此外，顧客數的增加對於新產品的順利開發上市及暢銷，也得到不少助益，最後形成一個整體良性與正面有利的經營循環。

四、創新與價值提升，永不停息

對於2008年，日本麥當勞的經營重點何在？原田總經理回答說：「創新與價值提升（value up）仍將是唯一的重點。而此重點的目標，則是提升各門市店的總體現場戰鬥力。門市現場戰力不斷提升，公司的成長就不會有上限。」對於門市店要如何提升價值（value-up），原田總經理認為這要取決於三點：一、店長是否具備這方面的觀點；二、店長是否具有這方面的商機意識；三、門市現場是否有優秀的人才團隊。

原田再次強調，總公司高層必須以現場的思考為能量與基礎。然後，由總公司層次來決定戰略，並且交付門市店現場來貫徹執行。

面對日本少子化與高齡化的發展如何因應，原田總經理認為，在日本速食市場7.8兆日圓的市場規模中，麥當勞僅占5%～6%，市占率並不算高，因此未來在同業及跨異業的成長空間仍很大。只要市占率能成長1%，就是增加780億日圓的營收。因此，原田認為先前所設定的6,000億日圓的挑戰營收，仍可以從目前的4,000多億日圓向前邁進，一定可以達成。而達成此挑戰營收目標的根基，就在於從「現場力」為出發，不斷的努力開發及全方位實踐「創新與價值提升」這個核心思維。

問題研討

1. 請討論日本麥當勞在2001～2003年營收業績下滑的原因為何？為何會有這些原因的出現？

2. 請討論原田總經理設定了每年度的策略性目標為何？

3. 請討論日本麥當勞展開了哪些行銷改革行動？

4. 請討論原田總經理上任四年來，採取了哪些戰略面及戰術面的營運活動？並請繪圖示之。

5. 請討論原田總經理認為日本麥當勞近幾年成長的關鍵何在？

6. 請討論原田總經理對門市店現場的經營管理有哪三個重點？

7. 請討論原田總經理為何要成立一個「門市店指導小組」？

8. 請討論日本麥當勞經過成功改革後的良性循環為何？

9. 請討論「創新與價值提升，永不停息」此句話之涵義為何？

10. 請討論面對日本少子化與高齡化的不利環境發展，原田總經理有何看法？你認同此看法嗎？

11. 總結來說，從此個案中，你學到了什麼？你有何心得、啟發及觀點？

個案 79

鋼鐵般意志：全球第二大鋼廠新日本製鐵

一、卓越的新總經理經營績效

2003年4月，新日本製鐵總經理三村明夫新上任，經過8年後，到2011年4月時，新日本製鐵公司的整體經營績效，有了飛躍性的成長，如下表所示：

	2003年4月	2011年4月
1.營收額	2兆7,500億日圓	4兆3,000億日圓
2.獲利額	689億日圓	5,976億日圓
3.獲利率	2.5%	13.9%
4.ROE（股權報酬率）	6.1%	19.7%
5.負債額	1兆8,700億	1兆2,100億
6.D/E ratio	2.37倍	0.64倍
7.EPS（每股盈餘）	7.69日圓	54.3日圓
8.設備投資額	1,633億日圓	2,734億日圓

從上表來看，在三村明夫總經理卓越領導下，新日本製鐵的營收倍增，獲利額更是大增近10倍，獲利率也提高到13.9%的高水準，其他指標也都很好。

二、跟全球第一大鋼廠仍有一段距離

新日鐵雖為日本第一大及全球第二大鋼廠，但是跟來自印度的米塔爾鋼鐵公司最近併購了歐洲最大鋼鐵Arcelor（阿謝羅爾鋼鐵廠）相比，則又落後許多，如下表：

新日鐵	比較項目	阿謝羅爾・米塔爾
3,270萬噸	1.粗鋼生產量	1億1,720萬噸
4兆3,000億日圓	2.營收額	10兆5,400億日圓
3,500億日圓	3.獲利額	9,488億日圓
5兆6,300億日圓	4.總市值	12兆5,300億日圓
8,000億日圓	5.EBITDA	1兆8,100億日圓

　　從上表看，印度鋼鐵大亨米塔爾顯然技高一籌，透過收購手段，併購歐洲最大鋼鐵廠，而成為全球第一大鋼廠，其粗鋼生產規模，幾乎是新日本製鐵的3倍多。

　　迄2007年底，世界前五大鋼廠依序為：

*1.*阿謝羅爾·米塔爾：1億1,720萬噸生產量

*2.*新日本製鐵：3,270萬噸

*3.*JFE Steel：3,200萬噸

*4.*韓國POSCO浦鋼：3,000萬噸

*5.*上海寶鋼：2,250萬噸

三、新日鐵非常強的泉源：富津技術中心

　　位於日本千葉縣富津市，名稱為「技術開發本部總合技術中心」的單位，自1991年起即設立，後來逐步擴大，目前計有500人之強的研究人員在裡面工作。三村明夫總經理這一、二年來，經常走訪這個祕密基地，因為很少人能自由進出。

　　這個技術研究中心共區分為三個部門：

*1.*針對汽車鋼板的加工、熔接創新技術研究；其主要目標是為了日本及全球各大汽車廠客戶的需求而設計的。

*2.*針對新鋼材的開發任務，這是與一般消費者結合最緊密的。包括住宅用、家電用、日常用品等新鋼材。

*3.*尖端技術研究，針對鋼材的解析，希望品質達到安定，耐用期限達到最久。此外，有關環境及生產製造流程用的鋼鐵設備生產效率提升等。

　　負責技術開發本部長的二村文友副總經理表示：「新日本製鐵的富津研究所完全以我們為主力客戶，包括造船廠、電機廠、建築公司、汽車公司、家電公司、製造設備公司、工事挖土公司……等為主要服務目標，力求在品質、耐用、輕巧、堅固、造型……等，均有創新的表現及進步，以迎合這些客戶對不同性質鋼鐵的新需求。滿足及超越這些新需求，就是我們每天在此研發與設計的最終目的。因此，新日本製鐵公司可以說是一家技術力超強的鋼鐵公司。」

　　三村明夫總經理更指出：「新日本製鐵的技術是世界領先的，面對時代的激烈變化，這種技術競爭力更將是未來除了規模化以外，最重大的優勢所在。」

四、製造現場才是原點力量的所在

新日本製鐵公司也是很重視生產現場的公司,為了提高每個生產場所的製造力,該公司還每年度舉辦一次「生產效率提升全公司大會」競賽,要求各廠派出技術熟練的工人,從熔接、材料加工到焊接等,進行現場實作競賽,得勝者頒發「技的鐵人」獎章及獎金。此舉主要目的,即在時刻確保各鋼鐵現場的「現場力」提升。這項活動,每年均由三村總經理親自主持及觀看。

五、面對百年難得一見大好契機

自1995年以來的近二十多年中,全球鋼鐵的需求,從過去早期30年中,平均年成長率只有1%,而大幅躍升到每年成長10%～20%之間,這主要歸功於全球新興開發中國家的大幅經濟開發成長,例如像中國、印度、俄羅斯、巴西、東南亞、中東、東歐等,對鋼的需求大幅擴增。包括住房、用車、機械設備……等,無一不與鋼鐵原料有密切相關。因此,近20年來,可說是全球製鐵、製鋼業百年難見的大好時機。

因此,各大製鋼廠無不透過併購、收購、入股、技術合作等手段,擴大自己的產能規模、研發技術水準、現場製造品質力提升等戰略性任務目標與手段。

三村明夫總經理被新日本製鐵公司號稱是具有鋼鐵般意志,並以「世界的鋼鐵巨人」為願景目標,希望在確保全球第二大鋼廠的基礎上,努力追趕印度米塔爾的第一大鋼廠為自我挑戰目標。

問題研討

1. 請討論新日本製鐵的卓越經營績效為何?為何會有此優良績效?

2. 請討論新日本製鐵與全球第一大鋼廠比較如何?

3. 請討論新日本製鐵的富津技術中心有哪些內容?工作目標為何?角色為何?

4. 請討論新日本製鐵為了提升製造現場力,每年有何作為?為何要如此做?

5. 請討論鋼鐵業為何面對百年難得一見的大好契機?

6. 總結來說,從此個案中,你學到了什麼?你有何心得、評論及觀點?

個案 80

三菱商事持續成長的策略

　　三菱商事是日本近幾年來獲利豐厚的全球性綜合商社之一。2011年度的獲利額高達5,000多億日圓。

　　該公司總經理小島順彥提出未來公司在營收及獲利額保持雙成長的三大對策，茲摘述如下：

一、在各地設立該國的CEO（執行長），並觸發該國的新事業拓展

　　2008年4月，日本三菱商事總公司成立了全球八大地區的地區總經理，稱為CRO（Chief Regional Officer），分別管轄北美洲、歐洲、中國、東南亞、中東、紐澳、中南美、非洲等八大地區的全部事業拓展。

　　其中，負責中東地區的CRO今井鐵郎，在視導杜拜、阿拉伯聯合大公國、沙烏地阿拉伯……等中東各國的子公司時，要求轄下各國的當地人CEO（執行長）必須全面積極拓展該國的新事業。例如，在中東地區，就包括了石油探勘開採、太陽能發電、教育、天然氣……等，各種合作、合資的新事業，東京總公司總經理小島順彥強調，三菱商事海外202個子公司的CEO，均必須積極開發出未來保持成長的新事業才行。

二、選擇與聚焦集中的貫徹，才能使事業策略更有競爭力

　　2008年6月初的週六、週日二天，東京三菱商事總公司由小島總經理召集全部經營幹部，召開未來三年中期經營計畫的「事業戰略會議」，總公司所有的營運單位及幕僚單位的一級主管均出席參加並做報告。根據2008、2009及2010年三年為期的「中期經營計畫」，以「Innovation 2009」（創新2009年）為此計畫的主軸核心。該會議做出下列的戰略決定，包括：

1. 全公司均必須加強開發的事業範疇。包括代替能源、環保關聯、金融關聯及醫療關聯等四大項目，這些均影響今後10年的營收成長。

2. 重點整備事業。包括金屬事業及能源事業等，這些也是長期的事業，必須投入巨大金額及人才。

3. 現狀維持事業。包括「內部成長型」的化學品事業及生活產業等，今後

維持過去的投資水平。

此外，還有「利基市場型」的炭素纖維事業等。

*4.*在日本國內流通事業方面，將以效率化的提升作為策略目標。

三菱商事總公司今後2年內，將投入1兆5,000億的巨大事業投資餘額。其中，資源及能源部分就占了5,000億～8,000億日圓；全公司開發的事業占2,000～4,000億日圓；現狀維持的事業，也將投入3,000億～5,000億日圓等。

總之，追求及評價以「成長性」及「效率性」二主軸為總目標，並揭示ROE（股東權益報酬率）要達到15%以上為數據目標。

三、總公司強力支援的幕僚單位，即「國際戰略研究所」

東京三菱商事總公司總部有一個20人編組的強力研究企劃小組，組員包括會計師、外資分析師、企管師、國際產業分析師、市場分析師、統計師、金融理財專家等，他們提供了總公司及海外各公司有關國際產業、國際市場及國際競爭的相關資訊情報，及其分析觀點與建議參考。這個情報支援單位，對三菱商事中長期事業發展的方向及做法提供重要且正確的情報。

*1.*加速經營國際化

東京三菱商事近幾年來也加速深化國際化的腳步，包括海外202個據點公司，以及國際人口資源培訓計畫的推動，海外優秀人才及儲備幹部也都回到總公司接受培訓，而海外各國與各國之間的異動也開始推展。例如臺灣幹部調到日本總公司、香港幹部調到美國公司、日本總公司幹部調到中東杜拜去等，狀況是非常多的。

三菱商事小島總經理即表示：「東京三菱商事是一個非常開放的企業，它是一個多樣化人才、多元採用、多方育成優秀人才的好地方及好公司。人才是企業價值的最核心所在；有優秀人才即能發揮企業最大的實質。因此，人才一定要國際化、一定要在地化、一定要優質化、一定要一流化。」

小島總經理還表示：「三菱商事在海外80個國家的202個據點，每天都會送回很多當地的情報訊息，給國際戰略研究所及各部門主管參考，這種資訊情報是全球化的、最及時化的，可以讓我們從東京看到全世界每天的脈動。」

*2.*創新2012

三菱商事已訂定的三年中期計畫，正式以「創新2012」為主軸訴求，強調積極對「創新事業」的全力投入。包括再生能源、環境相關聯、醫療周邊事業

全力投資及研究開發。過去幾年來，由於國際能源價格的上漲，使三菱商事的能源事業部獲利上升不少，今後將加強能源事業部門的經營策略及獲利改善。三菱商事已打下持續性成長的穩固基石。

問題研討

1. 請討論三菱商事對未來保持營收及獲利雙成長的三大對策為何？
2. 請上三菱商事日本總公司官方網站，了解該公司的組織表、營運規模及營運項目為何？
3. 請討論三菱商事的「國際戰略研究所」是在做些什麼事？重要性如何？
4. 請討論三菱商事為何要加速經營的國際化？又如何加強？
5. 請討論三菱商事2009年訂了何種主題？
6. 總結來說，從此個案中，你學到了什麼？有何心得、感想、啟發及觀點？

個案81

思科（CISCO）持續成長的三大戰略

一、超優良經營績效

世界最大的網路（Network）設備製造廠思科公司，在世界各國擁有壓倒性的競爭力，其網路通信設備產品在全球市占率方面，亦占有絕對的優勢。

例如：Switch（交換機）占有全球73%，Router（路由器）占有全球65%，IP電話占26%，電視視訊會議占48%，無線LAN占63%，以及安全設備占有41%等。

思科在2002年時的營收額約為200億美元，獲利才20億美元；但到了2011年，營收額卻成長到370億美元及獲利額達75億美元的新高紀錄。營收成長近2倍，而獲利則成長3倍多。而該公司在美國股票總市值亦高達1,450億美元，相當驚人，第二名的競爭對手法國的阿卡特爾公司，僅及它的十分之一市值而已。

二、透過持續併購，吸收新技術及優良人才

思科的最厲害之處，即在於每當面對外部環境起了新變化時，公司組織內部即能有效加以運用。例如，該公司這幾年來透過不斷的併購，吸收到新技術及新人才；包括IP電話、Switch、安全設備等事業，都是過去透過併購得來，成為自己旗下的事業部門。思科過去十多年來已累計130家收購企業的成果，平均每年有10家中型或小型企業被思科收購掉。而這些收購公司員工的穩定性高達九成，流失的很少。此亦顯示出思科的企業文化是非常具有包容性及多元化的，而且思科對被收購公司仍持續投入充分的資金做技術研發之用。

三、持續成長戰略1：推動技術創意比賽，集結世界的智慧

思科近幾年來，在全球各國及各公司每年均推動I-prize（創新技術獎賞）的全球競賽活動，向全球有技術創意的員工募集技術提案。在2008年度，即有全球90個國家的2,300名員工提出1,000個idea，並參加idea contest（創意比賽），獲勝者除了發給不錯的獎金之外，並給予內部創業投資的初步基金，展

開事業部及商業化的推動籌備工作。目前已有9個project（專案）啟動中，例如針對視訊會議系統的改善專案已在進行中，這將會是一個不錯的新商機。思科公司認為今後5年內，這些創意技術提案，將會實現至少10億美元以上的具體營收新成長來源。

四、持續成長戰略2：在印度設立「東方第二總公司」，攻略東方世界新興國家市場

2007年10月，思科在印度首都設立「東方世界全球化中心」（Globalization Center East），集結將近1萬名員工的聘用，包括研發、技術、品管、銷售、企劃、客服、人力資源、物流、財務、會計、法務、採購等非常完整的組織單位，與美國總公司相似，而且以印度為中心點，在飛機5小時航程內，均可以涵蓋中東、中國、東南亞市場等，世界70%的人口幾乎均涵蓋在內。故此地被稱為思科的第二世界總公司，也是東方世界總公司，以區別在美國的東方世界總公司。

思科所以重視這個區域，最主要是思科發現這些國家近幾年的銷售成長率幾乎是歐洲或美國市場的2倍或3倍，故思科預作準備，看好及計畫大幅擴張此區的市場商機。

五、持續成長戰略3：開始重視B2C消費者市場

過去思科公司的網路產品，大部分均是B2B，亦即賣給大型電信公司、網路公司、保全公司、電視公司、電影公司、國防工業公司……等。但現在思科也開始推展消費者使用的產品，例如像STB（數位機上盒）、電影配信系統、IP電話機、無線LAN等，均是以消費者為導向的產品戰略，也是未來可以成長的新展望。

六、實現創新的三個手法

思科公司董事長錢伯思（Chambers）表示，思科不斷保持成長，主要是來自它不斷的技術創新與領先地位。他表示，思科實現創新的三個手法為：

(一) 收購手法。思科這幾年來收購了大大小小的130件case，其中70%已證明成功，這與外界統計一般收購案有90%失敗是大相逕庭的。由於收購成功的展現，使思科不斷加入及累積更新的技術及更多的技術好手加入，此舉也使思科更加壯大及一路領先。

(二) 策略聯盟。思科向來強調跟外界IT大廠合作或夥伴關係。例如跟

EMC、IBM、微軟、HP、富士通、AT&T……等均保持良好的互助合作及協力關係或專案推動。從這裡,思科亦學到很多東西。

(三) 思科的主力策略就是在高市占率的主力產品線中,一定要保持高產品競爭力。因此,我們就不斷的投入研發資金,保持在這個產品的技術領先。例如,Router、Switch等全球市占率均在65%以上,未來也將會有此成果。

七、全球化管理模式

思科在全球192個國家中的90個國家設有子公司、分公司或辦事處,而思科對全球各公司的管理模式,主要有幾點:

(一) 凡是各國新進員工到當地思科公司工作,均須被指派到美國總公司進行1個月的培訓工作。而且會有來自全球各國員工一起培訓,混合成為一個team,可以認識來自全球各國的新進員工。

(二) 思科每年8月均會定期舉行一年一度的Global Sales Meeting（全球銷售會議）,全球銷售主力3萬名員工均會被要求參加此集會,以檢討今年度及明年度的銷售成績、銷售方針、目標策略。

(三) 思科美國總公司每月一次,針對各國子公司展開一次互動立即式的電視視訊討論會議,共同檢討當月分的當地國營運狀況、問題點及解決方案,以及相關人事、財務、市場、競爭、產品、物流等相關議題。主要目的即在督導海外各公司都能如期達成原訂預算目標及政策目標。

八、領導者必須用「長期經營觀點」來看待

思科錢伯思董事長曾這樣表示:「我們過去成功的理由之一,就是強調要用長期的經營觀點來看待一切及抉擇一切,要考慮到3～5年的目標、戰略及行動,絕不能用1個月、1季或半年的短期觀點來經營事業,這樣是不會持續成長與成功的。我相信未來能夠支撐世界網路再進化的高技術公司,只有思科公司而已。因為,全球最優秀的網路及電信人才都在思科這裡。這就是我們長期能夠贏與能夠成長的最關鍵原因所在。」

問題研討

1. 請討論思科公司有何超優良的經營績效？

2. 請討論思科公司為何要大量採取收購策略？

3. 請討論思科如何推動技術創意比賽？為何要如此做？

4. 請討論思科在印度設了什麼公司？為何要在此地設立？

5. 請討論思科是否開始重視B2C市場？

6. 請討論思科實現創新的三個手法為何？

7. 請討論思科的全球化管理模式為何？

8. 請討論思科錢伯思董事長的經營觀點為何？為何是如此？

9. 總結來說，從此個案中，你學到了什麼？你有何心得、評論及觀點？

個案 82

麒麟啤酒企業轉型與多角化策略

一、曾經風光的歲月

　　創業已經滿100年的日本麒麟（KIRIN）啤酒公司，過去在日本曾經風光很長久的時間。早期1966年時，麒麟啤酒的市占率曾高達60%，當時也是產銷量世界第二名的啤酒公司。但自1980年開始，日本啤酒競爭者愈來愈多，包括朝日（ASAHI）、三得利等，都成為強大競爭對手，麒麟啤酒的高市占率快速被分食掉。甚至到2001年時，朝日啤酒擠下麒麟第一市占率的寶座，此舉帶給麒麟很大的震撼力。

二、訣別啤酒至上主義，轉向多角化事業

　　面對日本國內啤酒類市場近10年來的緩慢成長與飽和市場，再加上國內、國外啤酒品牌的激烈競爭，麒麟公司在2001年時，由公司的高層經過一年審慎思考、分析及評估之後，決定要勇於訣別數十年的啤酒為主的事業結構，擺脫啤酒成長的陰影，朝向更多元化、更多角化的事業結構發展，以尋求長期成長的可能性。

　　尤其，日本國內酒類市場的萎縮，從1997年的每年銷售5.7億箱，削減到2008年的5億箱，衰退率達15%，未來也有可能進一步削減衰退。這主要是日本國民健康意識的崛起，對中老年人而言，喝酒並不是一件好事。

　　自2004年起，麒麟公司大幅度展開併購（M&A）行動，包括以1,600多億日圓併購了日本協和發酵公司，也用2,700億日圓併購了澳洲的National Food國際食品公司，其他還有日本國內中小型的飲料、食品等公司。

　　到2007年時，麒麟啤酒公司轉變成為麒麟控股公司（KIRIN Holdings Company），旗下有一、二十家子公司。控股公司總經理加藤壹康表示：「這幾年來，麒麟轉型為控股公司及朝向更多元化事業發展的長期經營構想，是非常清楚的，而且這也是很大的轉變，我們一直堅守著三大成長方針：一是朝綜合飲料集團戰略推進；二是朝國際化市場加速推進；三是朝健康、機能性食品事業推進。尤其在海外的中國市場及澳洲市場，我們都有了豐碩成果。另外，

在非酒類事業營收占比亦逐年顯著提高了。」

三、集團各事業營收占比狀況

2011年度麒麟控股公司的合併報表中，營收總額達到1兆8,000億日圓，合併獲利額為1,200億日圓，集團總員工達到2.75萬人。

其中，日本國內酒類營收額為9,800億日圓，占比約達55%，海外的中國、澳洲及其他國家的酒類、食品營收額為4,200億日圓，日本國內的一般飲料為4,100億日圓，占比為23%，醫藥品為4,200億日圓，占比為22%，其他還有生化品215億日圓、調味品272億日圓及健康機能性食品50億日圓。總結來說，麒麟公司已從1990年代酒類營收占比的90%，下降到2008年的60%，降幅是很顯著的。換言之，麒麟控股公司已成功擺脫過去單一主力啤酒事業體的結構，而轉型到更多元、更健康、風險更低的綜合型公司及海外市場公司。如今的麒麟啤酒，已經是一家具賣酒、飲料、食品、醫藥品等總合力的控股公司了。

四、控股公司的工作職掌

目前麒麟控股公司約有250名員工，主要部門有：經營企劃、財務投資企劃、會計資金控管、法務及總合管理等各種專長單位。而該公司的工作職掌則有下列幾項：

*1.*對併購（M&A）的投資評估。

*2.*對各子公司營運績效與預算的管控、追蹤。

*3.*對集團中長期發展目標的訂定及總體戰略的規劃。

*4.*對集團統一品牌的行銷與經營。

*5.*對各子公司重大投資的管控。

*6.*決定集團資源優先與合理配置的規劃。

*7.*運用跨公司資源的經營綜效發揮。

總結來說，麒麟控股公司的二大主軸核心，即在集團的戰略經營面向及集團的財務規劃面向，此二大構面，決定了整個控股公司及旗下各子公司的經營發展。

五、訂下2015年長期經營目標

麒麟控股公司在2011年時，即訂下了未來7年後的集團長期經營目標，可謂具有相當的前瞻性，其目標如下表所示：

目標	2011年	2018年
(1)營收額	1.8兆日圓	3兆日圓
(2)獲利額	1,200億日圓	2,500億日圓
(3)海外營收占比	19%	30%
(4)股東權益報酬率	6.5%	10%

　　對於未來各事業發展的重點何在，加藤壹康總經理仍然表達要持續擴大非酒類事業的併購與發展，包括：擴大飲料、擴大國際事業及擴大健康、機能性食品等三大事業領域。至於在整體集團架構的長期經營方向上，加藤總經理則強調下列四大項：

　　*1.*加強麒麟集團的「一體感」，能夠真正相互支援，產生綜效。

　　*2.*提高集團的總市值。

　　*3.*強化財務戰略與事業戰略的兩相結合。

　　*4.*最後，一定要達成2015年董事會所核定的長期經營目標。

　　麒麟啤酒公司自2007年起，成立麒麟控股公司之後，即已告別了「啤酒公司」的唯一定位及長久歷史，而未來麒麟控股集團之路，將無限寬廣。

問題研討

1. 請討論麒麟啤酒公司為何要訣別「啤酒至上主義」而轉向多角化事業？它過去曾有過什麼風光歲月？

2. 請討論麒麟控股公司各事業營收占比如何？

3. 請討論麒麟控股公司的工作職掌有哪些？

4. 請討論麒麟控股公司訂下2015年長期經營目標內容為何？為何要訂定長期目標？

5. 請討論麒麟控股公司在未來集團長期經營方向上，加藤總經理強調哪四大項？

6. 總結來說，從此個案中，你學到了什麼？你有何心得、觀點及評論？

個案 83

三菱電機聚焦策略奏功

一、三菱電機聚焦於專長的事業，才會贏

　　日本有三大總合電機集團，包括東芝、日立及三菱電機等3家。在2007年度營收業績中，三菱電機公司的合併營收額達到1兆8,900億日圓，領先日立及東芝，成為日本第一大電機集團。而在獲利方面，三菱電機也達到1,300億日圓，是該公司近幾年來的最高獲利。另外，獲利率達6.8%，也比日立的2.3%及東芝的2.2%更高，顯示三菱電機的整體經營績效超越了競爭對手日立及東芝。

　　1960年代～1990年代的三菱電機集團，其實是一家什麼事業、什麼產品都做的電機集團。但自從2000年之後，該公司高層經過嚴謹的思考評估及分析之後，斷然地做了大幅度的轉向行動。現任的野間口董事長表示：「當時我們決定必須將經營資源集中，選擇、集中及聚焦在我們具有產品競爭力以及具有技術價值的某些事業項目上，絕不能再包山包海的什麼都做，這將是很危險的方向。因此，這幾年來，我們陸續從半導體、DRAM、PC電腦、行動電話、液晶面板等急流勇退，或賣掉或關掉；而將力量與資源集中在我們的強項，包括產業用自動化機器設備、電力系統設備與一部分家電產品上。總之，我們要做專業領域的事情，唯有比對手更專業，更具優勢，我們才會贏。」

二、海外市場是不斷成長的引擎，尤其中國市場居第一重要

　　三菱電機公司近年來營收及獲利仍不斷成長，主要原因是海外市場不斷擴張，成為成長的引擎。而海外成長最大的市場，即在中國。

　　目前在中國東北的大連市有三菱電機的製造工廠，主要生產搬運機、加工機、馬達、發動機及工作母機等FA產品（factory automation；即產業自動化機器設備）。由於中國近年來經濟快速成長，在食品廠、汽車廠、電子廠、傳統加工廠等，對FA設備需求大增，因此，三菱電機在中國的業績成長特別突出，已占全球一半生意。

　　另外，三菱電機在中國上海市也設了一個大型電梯及手扶梯製造工廠，

每年可以生產3.5萬臺,由於中國商業及賣場大樓成長快速,對電梯的需求大增,因此,三菱電機在這方面的生意一直很好,目前在中國市占率達20%,居第一位,而中國電梯市場一年需求量達14萬臺,是日本的5倍,顯示中國市場的重要性為何大過日本國內了。

除了中國市場有很好的成果收穫外,三菱電機的冷氣機在歐洲市場的市占率也達到第二位。此外,在全球新興市場的俄羅斯、中南美、中亞(印度)、中東等地區的電力系統、產業用機器、家電冷氣、汽車零組件、電梯、發電機……等,三菱電機也都有不錯的斬獲。

三、工廠推展改革活動,提高生產力

三菱電機公司除了全方位拓展全球化市場與海外設廠之外,該公司在日本的23個大型主力工廠,也積極帶頭示範,做出一系列的改革活動,以提高生產力。這主要是導入日本豐田生產管理與革新模式,要求消除沒有效率的任何一個動作或工作流程,包括搬運、儲存、加工、組裝、庫存、動作、生產工法……等,透過這些改善活動,使整個工廠的生產速度提高2倍。另外,在降低生產成本、物流成本、庫存成本、人力成本方面,也都有顯著的下降。

三菱電機工廠更推出定名為「革新123」的改善活動計畫,1是代表世界第一產品價值,2是代表生產效率要提升2倍,3是代表給客戶的交期要縮短三分之一時間。

該公司各工廠每年都蒐集大約300件員工的改善創意提案,而且總公司每年會舉辦一年一度的23個工廠改善成果大競賽,以鼓舞振作各工廠的士氣、團結心、改革熱情及獎賞相關傑出表現的工廠。這些競賽的領域,包括了製造、設計、開發、資材、營業、物流、品管、倉儲、採購、包裝……等10個項目。

如今,這些在日本國內三菱電機工廠的改善活動,亦已擴張延伸到海外的三菱工廠。

四、對新事業要有相乘效果,才去做

三菱電機總經理下村節宏表示:「對於任何新事業或新產品領域,我們是非常審慎的,我們不會為了多角化而多角化。原則上,我們一定要堅守住在原有核心事業的基礎上,來思考及評估這些可能的新事業領域,跟既有的核心事業領域是否具有相乘效果,如果有相乘或綜效效果,我們才考慮做,否則不做。」三菱電機公司近來對印刷機器、大型液晶畫面戶外展示機、戶外監視機……等,都列入事業擴張的可能項目。

五、揭示新的經營目標，確保長遠競爭力

下村節宏總經理最近揭示了三菱電機未來新的挑戰經營目標，包括：

*1.*獲利率：至少維持在5%以上；

*2.*ROE（股東權益報酬率）：至少10%以上；

*3.*負債比：降到15%以內。

　　下村節宏總經理最後總結出近幾年來三菱電機的總體經營政策，他表示：「我們一方面將經營資源，包括人力及財力，集中與聚焦在我們非常強的專長事業領域內。另一方面，我們則對海內外工廠的經營管理基盤工作不斷強化改善，提高效率、速度並控制成本。三方面，我們則走出已成熟飽和的日本國內市場，勇往奔向全球廣大新興成長市場，以保持我們的不斷成長需求。」下村節宏總經理又說：「我們比日立及東芝等競爭對手更優良，主要是我們不做雜牌軍的總合電機集團，我們有所抉擇、有所選擇，我們做的是一家且高度專業的電機集團，這就是我們長遠競爭力的本質所在。」

問題研討

1. 請討論三菱電機的經營績效狀況如何？

2. 請討論三菱電機為何要聚焦於專長的事業？

3. 請討論三菱電機的成長引擎何在？哪個國家又居最重要之位？

4. 請討論三菱電機工廠如何推展改革活動？

5. 請討論三菱電機對新事業投資的原則為何？為什麼？

6. 請討論三菱電機總經理揭示了未來新的經營目標為何？為何要有新目標？

7. 請討論三菱電機競爭力的本質所在為何？為什麼？

8. 總結來說，從此個案中，你學到了什麼？你有何心得、觀點及評論？

個案 84

世界最強：伊勢丹百貨的經營祕訣

日本伊勢丹（ISETAN）百貨公司新宿本店，單店年營收額達2,570億日圓（約770億新臺幣），每年來店人數達3,000萬人，每坪坪效創造營業額達130萬日圓（約40萬新臺幣），此種坪效位居日本第一，也是世界第一。因此，日本伊勢丹百貨新宿店被公認為世界坪效經營效率最強的百貨公司。

一、「伊勢丹研究所」掌握尖端流行趨勢

早在50年前，即1967年時，伊勢丹百貨公司即成立了「伊勢丹研究所」，負責所有商品及所有消費者行動情報的蒐集及分析。該研究所招聘了設計學院、服飾學院、藝術學院及行銷學院等對百貨商品流行感高的優秀人才，組成一個非常強勁的尖端百貨研究所。

這個尖端先進的百貨研究所，經常性的派遣研究人員赴歐美等先進國家看展，包括服飾展、珠寶展、保養品展、禮品展、日常生活雜貨展、皮鞋展⋯⋯等，並且不斷地拜訪及開拓海內外的優良供應廠商，蒐集及訂購全球至少300種以上的各專業性產品雜誌及消費趨勢雜誌，並參加全球主要的相關研討會。另外，在日本國內也定期邀請商品、設計、行銷、消費等學者專家，舉辦每季一次的「策略行銷研討會」。上述這些舉動，使伊勢丹能完全掌握住全世界流行最尖端及最先浪頭的資訊情報。

「伊勢丹研究所」被該公司公認為是「fashion direction」（流行標竿指針），擔負著最重要的雷達眼之重責大任。

二、商品開發有一套Know How

早在二、三十年前，伊勢丹即對MD（merchandising）人員有極高的要求。伊勢丹要求每位商品開發人員在開發及採購任何一項商品前，必須詳實完整地撰寫已經標準化與可視化的「MD計畫書」範本。在這個MD計畫書裡，必須分析出顧客最想要的品項、品質、設計風格、色系、價格、流行感等，以及必須了解這個產品的目標客層、她們的lifestyle、季節考慮性、價格帶、限量銷售性或獨家販賣性⋯⋯等，至少30個項目以上的「MD計畫書」。

已擔任多年的伊勢丹百貨公司現任總經理武藤信一，是一個行事與領導作風非常嚴謹與嚴格的領導者。長期以來，他要求這些MD人員（商品開發人員），每年初一定要先做出本年度6個月到1年的「販賣計畫」，又稱為「season plan」（季節計畫書）。然後，隨著每3個月、每1個月，再逐步調整改變，最後要落實具體化到每1週的單品販售計畫。而且，新產品在陳列架上的數量，在販賣計畫書上也要寫得很明確。故在伊勢丹百貨公司的MD部門，經常有「定數、定量」的嚴格指標要求。

伊勢丹百貨從50年前的伊勢丹研究所、伊勢丹MD人員，直到50年後的今天，這些如此科學化、嚴謹化、標準化的思維與行動，已成為伊勢丹百貨企業文化的重要一環，人人已融入其中。

伊勢丹商品開發力超強，其背後有2個強力的支撐系統：

(一) 它有一個很強的「銷售管理系統」。這個系統就是POS系統，它可以將每日、每週、每月、每季、每年所銷售商品的品牌、色彩、尺寸大小……等細緻資料均記錄起來，並做出各式各樣的歸類分析報告。

(二) 它有一個「伊勢丹會員卡」的CRM（顧客管理系統）。此系統擁有150萬個會員的詳細資料，包括其性別、年齡、生日、居住地、電話、喜好、價值觀……等，也都被記錄起來。

透過POS與CRM二個主要系統的結合，伊勢丹就可以看出消費者在某個期間內，在哪一個分館、買了什麼東西、花了多少錢、是誰買的、買了多少件、多少品項、是什麼品牌……等資料情報。透過這些珍貴資料，都可以作為MD人員的採購參考，以及作為某些假設的驗證之用。

總之，伊勢丹研究所的流行方針、加上伊勢丹會員卡的顧客深度分析，以及POS系統哪些產品賣得好，這三者的歸納分析參考，使伊勢丹的「MD計畫書」具有90%以上的精準性，領先同業百貨公司很多。

三、了解並感性對待每一個顧客

在1996年，伊勢丹取得美國紐約「安納蘇」名牌產品的代理銷售權。伊勢丹發現，安納蘇的化妝品、保養品及流行配件品都賣得很好，但唯獨服飾品賣得不好。後來經過深入研究才發現，原來「安納蘇」的客層都是15歲到25歲的消費者，而上述這些產品的售價也只在幾千到1萬日圓而已。但是一件安納蘇的服飾品卻要好幾萬元，這是年輕客層買不起的。在多次研究及聽取顧客的心聲之後，伊勢丹改變安納蘇服飾到中國大陸去代工生產，使價格下降到1萬～2萬日圓之間，終於使安納蘇服飾也暢銷起來了。

伊勢丹對待顧客的服務性與禮貌性方面，在日本百貨也是首屈一指的。一位供貨廠商就這樣表示：「伊勢丹是所有百貨公司中最嚴格要求我們專櫃小姐的服務顧客要求與指示的公司」。在日本，伊勢丹百貨各樓層被稱為「伊勢丹服務道場」。它指的就是每層樓的專櫃銷售人員或公司人員，對待顧客都被要求做到45度鞠躬的禮儀。此外，在產品介紹的專業度、結帳的速度性等，都是以「顧客第一」、「顧客至上」為根本理念原則。

• 伊勢丹是集結優良商品的最好地方

伊勢丹的另一個強項，就是它能把全日本及全世界最優良供應商的商品，完全集結在伊勢丹百貨公司裡。伊勢丹經過數十年來的嚴謹經營，包括它的價格交涉力、採購時效力、商品開發力等，都與全球供應商建立了良好的默契及關係。而「fashion的伊勢丹」行銷概念，也都深入在每一家供應廠商腦海裡。因此，只要不夠fashion的、品質不夠好的、設計不夠獨特的、品牌沒沒無名的，根本不可能拿到伊勢丹去賣。而供應商在交往多年中，也學會了伊勢丹傳承給他們的「MD計畫書」，養成他們要做好半年到一年的銷售計畫書的思維及計畫；以及指導培訓了他們服務第一的顧客導向。

其實，這種互利互榮，達到了雙贏的局面，並形成良性循環，同時也造就了伊勢丹在日本及世界享有坪效第一之光榮。

四、伊勢丹最強的本質原點：飢餓感與危機感

武藤信一總經理表示，其實伊勢丹最強的本質原點，就在於它時時刻刻存在著飢餓感與危機感這二個關鍵的經營信念。武藤表示：「伊勢丹是從1953年才正式接手營運，那時候是1945年日本在二次世界大戰戰敗投降後的幾年間，日本當時正從殘破飢餓中重建。當時做生意也是有如此的飢餓感。想到公司要賺錢、想到公司要養活員工，想到公司要對得起股東大眾，就要有一股飢餓感，無論如何，也要努力再努力地做好生意。」

此外，在危機感方面，主要是面對日本成熟過度的百貨產業特色，以及競爭激烈的同業與跨業競爭，即使現在營運表現不錯，但是，武藤總經理表示：「永遠要記住，改變只在瞬間。世事無常，很難有永遠的第一。除非您每天都保持著危機感與飢餓感，您才能永保第一。躊躇與停滯，只會帶來危機。」

五、掌握流行，知道顧客的一切，就會贏

看過伊勢丹百貨公司大門口櫥窗裡的展示服務及設計風格，您會發現，伊

勢丹要求每二週即要更換一次，不可以半年、一年都不換；也不允許做廠商的廣告招牌。這代表著「每日都fashion的伊勢丹」，這句話裡公司形象與品牌形象的代表性，讓顧客知道來伊勢丹逛，您將會有世界尖端fashion的高感度及享受。而伊勢丹精密的CRM系統、POS系統及一年多次的市調與座談會，更顯示出武藤總經理所講的：「掌握流行，知道顧客的一切，就會贏。」

• 「科學+感性」的經營

伊勢丹百貨可以說融合了「科學與感性」雙強特性，創造了令人驚異的集客力與全球最強的坪效成績，其經營信念、營運Know How與行銷策略，均深值吾人學習。

問題研討

1. 請討論何謂「伊勢丹研究所」？此研究所在做些什麼？為什麼要成立此研究所？

2. 請討論臺灣SOGO百貨或新光三越百貨是否也有此單位？如果沒有，那有何意涵？為什麼臺灣做不到？

3. 請討論什麼是伊勢丹的「MD計畫書」？為何要有此計畫書？

4. 請討論支撐伊勢丹百貨公司超強商品力的二個支援系統為何？為什麼？

5. 請討論伊勢丹百貨如何了解顧客？

6. 請討論何謂「伊勢丹服務道場」？

7. 請討論「伊勢丹是集結優良商品的最好地方」這句話的深度意涵為何？又如何做到？

8. 請討論伊勢丹最強的本質原點是什麼？其涵義又為何？武藤總經理表達了什麼話？

9. 請討論「掌握流行，知道顧客一切，就會贏」此話之涵義為何？

10. 請討論伊勢丹百貨「科學+感性」經營之涵義為何？

11. 請討論伊勢丹百貨創造了哪些不錯的經營績效？

12. 總結來說，從此個案中，你學到了什麼？你有何心得、啟發及觀點呢？請你說一說。

個案 85

日本麥當勞高成長經營祕訣

2011年2月26日，日本麥當勞旗下所屬直營店及加盟店員工合計3,500人，集合在神戶市展覽中心，舉行年度經營大會。日本麥當勞CEO原田泳幸在大會以自信的口吻，簡報著他自2004年接手面臨重大經營危機7年以來由虧轉盈的經營績效，以及他所號稱的「原田改革」歷程。

一、營收及獲利績效，達歷史新高

日本麥當勞在2010年度的營收總額高達5,183億日圓，是日本外食產業正式突破5,000億日圓歷史大關的第一家。原田泳幸執行長還在會場上，正式宣布2013年將突破6,000億日圓的營收大關願景，引來會場一陣激昂的沸騰。

這個故事要從2001年談起，日本麥當勞是美國麥當勞總公司授權最大的海外市場。但由於日本麥當勞當地的領導人及其策略出了問題，使日本麥當勞從2001年的3,500億日圓營收一路下滑，到2002年及2003年甚至出現嚴重虧損。後來原田泳幸被挖角應聘為日本麥當勞的新任CEO，並擔負起改革危機與振衰起敝的重大責任。

就任7年來，凡事朝合理化及創新改革去做決斷，果然把這艘快要沉沒的麥當勞大船從迷失中救回來。

原田泳幸在就任7年內，全公司營收淨增加1,316億日圓，獲利成長163億日圓。而總店數反而從過去的3,773店，小幅刪減到3,754店。顯示每一店的營收額及獲利額均較過去5年前顯著的提升了，這就是原田5年來的改革成果。

二、原田改革的足跡

一般人都認為日本麥當勞業績好，是因為在2005年時，首度打出100日圓超低價漢堡所致。其實，那只是見樹不見林的一方偏見。100日圓漢堡的推出只是一個吸客的引子而已，2008年日本麥當勞也曾推出350日圓中高價漢堡，也創下好業績，甚至目前最高價的也有790日圓的雙層厚漢堡，原田認為中高價位的漢堡，才是日本麥當勞近年來業績大幅提升的牽引力。從另外一種觀點看，日本麥當勞產品研發本部每一年都不斷開發出新產品，而且都很熱賣，因

此吸引不同顧客層，並維持營收成長，此產品力的貢獻是很強大的。

原田泳幸認為日本麥當勞的改革基礎點，仍要回到公司經營理念「現場QSC」（品質、服務及清潔）的外食產業本質問題上，並且集中經營資源全力投入。在日本各地每一家麥當勞店，消費者都可以感受到原田改革的足跡，包括：

*1.*推出24小時營業時間，迎合更多夜貓族的需求。

*2.*廚房機器的大幅更新，使得能夠加快滿足顧客食用的秒數等待時間，他們為此而喊出「made for you」（MFY）的口號宣傳

*3.*建置店內無線上網的環境，以吸引年輕上班族群的增加。

*4.*店內員工制服也經過大幅更新款式，顯示出第一線員工有更高的氣質感與朝氣。

*5.*店內菜單的POP招牌及販促活動看板，也經過改良更新，更加吸引人注目。

*6.*不斷打出價值感訴求，並不斷充實100日圓低價漢堡的式樣及內容，使消費者感受到物超所值。

*7.*另外，還導入McCafe咖啡供應及地區不同的價格取向。

*8.*強力中止任意的拓店策略，以免投資損失。

*9.*展開業務體系的組織改革，將五個地區本部組織加以解體，使其更加扁平化。

*10.*另外，全面落實貫徹QSC理念的企業文化改革。

三、麥當勞朝加盟化之路邁進

原田泳幸對未來麥當勞的經營戰略，就是朝向加盟化的便利商店之路邁進。日本麥當勞近幾年來得到寶貴經驗是，他們必須加速將直營店改變為加盟店。日本麥當勞公司將仿效美國麥當勞公司的制度，從加盟店中，抽取2.5%～3%營收額的權利金保障制度。原田泳幸的最終目的是，希望做到70%的加盟店及30%的直營店結構。麥當勞加盟體系的極大化，意味著加盟者（加盟店東）必須負責既有的投資及現場營運效率的改善。而日本麥當勞公司總部則專心負責新暢銷商品的持續開發、品牌形象打造及整合行銷活動等3件大事即可。

此種專業分工與加盟制度，其結果就會使日本麥當勞的總資產運作報酬率及獲利率得到最大的提升。這一套Know How使他們看到美國麥當勞總公司比

日本麥當勞公司有更好經營成果。因此，他們決定仿效，迄至2011年日本麥當勞加盟店的占比已達到45%了，距離70%目標已不遠。

　　至於「便利商店化」，原田的策略用意，是指必須提高在麥當勞店內用餐的各種便利性服務而言。

　　日本麥當勞的卓越表現，已成為麥當勞總公司在全球市場值得表揚的最佳成功典範。而「原田改革」正是使這艘大船能夠正確及有膽識不斷鼓浪前進的最大支撐點與祕訣所在。

問題研討

1. 請討論「原田改革」的過程及內容為何？
2. 請討論「原田改革」的結果如何？為什麼？
3. 請討論日本麥當勞為何朝加盟化之路前進？

總結語

一、祝福大家都已成長

相信各位老師、各位同學，或是企業界的基層、中層、高層主管們，從這85個個案中，一定學習到、討論到及表達出來不少企業國際化的實戰經驗、訣竅，以及企業國際化營運的理論相對照之處；當然，還有更多的啟發、更多的思考力、更多元的觀點與更驚喜的收穫與成長。我相信，當您們的腦子裡面每裝進一個個案的知識與實戰，您們就會向上一層樓的潛在性成長，就好像您是乘坐直升機在巡視整座森林，而不是開著吉普車在森林小道上亂撞亂闖。所以，大家已經能夠從高處、遠處、大處、廣處來看待事情、來分析思考及決斷事情了，而這就是一種大大的進步與領先別人、領先別公司。公司需要的正是這種人才。

二、要求大家的期末報告作業

最後，為了總體檢驗及考核各位從前面的85個個案中，是否具有歸納、總結、分類與架構出這些個案關鍵重點的組織能力，因此，請各位同學及各位企業界幹部們，請您們幾個人分成一個小組，每一組請將本書綜合整理出至少50頁以上的PowerPoint簡報版期末總結報告書，並請各組派一名代表上臺做30分鐘簡報，然後再由授課老師做講評。

做這樣一份總結的PowerPoint版報告，是要訓練及培養各位同學及企業界幹部們，是否具有歸納能力、組織能力、重組能力、化繁為簡能力、挑出關鍵重點能力、了解國際企管理論能力、架構化能力、邏輯化思維，以及貼近全球企業真正實戰化的全方位經營管理與行銷能力。假如您們能夠做出一份很棒、很精彩、又能夠邏輯有序與架構完整周全的PowerPoint報告時，我相信您必然會是一個將被拔擢的優秀人才，月薪亦至少會是10萬至20萬元以上的中高階經理人的好人才。

本書祝福讀者們在人生與職場生涯的長遠道路上，能順利地終身學習（life-time learning），這樣才會終生成功。

參考資料

1. *EMBA*雜誌（2007），「施華洛世奇風華再現」，《經濟日報》企管副刊，2007年5月7日，*EMBA*雜誌5月號。

2. 于倩若（2007），「亞曼尼手機三星製作」，《經濟日報》，2007年9月26日。

3. 于倩若（2007），「蘋果賺翻天，獲利躍增加67%」，《經濟日報》，2007年10月24日。

4. 尹德瀚（2007），「傳媒大帝梅鐸入主華爾街日報」，《中國時報》，2007年8月2日。

5. 王志仁（2006），「世界盃足球賽：最奢華高效的行銷平臺」，《數位時代雙周刊》，2006年6月1日，頁96～110。

6. 王秋燕（2006），「全球百大品牌可口可樂奪冠」，《蘋果日報》財經版，2006年7月29日。

7. 王茂臻（2006），「統一赴港掛牌，快馬加鞭」，《經濟日報》，2006年8月2日。

8. 王茂臻（2007），「國泰全中國總部落腳上海」，《經濟時報》，2007年9月21日。

9. 王茂臻（2007），「郭台銘+阿里巴巴飆網路事業」，《經濟日報》，2007年9月17日。

10. 王瑞堂（2007），「寶成大陸零售通路年底前挑戰三千家」，《經濟日報》，2007年9月23日。

11. 王慧馨（2007），「進軍歐洲設區域總部可省稅」，《經濟日報》，2007年8月31日。

12. 吳昭怡，「聯強國際：營運模式100%移植全世界」，《天下雜誌》，2006年10月11日，頁178～184。

13. 吳瑞達（2007），「中國太百赴港掛牌有譜」，《工商時報》，2007年10月19日。

14. 吳筱雯（2006），「西門子難下嚥，明基Mobile三度大裁員」，《工商時報》，2006年7月12日。

15. 呂國禎（2007），「大成長城雙喜臨門，為人脈更秀實力」，《商業周刊》，2007年10月，第1038期，頁76～79。

16. 宋健生（2007），「85度C咖啡年底上海開賣」，《經濟日報》，2007年10月13日。

17. 李郁怡（2007），「凡賽斯往高階奢華移動，從中國市場起跑」，《商業周刊》，1027期，2007年7月，頁86～87。

18. 李書良（2007），「黃進能在大陸洗出75天」，《工商時報》，2007年9月19日。

19. 李書齊（2006），「明基一場350億元併購教訓，李焜耀認了」，《今周刊》，2006年10月9日，頁50～60。

20. 李純君（2007），「三星手機板，首度來臺採購」，《工商時報》，2007年10月9日。

21. 李淑慧（2007），「新壽西進搶灘北京設點成了」，《經濟日報》，2007年10月19日。

22. 李道成（2006），「五大戰略解讀臺商成功密碼」，《工商時報》，2006年7月24日。

23. 李道成（2006），「赴港上市富士康模式臺商心動」，《工商時報》，2006年7月29日。

24. 李麗滿（2007），「陳立恆透過不斷參展讓法藍瓷躍上國際舞臺」，《工商時報》，2007年9月25日。

25. 沈耀華（2006），「全球最大精品集團LVMH併購風雲」，《商業周刊》，2006年1月9日。

26. 林育新（2007），「海耶克領航，Swatch多面貌新表情」，《經濟日報》企管副刊，2007年1月30日。

27. 林茂仁（2007），「統一超中國總部落腳上海」，《經濟日報》，2007年8月31日。

28. 林貞美（2007），「施崇棠三年內華碩躋身全球五大」，《經濟日報》，2007年10月22日。

29. 林潔禎（2007），「富邦二階段入股廈門銀」，《蘋果日報》財經版，2007年10月27日。

30. 林聰毅譯（2006），「柯達連七季虧損」，《經濟日報》，2006年8月2日。

31. 林聰譯（2006），「豐田明年可能稱霸車壇」，《經濟日報》，2006年8月2日。

32. 邱馨儀（2006），「康師傅包裝水，挑戰娃哈哈霸業」，《經濟日報》，2006年9月5日。

33. 邱馨儀（2006），「統一將精耕大陸通路品牌」，《經濟日報》，2006年7月21日。

34. 邱馨儀（2006），「統一獲選北京奧運贊助商」，《工商時報》，2006年9月13日。

35. 邱馨儀（2007），「大成食品獲34倍超額認購」，《經濟日報》，2007年9月28日。

36. 邱馨儀（2007），「四十歲願景統一衝亞洲第一」，《經濟日報》，2007年10月25日。

37. 邱馨儀（2007），「康師傅去年大賺七十億」，《經濟日報》，2007年4月20日。

38. 邱馨儀（2007），「魏應州：康師傅絕不撤出臺灣」，《經濟日報》，2007年10月13日。

39. 姚舜（2006），「六福集團，不打國際牌不足以成大器」，《工商時報》，2006年8月31日。

40. 胡釗維（2006），「飛利浦全球性市調，讓設計貼近在地消費心理」，《商業周刊》，2006年5月20日，頁108～109。

41. 胡釗維（2007），「貨櫃工變全球不鏽鋼餐具王」，《商業周刊》，1021期，2007年6月，頁34～36。

42. 胡葉勝（2006），「喬山奮戰三十載，拚全球最大健身品牌」，《數位時代雙周刊》，2006年10月1日，頁52～54。

43. 侯雅燕（2007），「臺商設控股公司首選香港」，《工商時報》，2007年10月25日。

44. 孫彬訓（2007），「富邦要登陸產險打頭陣」，《工商時報》，2007年10月27日。

45. 張文（2006），「一年併購課程，明基花了250億」，《工商時報》，2006年9月29日。

46. 張殿文（2006），「郭台銘進軍巴西最大工業城」，《數位時代雙周刊》，2006年6月1日，頁48～55。

47. 張殿文（2006），「鴻海全球管理十大鐵則」，《數位時代雙周刊》，2006年6月1日，

頁56～57。

48. 張瑞益（2007），「宏碁2008年出貨暴衝」，《工商時報》，2007年10月27日。

49. 張義宮（2006），「LG臺灣金龍聲三高策略打響品牌」，《經濟日報》，2006年9月7日。

50. 張靜文（2006），「富士康又下金蛋，獲利百億」，《工商時報》，2006年9月2日。

51. 郭庭昱（2006），「康師傅吃定中國」，《今周刊》，2006年9月25日，頁64～68。

52. 陳炬榮（2007），「中華車裕日車大陸豐收」，《經濟日報》，2007年9月8日。

53. 陳怡君（2007），「遠東集團赴港上市並認打先鋒」，《經濟日報》，2007年9月28日。

54. 陳怡君（2007），「麗嬰房大陸營收將超過臺灣」，《經濟日報》，2007年8月13日。

55. 陳信宏（2006），「明基折翼，核心能耐再思量」，《工商時報》，2006年9月30日。

56. 陳彥淳（2006），「水產飼料跨國布建，統一亞洲四廠發揮地利」，《工商時報》，2006年7月14日。

57. 陳彥淳（2006），「全家便利店，10月搶灘廣州」，《工商時報》，2006年9月18日。

58. 陳彥淳（2006），「康師傅、旺旺大陸削爆」，《工商時報》，2006年8月16日。

59. 陳彥淳（2006），「統一在大陸要成長59倍」，《工商時報》，2006年10月2日。

60. 陳彥淳（2007），「大成在港掛牌，超額認購34倍」，《工商時報》，2007年9月28日。

61. 陳彥淳（2007），「大成長城五十年，營收挑戰五百億」，《工商時報》，2007年10月5日。

62. 陳彥淳（2007），「台塑集團規劃赴港上市」，《工商時報》，2007年5月21日。

63. 陳彥淳（2007），「投資康師傅會是明日之星」，《工商時報》，2007年10月22日。

64. 陳彥淳（2007），「統一大陸事業完成切割作業，年底應可順利香港掛牌」，《工商時報》，2007年10月8日。

65. 陳彥淳（2007），「統一許願：十年霸亞洲」，《工商時報》，2007年10月25日。

66. 陳家育（2007），「56億美元，梅鐸吃下道瓊公司」，《經濟日報》，2007年8月1日。

67. 陳翊中、黃星若（2005），「臺灣成長遇瓶頸，黃世惠轉進越南稱王」，《今周刊》，2005年10月17日，頁54～58。

68. 陳雅蘭（2006），「明基斷尾，投資德國子公司喊停」，《經濟日報》，2006年9月29日。

69. 陳雅蘭（2006），「這堂課，要價250億元」，《經濟日報》，2006年9月29日。

70. 陳顥柔（2007），「低調執掌Ridemaf」，《工商時報》，2007年10月5日。

71. 陳顥柔（2007），「雅詩蘭黛不斷創新歷久彌新」，《工商時報》，2007年9月7日。

72. 陳顥柔（2007），「擬定十年計畫可口可樂前景看俏」，《工商時報》，2007年7月13日。

73. 曾育菁（2006），「品牌再造與策略，讓Gucci谷底翻身」，《數位時代雙周刊》，2006年10月1日，頁76～78。

74. 湯淑君譯（2006），「全球最受尊敬企業，嬌生登榜首」，《經濟日報》，2006年9月10日。

75. 賀靜萍（2006），「大陸奢侈品，消費人口破億」，《工商時報》，2006年9月2日。

76. 黃仁謙（2006），「王品大陸賣火鍋加速展店」，《經濟日報》，2006年7月14日。

77. 黃仁謙（2006），「古典玫瑰園進軍韓國」，《經濟日報》，2006年7月24日。

78. 黃智銘（2007），「甩開聯想宏碁穩坐PC3哥」，《工商時報》，2007年10月11日。

79. 黃智銘（2007），「杜比加持宏碁奪回臺灣第一品牌」，《工商時報》，2007年10月27日。

80. 黃智銘（2007），「併捷威宏碁向花旗貸198億」，《工商時報》，2007年10月12日。

81. 黃智銘（2007），「施展榮：宏碁併捷威可獲得優秀人才」，《工商日報》，2007年9月17日。

82. 黃靖萱（2006），「宏碁：搶地盤前，先研究半年」，《天下雜誌》，2006年10月11日，頁172～176。

83. 楊艾莉（2006），「鴻海啓示錄：當強人遇上強國」，《天下雜誌》，2006年9月13日，頁66～76。

84. 楊霖凱（2006），「布局中國，羅智先成績老丈人滿意」，《今周刊》，2006年9月25日，頁126～128。

85. 萬麗君（2006），「格林運籌帷幄，HSBC立志成為全球的地方銀行」，《工商時報》，2006年6月9日。

86. 葉銀華（2006），「BenQ併購決策的嚴謹性」，《經濟日報》，2006年10月5日。

87. 廖玉玲（2007），「百事拓版圖併購戰品牌戰並行」，《經濟日報》，2007年8月10日。

88. 熊毅晰（2006），「鴻海預見趨勢，快手布局」，《天下雜誌》，2006年10月11日，頁165～176。

89. 劉朱松（2007），「統一銀座砸1.7億山東再開30店」，《工商時報》，2007年9月13日。

90. 劉家熙（2006），「兩路並進鴻海稱霸臺商龍頭」，《工商時報》，2006年7月25日。

91. 劉家熙（2007），「鴻海營收七年狂飆十倍」，《工商時報》，2007年9月11日。

92. 劉益昌（2006），「區塊經營麗嬰房深耕大陸奏捷」，《工商時報》，2006年10月2日。

93. 劉煥彥（2006），「摩托羅拉侵蝕諾基亞市占率」，《經濟日報》，2006年8月25日。

94. 劉煥彥（2007），「企業總部好所在京滬各攤優勢」，《經濟日報》，2007年9月19日。

95. 劉聖芬（2007），「零售巨擘沃爾瑪雄風不再」，《工商時報》，2007年10月4日。

96. 劉道捷（2007），「德啤打品牌力抗全球競爭」，《經濟日報》，2007年9月10日。

97. 蔡惠芳（2006），「黃明端靠日本攻下大陸大潤發傳奇」，《工商時報》，2006年7月10日。

98. 蕭麗君（2007），「梅鐸改變全球媒體生態」，《工商時報》，2007年8月2日。

99. 戴國良（2006），「松下全球化的四大試煉」，《經濟日報》，2006年10月25日。

100. 謝宛容（2006），「SONY BRAVIA挺進全年雙料冠軍」，《工商時報》，2006年8月23日。

101. 謝柏宏（2007），「沃爾瑪要求電子產品導入RFID」，《經濟日報》，2007年10月13日。

102. 龔俊榮（2007），「台泥大陸事業今年開始獲利」，《工商時報》，2007年9月12日。

國家圖書館出版品預行編目資料

國際企業管理：實務個案分析／戴國良著. --
四版. -- 臺北市：五南, 2018.10
　面；　公分
ISBN 978-957-11-9959-7（平裝）

1.國際企業　2.企業管理　3.個案研究

494　　　　　　　　　　107016186

1FPX

國際企業管理：實務個案分析

作　　　者 ― 戴國良（445）

發 行 人 ― 楊榮川

總 經 理 ― 楊士清

主　　編 ― 侯家嵐

責任編輯 ― 黃梓雯

文字校對 ― 魏劭蓉

封面設計 ― 姚孝慈

出 版 者 ― 五南圖書出版股份有限公司

地　　　址：106台北市大安區和平東路二段339號4樓

電　　　話：(02)2705-5066　　傳　真：(02)2706-6100

網　　　址：http://www.wunan.com.tw

電子郵件：wunan@wunan.com.tw

劃撥帳號：01068953

戶　　　名：五南圖書出版股份有限公司

法律顧問　林勝安律師事務所　林勝安律師

出版日期　2007年 5 月初版一刷
　　　　　2008年 9 月二版一刷
　　　　　2012年 3 月三版一刷
　　　　　2017年 3 月四版一刷
　　　　　2018年10月五版一刷

定　　　價　新臺幣400元